中国轻工业"十四五"规划立项教材

普通高等教育家具设计与工程专业"家居智能制造"系列教材

家居数字化制造技术

熊先青　主　编

李荣荣　朱兆龙　副主编

吴智慧　主　审

U0125938

中国轻工业出版社

图书在版编目（CIP）数据

家居数字化制造技术 / 熊先青主编. —北京：中
国轻工业出版社，2023.12
ISBN 978-7-5184-4499-1

Ⅰ.①家… Ⅱ.①熊… Ⅲ.①家具—生产工艺—数字
化—高等学校—教材 Ⅳ.① TS664.05-39

中国国家版本馆 CIP 数据核字（2023）第 143388 号

责任编辑：陈　萍　　责任终审：劳国强　　整体设计：锋尚设计
策划编辑：陈　萍　　责任校对：朱燕春　　责任监印：张京华

出版发行：中国轻工业出版社（北京鲁谷东街5号，邮编：100040）
印　　刷：艺堂印刷（天津）有限公司
经　　销：各地新华书店
版　　次：2023年12月第1版第1次印刷
开　　本：787×1092　1/16　印张：16
字　　数：400千字
书　　号：ISBN 978-7-5184-4499-1　定价：59.00元
邮购电话：010-85119873
发行电话：010-85119832　010-85119912
网　　址：http://www.chlip.com.cn
Email：club@chlip.com.cn
如发现图书残缺请与我社邮购联系调换
230626J1X101ZBW

序

21世纪以来，互联网、云计算、大数据等新一代信息技术飞速发展，新一代人工智能已成为新一轮科技革命的核心技术。党的二十大报告明确指出，构建新一代信息技术、人工智能等一批新的增长引擎，通过新一代信息技术对传统产业进行深度赋能，促进和加快我国制造行业智能制造的转型步伐、由制造大国向制造强国的转变，从而推动我国经济高质量发展。作为国民经济重要组成部分的家居产业应抓住历史新机遇，促进新一代信息技术为家居产业智能制造转型升级赋能，从而引领行业全面发展，加快家居高质量发展的目标，这不仅关系到家居制造业能否实现由大到强的跨越，更关系到家居产业能否为中国经济高质量发展提供动能的问题。

多年来，我国家居行业通过不断推行工业化和信息化的深度融合，使得信息技术广泛应用于家居制造业的各个环节，在发展家居智能制造方面取得了长足的进步和技术优势。同时，随着大数据、人工智能、工业互联网和工业4.0的推广，家居产业也将开始重塑新的设计与制造技术体系、生产模式、产业形态，突出的体现是智能制造技术在家居企业的应用日益广泛。随着家居智能制造的快速发展，家居智能制造的人才缺口却越来越大、家居智能制造技术缺陷也越来越明显，急需能依据家居行业特色的智能制造技术指导行业发展和专业人才培养，但至今为止，国内还没有适合于专业教学、自学与培训的系统性介绍家居智能制造技术的正式教材和教学参考书。因此，有必要编写能反映新一代信息技术环境下的家居智能制造系列教材，这不仅是家具设计与工程专业建设和人才培养的需要，更是家居企业智能制造转型升级过程技术指导的需要。

基于此背景，南京林业大学家居智能制造研究团队从2018年开始筹划，结合家具设计与工程专业学科的交叉特色，组织编写了本套较为系统的家居智能制造系列教材，目前主要包括《家居智能制造概论》《家居数字化设计技术》《家居数字化制造技术》《家居智能装备与机器人技术》《家居3D打印技术》5本教材，后期将依据家具设计与工程专业学科人才培养和家居行业发展的需要，不断进行补充和完善。该系列教材集专业性、知识性、技术性、实用性、科学性和系统性于一体，注重理论和实践相结合。希望借此既能构建具有中国家居智能制造特色的理论体系，又能真正为中国家居产业智能制造转型和家具设计与工程专业高质量发展提供切实有效的技术支撑。

国际木材科学院（IAWS）院士

家具设计与工程学科带头人

南京林业大学教授

吴智慧

2023年6月10日

前 言

中国家居产业历经改革开放40年来的高速发展，已从传统手工业发展成为以机械自动化生产为主的现代化大规模产业。随着大数据、人工智能、工业互联网和工业4.0的推广，制造产业信息化逐步成为国民经济的主体之一。数字化制造技术作为制造产业信息化的核心，也将面临新的发展格局。受"个性化定制"消费模式的影响，数字化制造已经成为引领家居行业等制造行业向前的新动力，成为中国经济的产业链条之一。为适应消费需求变化，现代制造业出现了符合这种发展的新模式，其核心在于：在制造企业中全面推行数字化制造技术。家居企业也逐渐通过现代信息技术和通信手段（ICT），以数字化来改变企业为客户创造价值的方式。此外，随着先进制造技术的不断发展和人们美好生活需求的不断增长，对于定制家居产品的质量、交货周期及个性化需求均有了更高的标准。家居行业的产业结构和制造技术升级也面临着巨大的挑战。因此，我国的家居制造企业也将面临转型升级和创新发展的新机遇与挑战。

中国的家具设计与工程专业已为中国家居行业输送了一大批专业人才。但迄今为止，国内还没有一本适合于专业教学、自学和培训的系统性家居智能制造技术方面的正式教材和教学参考书。为此，南京林业大学自2018年起，从中国家居智能制造行业情况和教学要求出发，在吸收国内外最新技术成果的基础上，积极准备，相继编写了包括《家居智能制造概论》《家居数字化设计技术》《家居数字化制造技术》《家居智能制造装备与机器人技术》《家居3D打印技术》等家居智能制造技术系统教材。

本书从家居智能制造概论入手，通过对家居产业整体概况、家居制造自动化技术、家居数字化制造信息采集与处理技术、家居柔性制造技术、家居企业信息化管控技术及家居企业数字化工厂等方面进行全面系统的阐述，集专业性、知识性、技术性、实用性、科学性和系统性于一体，注重理论和实践相结合，突出家居数字化制造与技术，文理通达，内容丰富，图文并茂，深入浅出，切合实际，通俗易懂。可为家居企业数字化制造转型升级提供一定的思考和借鉴。

本书适合家居智能制造、家居设计与工程、木材科学与工程、工业设计等相关专业或专业方向的本、专科生和研究生的教学使用，同时也可供家具企业和设计公司的专业工程技术与管理人员参考。全书共8章，具体为：绪论、家居制造自动化技术、家居数字化制造信息采集与处理技术、家居成组技术、大规模定制家居技术、家居柔性制造技术、家居企业信息化管控技术、家居数字化工厂。

　　本书由南京林业大学熊先青任主编；南京林业大学李荣荣、朱兆龙任副主编；南京林业大学彭淑勤、倪海勇、孙庆伟、岳心怡、周卓蓉、潘雨婷、许修桐参与资料收集与编写；全书由南京林业大学吴智慧统稿审定。在本书的编写过程中，编者们参考了国内外智能制造、数字化设计与制造、个性化定制、木家具制造工艺学、家具智能制造、家具材料及机械制造工艺等方面图书、文献资料，在此向相关作者及单位表示感谢。

熊先青

2023年6月

目 录

第 1 章

●绪 论

第 2 章
● 家居制造自动化技术

第 3 章
● **家居数字化制造信息采集与处理技术**

第 4 章
● **家居成组技术**

第 5 章

大规模定制家居技术

第 6 章
● 家居柔性制造技术

第 7 章
家居企业信息化管控技术

第 8 章

● **家居数字化工厂**

第 1 章　绪　论

◎ 学习目标

了解我国家居产业智能制造的整体情况；掌握家居智能制造的内涵、特征和技术内容；熟悉家居数字化制造面临的问题和发展趋势。

以"大规模个性化定制"来重塑产业价值链体系，是2015年5月国务院颁布的《中国制造2025》规划中明确指出的制造业新模式；以"大规模个性化定制"为代表的智能制造，是2016年工业和信息化部、科技部、发展改革委、财政部联合发布的《智能制造工程实施指南（2016—2020）》中进一步明确需要培育推广的新模式；以"大规模个性化定制试点示范"，实现研发设计、计划排产、柔性制造、物流配送和售后服务的数据采集与分析，提高企业快速、低成本满足用户个性化需求的能力，是2016年工业和信息化部印发的《智能制造试点示范2016专项行动实施方案》中提出的重点行动之一。由此，"大规模个性化定制"已经为传统制造的转型升级提供了新的思路和方法，传统制造业智能制造的帷幕已经拉开，使得传统制造业正向个性化定制、数字化生产转型。

作为传统制造业且在国民经济中占有重要地位的家居产业，也紧跟时代步伐，已将智能制造明确为未来中国家居产业变革的重要方向，并将数字化转型作为未来家居产业发展的目标。家居企业的数字化转型，与现有的企业生产模式差别在于：一方面是满足用户个性化家居产品需求的大规模定制（mass customization，MC）的商业模式诞生，另一方面是能对市场需求变化做出快速响应、实现多企业组织协同、更好地满足大规模定制家居客户和生产需求的柔性制造（flexible manufacturing，FM）生产模式的形成。如何将这两种模式进行融合，是实现家居智能制造、数字化转型的关键。由于融合的过程错综复杂，不仅要以规模化、标准化和信息化为基础，还要在考虑消费者需求的同时，将制造过程中的下单、组织生产、配送、上门安装以及服务等各个环节进行信息集成与共享，这就要求家居企业在设计手段上、管理体制上和制造方式上发生根本性改变。但到目前为止，国内对于家居产业数字化设计与制造的技术理论研究还十分缺乏，因此，编写家居产品数字化设计与制造技术系列教材，对实现家居产业的智能制造提供理论指导意义重大。

1.1 家居产业智能制造整体情况

1.1.1 定制家居产业发展背景

（1）家具产业基本情况

中国家居产业经过40多年的发展，已经从传统手工业发展成为以机械自动化生产为主、技术装备较为先进、生产规模较大的产业，品牌、技术水平、标准化、规模、市场流通等都得到了全面提升，实现了长足发展和进步，目前中国家具总产量已经跃居世界第一位，并占中国轻工行业的第四位。但如同中国传统制造业一样，量大并非代表制造技术强大，中国家居制造技术在世界范围内仍落后欧、美等制造业强国。究其原因，主要由于中国在经济建设初期更偏重发展速度，而家居产业属于林业产业链终端的劳动密集型产业，对制造技术的研发能力相对较弱，造成家居产业在快速扩张过程中技术落后。数字技术的出现与发展，作为一种新的生产力，极大地提高了生产效率并促进传统生产方式转变，迅速成为各国"重振制造业"的战略目标和新一轮技术革命的主导力量，并已成为传统产业发展新的支撑动力。同时，中国政府十分重视数字化与智能化的战略地位，在国务院颁布的《中国制造2025》中首次提出，全面推行智能制造，加速推进制造业向绿色化、服务化、智能化转型。因此，数字赋能已成为推动制造业智能制造转型的关键技术。受中国经济新常态的影响，家具行业发展的新常态需要在产品结构、加工制造、创新服务等方面不断提升，才能适应新的发展阶段需求。近年来，受到多方面因素的影响，中国家具制造业的产值增长有所放缓，但总产值仍稳步增长。2020年受到新冠疫情的影响，家具行业的增长也经历了近一年的放缓，此后，随着国民经济的平稳发展，国内家具行业相较于其他主要消费产品及服务零售行业显示出更快的增速。

（2）传统制造产业处于转型升级期

《国家中长期科学和技术发展规划纲要（2006—2020年）》、工业4.0、互联网+、《中国制造2025》等相关文件也明确指出："用高新技术改造和提升传统制造业""大力推进制造业信息化"。随着中国家具消费市场的变化，成品家具已逐渐无法满足消费者对空间利用率日益高涨的要求，大规模定制家具正成为信息时代家具制造发展的主流模式。其优势体现在：第一，现在以模块化为主的标准化设计体系和企业生产系统的动态响应能力，不仅使企业降低了库存成本和风险，也实现了生产过程的柔性；第二，将定制家具的生产通过产品结构和制造过程重组，全部或部分转化为批量生产，既能满足客户的个性化需求，又可以实现个性化和大批量生产的有机结合。大规模定制家具制造过程实质上是信息采集、传输、处理及应用的过程。如何应用信息采集和运筹来实现家具的大规模定制，使得其在成本、速度、差异化上取得竞争优势，并通过信息化管理技术手段，向顾客提供低成本、高质量、短交货期的定制产品，将是大规模定制家具研究的新方向。

作为传统的家具制造业在世界范围内所面临的环境是：技术进步日新月异、产品需求日趋变多、市场竞争日益激烈。在此环境下，家具行业必须由初步工业化向工业信息化转型，将信息技术与制造技术有机结合，探索出一条采用高新技术和先进适用技术改造传统产业的新路径，形成一种由传统家具制造企业向信息化制造企业转型升级的新模式，并加速科技成果转化与适用技术的推广，才能使科技成为引领和支撑家具行业发展的重要力量，从而全面提升行业自主创新能力和科技水平。

（3）定制家居产业正蓬勃发展

作为家具产业重要组成部分的定制家具，正是在上述背景下形成了家具新模式。定制家具在我国家具行业蓬勃发展已有近10余年，我国从事定制家具生产并具有一定规模的生产企业有500余家，主要集中在广东、北京、上海、浙江、四川等省市，其中广东的生产企业较多，约占80%。定制家具是设计师根据室内空间的具体情况和客户的个性化需求进行定制设计，随即在工厂进行加工生产，并由专业安装人员进行现场组装的系统化工程。与传统成品家具相比，定制家具具有量身定做、更具个性、空间利用更合理、满足不同功能需求、规模化生产和专业化安装的特点。其过程是由工厂通过专业的加工设备将多种标准零部件加工完成后，经过组合，搭配出多种风格，从而满足客户的个性化需求，使得产品与室内环境风格更加协调，大大增加了空间利用率，并满足客户所需的实用功能。

与此同时，在房地产市场快速发展的时代，户型与装修风格伴随着消费群体的增长也呈现出多样化的特点，同时，愿意购买精装房的消费者比例呈上升趋势。市场环境的大变革，催生出全新的业务模式。定制家居已成为消费者和装饰企业的共同关注点。各大装饰企业纷纷布局全屋定制业务，许多新加入赛道的初创型装饰企业也将全屋定制作为切入点，以谋求更快速的发展。全屋定制成为家装行业内抢占市场的重要产品。

1.1.2　家居智能制造的提出

家居智能制造可以理解为是大规模定制生产的延续。根据文献记载，我国大规模定制家居的理论研究是从20世纪90年代末开始，最早是由南京林业大学杨文嘉教授于1999年在各地企业授课时提出的定制经济时代已经到来的理念。2002年，杨教授在《家具》杂志中撰文《崭新的制造模式："大规模定制"》，该文从营销模式的转变必将带来制造模式的大变革，提出了"大规模定制"概念，并详细解读了家居行业如何实现大规模定制的关键过程。此文也成为大规模定制家具生产和信息化管理的最早理论，也可理解为是中国家居智能制造的起点。

2002年，杨教授又在给《中国家具》的撰文中，以关注"分散式生产"与中国城镇化的结合的观点中，提出"在家居企业升级改造、走向智能制造的同时，生产方式该如何改变"的理论，该文2005年见于网络后，引起了巨大轰动，至今还被安排在"解读第三次工业革命关注中国城镇化建设"主题的首位。此文也被视作家居工业4.0"分散式生产"模式的最早观点。

2003年，南京林业大学吴智慧教授在《家具》杂志上连载《信息时代的家居先进制造技术》，明确提出人类社会已经进入信息经济时代，以计算机和信息技术为基础的现代制造技术已逐步发展起来，并系统介绍了家居先进制造的主要技术和内涵。

由此，中国家居智能制造理论、技术和应用研究的序幕正式被拉开。随着互联网技术、柔性制造技术、现代物流的推广和普及，个性化定制服务已经深入各行各业，未来工业界将是用户改变世界，而不是企业向用户出售产品，消费者可以借由互联网平台，按照自己的需求决定产品、定制产品。面对多样化的客户需求和不断细分的市场，一种基于新一代信息技术和柔性制造技术，以模块化设计为基础的大规模个性化定制模式诞生，它是以接近大批量生产的效率和成本提供能够满足客户个性化需求的一种智能服务模式，它贯穿需求交互、研发设计、计划排产、柔性制造、物流配送和售后服务的全过程。大规模定制作为一种新的生产模式受到学术界和工业界越来越多的关注。

1.1.3　家居智能制造的发展过程

中国家居行业智能制造技术的发展，是从大规模定制家具模式的转变开始的，笔者依据大规模定制模式的特征，将制造技术上的形成分为信息化变革期、数字化转型期和"互联网+制造"发展期三个阶段，如图1-1所示。

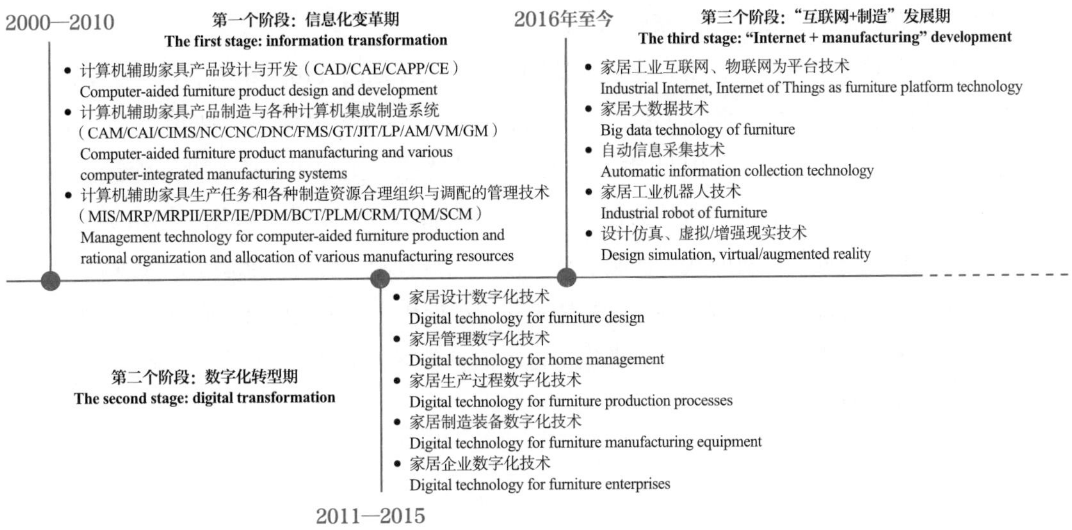

2000—2010 第一个阶段：信息化变革期
The first stage: information transformation

- 计算机辅助家具产品设计与开发（CAD/CAE/CAPP/CE）
  Computer-aided furniture product design and development
- 计算机辅助家具产品制造与各种计算机集成制造系统
  （CAM/CAI/CIMS/NC/CNC/DNC/FMS/GT/JIT/LP/AM/VM/GM）
  Computer-aided furniture product manufacturing and various
  computer-integrated manufacturing systems
- 计算机辅助家具生产任务和各种制造资源合理组织与调配的管理技术
  （MIS/MRP/MRPII/ERP/IE/PDM/BCT/PLM/CRM/TQM/SCM）
  Management technology for computer-aided furniture production and
  rational organization and allocation of various manufacturing resources

2016年至今 第三个阶段："互联网+制造"发展期
The third stage: "Internet + manufacturing" development

- 家居工业互联网、物联网为平台技术
  Industrial Internet, Internet of Things as furniture platform technology
- 家居大数据技术
  Big data technology of furniture
- 自动信息采集技术
  Automatic information collection technology
- 家居工业机器人技术
  Industrial robot of furniture
- 设计仿真、虚拟/增强现实技术
  Design simulation, virtual/augmented reality

- 家居设计数字化技术
  Digital technology for furniture design
- 家居管理数字化技术
  Digital technology for home management
- 家居生产过程数字化技术
  Digital technology for furniture production processes
- 家居制造装备数字化技术
  Digital technology for furniture manufacturing equipment
- 家居企业数字化技术
  Digital technology for furniture enterprises

第二个阶段：数字化转型期
The second stage: digital transformation

2011—2015

图1-1 中国家居智能制造技术的发展过程

（1）信息化变革期的家居制造技术

早在20世纪90年代末期，信息化引发了一场深远的社会结构和产业结构的大变革。2003年，以南京林业大学为首的科研团队，开始了信息时代的家具制造技术研究，形成了以大规模定制家具为主的技术体系。杨文嘉教授对家具信息化技术的应用在《家具》杂志上进行了系列报道，吴智慧教授明确提出了信息时代家具的制造技术主要是指以计算机和信息技术为基础的先进技术，包括计算机辅助家具产品设计与开发（CAD/CAE/CAPP/CE）、计算机辅助家具制造与各种计算机集成制造系统（CAM/CAI/CIMS/NC/CNC/DNC/FMS/GT/JIT/LP/AM/VM/GM）、利用计算机进行家具生产任务和各种制造资源合理组织与调配的管理技术（MIS/MRP/MRPII/ERP/IE/PDM/BCT/PLM/CRM/TQM/SCM）三大方面，至此，信息时代的家居制造技术主要围绕上述内容展开了系列研究和应用。

（2）数字化转型期的家居制造技术

党的十八大以来，随着信息技术高速发展，云计算、5G、大数据、人工智能等新一代信息技术的快速突破，传统制造业产生了重大变化，数据成为新的动力、新的经济。作为数字经济的基础底座，信息技术服务与创新应用的边界也随着技术的进步不断延伸。2017年和2018年，"数字经济"相继被写入党的十九大报告和政府工作报告，将之提升为驱动传统产业升级的国家战略。与此同时，随着中国家居生产模式的变化，大规模定制、全屋定制、智能制造等新的模式蜂拥而至，新模式的出现加快了家居产业的数字化转型，更加注重将数字技术融入家居产品设计、生产流程和服务过程中，形成了客户参与家居制造过程、核心业务流程重组、供应链重构等方式的变革，数字化转型已成为家居产业转型升级和发展的新动力。此阶段依据大家居定制的特征，也逐渐形成了基于数字化的设计、管理、生产过程、制造装备、企业五大方面的家居制造技术体系。

（3）"互联网+制造"发展期的家居制造技术

随着互联网技术的快速发展和"中国制造2025"宏大计划的提出，2016年政府工作报告更加明确了扩大网络信息、智能家居、个性时尚等新兴消费，鼓励线上线下（O2O）互动，推动实体商业创新转型，深入推进"中国制造+互联网"。二十大报告更加明确指出我国制造行业智能制造的转型步伐，即利用智能、科学的技术手段，实现制造业全流程、全生命周期的智能化、网络化、绿色化。由此，网络时代家居制造技术帷幕也随着制造行业智能制造的步伐拉开，开始向着智能家居、智能生产、智能物流、智能工厂、智能服务的方向转变，形成了以物联网为平台和中心的家居工业互联网、家居大数据、自动信息采集、家居工业机器人、设计仿真、虚拟/增强现实等技术体系。

1.1.4 家居产业智能化制造现状

作为劳动密集型"大家居"行业，受国家政策导向、产业转型升级和高质量发展的影响，已经逐渐开始向着全屋定制家具（家居）、集成家居、智能家具、智能家居、工厂化装修等模式快速转变。家居产业也逐渐从产品制造商向家居系统集成服务商方向转变，家具企业从产品研发设计、生产制造、过程管控、营销服务等环节开始实现数字化、智能化生产经营。近10年来，"大规模个性化定制家具"企业越来越多，定制家具已经在家具行业中占据了重要位置，与成品家具相比，整体增速水平在25%左右，平均营业收入水平显著高于成品家具企业。同时，中国家居产业已经从传统手工业发展成为以机械自动化生产为主，技术装备较为先进、具有很大规模的产业，其品牌、技术水平、标准化、规模、市场流通等都全面提高，新的产业互联网技术、大数据成为行业发展动力。

（1）促进定制家居快速发展

以智能制造为主导、传统制造技术与互联网技术相融合的第四次工业革命，对中国家居企业最为明显的影响就体现在定制家居的快速发展。随着整个家居行业的快速发展和定制化率的逐步提升，定制家居在家居行业的渗透率也在快速增长。与成品家具相比，定制家居企业的平均营业收入水平显著高于成品家居企业。

（2）形成数字化制造模式

受"个性化定制"消费模式的影响，数字技术正逐渐融入产品、服务与流程当中，数据已经变成新的经济发展动力，家居企业也逐渐通过现代信息技术和通信手段（ICT），以数字化来改变企业为客户创造价值的方式。企业正在进行业务流程及服务交付、客户参与、供应商和合作伙伴交流等方式的变革，并通过家居产品的设计技术、制造技术、计算机技术、网络技术与管理科学的交叉、融合、发展与应用，逐渐实现数字化转型。当前，定制家居行业已初步形成以欧派、尚品宅配&维意、索菲亚、好莱客、志邦、金牌、皮阿诺、我乐、玛格、顶固、莫干山等家居行业数字化制造的典型案例。同时，也逐渐形成了中国领先的家居电子商务企业——美乐乐公司、中国互联网家居市场第一品牌——林氏木业、中国家居电子商务产销第一镇沙集镇东风村等。这些典型家居行业数字化的转型成功，明确了未来的家居企业生存的基本出路、转型升级和高质量发展方向，向数字化转型升级、实施智能制造的趋势愈发成为行业共识，已经成为企业的战略核心。

1.1.5 智能制造对家居产业带来的影响

（1）产业格局的变化

随着智能制造在家具产业中的快速发展，整个家具行业及产业链格局发生明显的变化。一方面，民用家具或批量生产企业等传统家具企业业绩下滑趋势越来越明显，倒闭、破产或苦苦挣扎的现象越来越严重，行业可能面临着洗牌的危机。另一方面，定制家具市场正在不断崛起，突出表现在：一是传统批量生产家具企业正大量投入各种新生产线的建设；二是跨界产业正逐步入行定制家具产业，如万科推出的精装房、海尔推出的家居整合资源平台——少海汇、以大自然为代表的泛家居地板行业企业正在逐步涉足定制家具、以华为为代表的IT行业正向定制家具靠拢；三是全屋定制家具和整木定制家具正在逐渐崛起，市场份额成倍增长，由于全屋定制家具提高了产品质量，降低了生产成本且满足了消费者在个性化定制方面的需求，实现了消费者与企业的共赢，可以预见未来10年将会是其发展高峰。

（2）产业销售和服务的变化

随着智能制造在家具产业中的快速发展，整个家居行业在销售和服务上发生了很大变化。第一，产品销售模式上，从过去销售单一产品转变为销售套餐包的形式，形成主材、软装、全屋套餐包，品牌商自主跨界合作形成多品牌套餐包等。如好家居联盟套餐包、天猫整合东鹏、圣象等形成主材套餐包，从"主材"到"整体家装"、从开始的只提供主材套餐包延展至全产业链、代理部分软装产品，如窗帘等。第二，产品宣传方面，从过去单一产品展示转变为场景化包装展示的形式，从单一的产品销售逐步转型为全屋定制的家居解决方案，从侧重于产品广告逐步转型为"场景式"的广告营销模式。第三，顾客对产品认知方面，从"卖场+门店"转变为"现实+VR虚拟"体验馆的形式，如宜家、顾家、TATA、老板电器线下大店模式，以实体+虚拟样板间，借助VR给予消费者不一样的体验。第四，销售渠道方面，逐渐从线下为主转变为O2O的模式。

（3）企业核心竞争力的变化

随着智能制造在家具产业中的快速发展，并受互联、融合、协同、互动和去中介、快捷高效等互联网思维的熏陶，以及大数据、3D打印、虚拟现实VR、5G通信、人工智能AI等技术影响，家居企业核心竞争力发生了很大的变化，已逐渐从依靠资源要素等"低成本竞争"向提高产品的"科技含量及附加值"转变、从单纯的"产品"向"产品+服务"转变、由家具产品制造商转向家居系统解决方案服务商等方面来适应发展。企业竞争已经延伸到整个产业链，要求产业链都必须具备产品协同开发设计能力、柔性制造能力及准确获取客户需求的能力。因此，家居企业只有在设备不断升级、智能化的同时，通过信息化加强内部精益生产管理，才能保持可持续发展和核心竞争力。

1.2 家居智能制造

"工业4.0"是以智能制造为主导的"第四次工业革命",我国提出"互联网+""中国制造2025",构建以"工业4.0""互联网+""两化融合"和"个性化定制,柔性化生产"为主旋律的创新驱动,已成为传统产业转型升级和经济发展的动力,被认为是全球制造业未来发展的方向。尤其是在科技瞬息万变、充满多样化和个性化需求的时代,受互联、融合、协同、互动和去中介化、快捷高效等互联网思维熏染,家居企业的生产方式已不再是传统经济时代的大批量生产模式,制造与服务行业之间的界限也不再明显,而是以制造为基础,逐渐由生产型制造转向服务型制造、由家居产品制造商转向家居系统解决方案服务商。如定制家居、集成家居、全屋定制和家居整体解决方案等模式,已成为未来家居产业变革的重要方向。

1.2.1 中国制造2025内涵

制造业是国民经济的主体,是立国之本、兴国之器、强国之基。改革开放以来,我国制造业持续快速发展,建成了门类齐全、独立完整的产业体系,有力地推动了工业化和现代化进程。然而,与世界先进水平相比,中国制造业仍然大而不强,在自主创新能力、资源利用效率、产业结构水平、信息化程度、质量效益等方面差距明显,转型升级和跨域发展的任务紧迫而艰巨。

2015年,我国在《政府工作报告》中首次提出实施"中国制造2025"的宏大计划,同年5月,国务院正式印发《中国制造2025》。《中国制造2025》是经济新常态下中国制造业未来十年的顶层规划和发展路线图,是我国实施制造强国战略第一个十年的行动纲领。"中国制造2025"是中国政府立足于国际产业变革大势,做出的全面提升中国制造业发展质量和水平的重大战略部署。其根本目标在于改变中国制造业"大而不强"的局面,突出创新驱动,优化政策环境,发挥制度优势,实现中国制造向中国创造转变、中国速度向中国质量转变、中国产品向中国品牌转变。旨在通过10年的努力,使中国迈入制造强国行列,为2045年建成具有全球引领和影响力的制造强国奠定坚实基础。

"中国制造2025"的内涵重在创新驱动、转型升级,推动产业结构迈向中高端。数字化制造是《中国制造2025》计划的核心内容,其与德国"工业4.0"、美国"工业互联网"的本质内容一致,核心均为智能制造,因此也被称为中国版"工业4.0"。不同点在于德国工业4.0的实质是自动化+信息化,是在工业2.0和工业3.0的基础上实现智能制造,侧重技术与模式;"中国制造2025"的实质主要是工业化+信息化,是通过"两化"融合实现智能制造,侧重产业和政策,是中长期规划。

1.2.2 智能制造的内涵与关键技术

(1)智能制造的内涵

智能制造(intelligent manufacturing,IM)是指由智能机器和人类专家共同组成的人机物一体化智能系统，在制造过程中能进行智能活动，如分析、推理、判断、构思和决策等。是传统的信息技术和新一代数字技术（大数据、物联网、云计算、虚拟现实、人工智能等）在制造全生命周期的应用。是新一轮科技革命的核心，也是制造业数字化、网络化、智能化的主攻方向。智能制造是工业4.0和中国制造2025的核心。

工业4.0明确指出制造过程基于信息物理系统（cyber physical systems，CPS），通过CPS网络实现人、设备与产品的实时连通、相互识别和有效交流，从而构建一个高度灵活的个性化和数字化的产品与服务的智能制造模式。"中国制造2025"是主要针对现阶段中国工业的实际情况提出的中长期规划，侧重产业和政策，明确运营成本、生产周期，使不良品率到2020年降低30%，到2025年降低50%，满足此条件才叫智能制造。由此可见，无论是工业4.0还是中国制造2025，其本质都是智能制造。

（2）智能制造的关键技术

由智能制造的内涵看出，其目标就是实现个性化（按需定制）、柔性化、高质量、低能耗的"制造"，核心就是数字化、网络化和智能化，而数字化又是智能制造的基础和关键技术。

数字化就是在充分利用计算机技术的基础上，使人类可以利用极为简洁的编码技术，实现对一切声音、文字、图像、数据和过程的编码、解码；并能对各类信息的采集、分析、处理、储存、传输和应用，实现标准化和高速处理。是通过重构企业业务、创造新的数据驱动的模式，并通过数字化设计与制造，提供更好的产品、服务和体验，提高运营效率和效益，提升客户和员工的参与度。

家居产业实现智能制造，除实现数字化外，在实际应用过程中还需要四大技术支撑，即：智能加工中心和生产线、智能仓储运输与物流、智能生产过程管控、智能生产控制中心。其中，智能加工中心和生产线包括智能化的设备、智能化的机械手、设备数据自动采集、智能模块工具管理等；智能仓储运输与物流包括自动化立体仓库、AGV智能小车和资源定位系统等；智能生产过程管控包括高级计划排程、执行过程调度、数字化物流管控及数字化质量检测等；智能生产控制中心包括中央控制室、现场监视设备、现场Andon等。

1.2.3 定制与大规模定制的内涵

在当今环境下，中国制造业一方面面临自动化、计算机、信息、材料和管理等技术迅猛发展，制造"硬"技术与管理"软"技术的综合应用，极大地影响着制造业的制造方式与管理模式；另一方面，市场需求的变化与竞争加剧，迫使企业不得不寻求快速响应市场和适应当代环境的制造方式与生产经营策略。企业开始由原来的按库存生产转向按订单生产，"定制"逐渐兴起。

（1）定制的内涵

定制（customization）是指为消费者进行量身加工或服务，其实质就是根据客户订单组织和安排生产。按库存生产（大批量生产）是以往我国家居与木制品生产企业的基本模式。近10年，更多个性化的需求及产品的快速更新换代，市场越来越难以预测，按库存生产的风险越来越大，越来越多的企业开始向定制生产模式转变。"定制"已经成为一种时尚、一种潮流，甚至成为高档、奢华的代名词。

对于制造企业而言，定制是企业品牌品质和文化的提升，也是企业在品牌文化体系建设过程中更丰富、更可靠的内涵；对于消费者而言，"定制"已经不仅是对产品功能的需求，而是特定的消费族群生活方式的表达。

（2）个性化定制的内涵

个性化定制（personalized customization，PC）是指根据客户的特殊需求，或由客户介入产品的设计、生产加工过程，为其提供个人专属性较强的商品或与其个人需求匹配的产品及服务。

"个性化定制"既代表定制者的审美情趣与独特的生活主张，也让更多的消费者享受到了"专属"服务和个性化生活体验。与此同时，我国的家居与室内装修已经由最初的木匠打家居、木工上门装修，发展到在半机械化或机械化、自动化或智能化的工厂内，按订单生产定制家居和木制品，使得家居与家居木制品的"个性化定制"和"柔性化生产"逐渐发展起来。

（3）柔性化生产的内涵

柔性化生产（flexible production，FP）又称柔性制造系统（flexible manufacturing system，FMS），是针对大规模生产弊端而提出的新型生产模式，是由统一的计算机信息控制系统、物料自动储运系统和数字控制加工设备有机组成，能适应加工对象变换的自动化机械制造系统。柔性化生产可在不停机的情况下，实现多品种工件的加工，并具有一定管理功能，能对市场需求变化做出快速响应，消除冗余无用的损耗，力求企业获得更大的效益。

2016年，在我国《政府工作报告》中首次提出"个性化定制"与"柔性化生产"后，其已经成为行业关注的热点。其实质体现在："个性化定制"指商业模式，是由传统的"商家对用户"（business to customer，B2C）向"用户对企业"（customer to business，C2B）或"线上到线下"（online to offline，O2O）转变；"柔性化生产"指的是制造模式，是由传统的"生产商对经销商"（manufacturers to business，M2B）或"生产商对消费者"（manufacturer to customer，M2C）向"消费者对生产商"（customer to manufacturer，C2M）转变。

柔性化生产在"互联网+"时代被赋予了更多的意义。供需双方通过互联网平台，实现明确需求、产品设计、加工生产、物流配送的过程，在短时间内完成个性化产品的交易，而柔性化生产在此过程中的作用至关重要。以家居行业的广东尚品宅配为例，通过个性化定制和柔性化生产，让用户的需求得以快速落实成为企业的订单和生产计划。同时，柔性化生产也有助于实现多企业的组织协同，让技术要素、市场要素等协同配置更便捷，提升产品的质量和服务水平。

（4）大规模定制的内涵

大规模定制（mass customization，MC），又称规模化定制或批量化定制，是一种集企业、客户、供应商、员工和环境于一体，充分利用企业已有的各种资源，在标准化技术、现代设计方法、信息技术和先进制造技术的支持下，根据客户的个性化需求，以大批量生产的低成本、高质量和高效率提供定制产品和服务的生产方式。

大规模定制是一种先进制造系统，其基本思想在于通过产品结构和制造流程的重构，运用现代化的信息技术、新材料技术、柔性制造技术等先进适用技术，把产品的定制生产问题全部或者部分转化为批量生产，以大批量生产的成本和速度，为单个客户或多品种小批量的个性化订单定制任意数量的产品，是实现大规模生产的一种崭新制造模式。把大批量与个性化这两个看似矛盾的方面有机地综合在一起，实现了客户的个性化定制和大批量生产的有机结合，即以大批量生产手段满足客户个性化。

实现大规模定制必须具备准确获取顾客需求的能力、面向MC的敏捷产品开发设计能力、柔性的生产制造能力，并需重点解决三方面关键技术：第一，要具有机械化、自动化、柔性自动化的加工设备及计算机集成制造系统，即工业化；第二，要有"部件就是产品"的制造思想，通过应用成组技术、模块化等原理，使得技术、管理、工作的标准化，即标准化；第三，要有"人、财、物、产、供、销"资源和流程"管控一体化"的整个产业先进信息化管理系统，即信息化。在此技术基础上，使制造过程数字化、智能化、柔性化、准时化、个性化、服务化，才能达到客户的个性化需求，更好地进行定制产品制造和服务。

1.3 家居数字化制造

1.3.1 家居企业数字化的发展过程

中国家居数字化设计与制造技术的发展，是从家居数字化设计专用软件的开发开始，其历程大致经历了四个阶段，如图1-2所示。

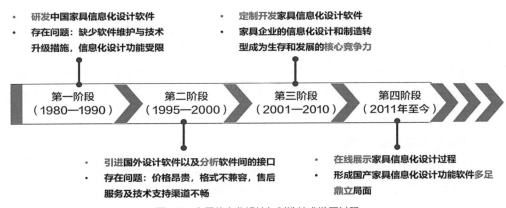

图1-2　家居信息化设计与制造技术发展过程

1.3.2 家居数字化制造的思维与理念

家居行业智能制造的快速发展，离不开创新、独特、有用、有影响的思维和理念进行指导。其数字化思维应包括以下几个方面：

一是互联网思维，即充分利用互联网、大数据、云计算、物联网等科技手段是企业发展的目标和方向。

二是要有多维网络状的生态思维，即以去中心化（平等）和伙伴经济（伙伴）为节点、彼此连接（连接和圈子）移动互联网（PC互联网）思维。

三是让无数的机器、设施与系统网络、先进的传感器、控制和软件应用相连接，以提高生产效率，减少资源消耗的工业互联网思维。

四是更需思维、理念、模式上互相融合，构成互联网+思维。

这种思维和理念在大规模定制家居中已经得到了体现。其思维过程是在大规模生产的基础上，将每个消费者都视为一个单独的细分市场，根据消费者的设计要求或订单，制造个人专属家居。

在智能制造的过程中更应充分利用"家居制造业+互联网"这一智能制造关键技术，将生产过程、工厂规划、物流过程及服务形成等进行智能重组，以客户需求为中心，基于标准化和成组技术理论，通过模块化、标准化的设计思想，集精益生产（LP）、集成制造（CIM）、并行工程（CE）、敏捷制造（AM）的制造思想，将生产由集中向分散转变、产品由趋同向个性转变、用户由部分参与向全程参与转变，充分运用全生命周期信息化管理思想（PLM），最终以柔性制造（FMS）的方式，为客户提供低成本、高质量、短交货周期的定制家居产品。

1.3.3 家居企业数字化转型特点

（1）家居企业数字化转型特征

家居数字化转型实际上是运用信息技术、数字技术的手段和思想对企业结构和工作流程进行全面优化和根本性改革，而并非仅从技术层面进行简单的搭建，其关键就在于既要适应个性化定制需求的市场环境变化，又要从思想上建立一种企业智能制造的新模式；是客户参与方式的变革，也涉及企业核心业务流程、员工，以及与供应商、合作伙伴等整个家居产业链交流方式的变革，即让数字技术逐渐融入产品、服务与流程当中，是构成整个家居产品产业链设计技术、制造技术、计算机技术、网络技术与管理科学的交叉、融合、发展与应用的结果，以转变家居企业业务流程及服务交付方式，来体现全新的制造方式和价值观念，从而提高制造效率和增强企业效益。对家居产业来说，数字化转型是家居产业向着智能制造迈进的关键所在和必然趋势，起决定性的作用。

（2）家居企业数字化转型优势

对家居企业来说，数字化设计与制造不仅是产业转型，更重要的是企业生存发展的必然，是企业在新的时代背景下保证战略核心竞争力的优势所在，是企业实现智能制造的基础。国内目前逐渐走向智能制造的企业，如维尚工厂（尚品宅配）、索菲亚衣柜、金牌厨柜、莫干山家居等，无不是在数字化转型的基础上才取得今天的业绩。数字化改造对现有家居企业的竞争优势也非常明显，体现在以下几个方面：

第一，产品生产周期缩短。与传统制造模式相比，由于企业实施数字化改造后，所有企业核心业务流程都在一个网络平台中进行，制造过程由订单式生产向揉单式生产转变、由自主式生产向计划式生产转变，生产过程中排产和管控都以科学的数据说话，因此，采用数字化制造可大大缩短产品的生产周期。

第二，企业生产能力提升。数字化生产需要充分发挥各方面优势资源，让计算机服务于整个制造过程中，让制造设备得到最大程度利用，让管控技术在企业生产经营过程中得到充分体现。因此，企业的生产能力将会大大提高。

第三，生产成本降低。生产成本的降低关键在制造过程，而数字化生产是利用各类软件管控平台和硬数控机床的融合，由计算机对生产过程进行控制，降低了对工人经验的依赖，将会大大提高效率、降低出错率、保证零部件的加工质量，从而使得生产成本降低。

1.4 家居数字化制造技术研究应用现状

面向智能制造的家居数字化制造关键技术应包括设计数字化、生产过程数字化、制造装备数字化、管理数字化等技术。同时，实现数字化制造的关键技术还应从3个方面夯实网络基础建设，即基础技术、单元技术和集成技术。其中，基础技术主要由企业数据库管理系统研发及应用和制造过程数控设备研发及应用等组成；单元技术主要是指数字化设计过程中三维CAD产品的研发及应用、产品模块化和零部件标准化模型的搭建、基于成组技术的产品族、数字化车间管控过程的MES系统研发及应用、管理数字化过程中的ERP产品研发及应用、全生命周期的信息化管理；集成技术是企业实施数字化过程中的网络制造系统研发及应用、企业集成系统的研发及应用，最终实现数据的传递与共享，如图1-3所示。

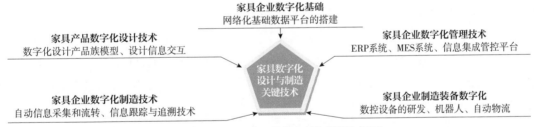

图1-3 面向智能制造的家居数字化制造关键技术架构

1.4.1 网络化基础数据平台的搭建

家居企业数字化设计与制造指通过利用现代信息技术和通信手段（ICT），借助网络化基础数据平台，以数字化来改变企业为客户创造价值的方式。企业在进行数字化设计与制造时，需要由企业的网络化基础数据平台构建作为基础，将数字化的需求通过该平台进行处理，从而指导生产。依据某定制衣柜企业的数字化转型构建的数字化平台如图1-4所示。

由图1-4可知，家居企业数字化基础平台主要包括3大部分的数字化转型，即前端业务层构成的设计数字化转型、中间核心业务层构成的制造过程和管理过程数字化转型、辅助业务层构成的企业辅助资源。其中，前端业务数据主要由客户个性化需求信息和产品设计信息组成并转化成能被数控设备识别的零部件加工信息，为后续生产做准备；核心业务数据是企业生产和经营管理的核心信息，一切围绕产品制造过程所需的信息，即通常所说的"人、财、物、产、

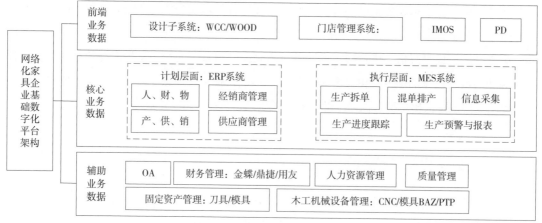

图1-4　家居企业数字化基础平台

供、销"，也包括生产组织过程、制造资源计划MES系统；辅助业务数据主要辅助生产过程中的信息，包括财务、办公、设备维护等信息。上述所有信息都应集中在企业一个大的网络平台中进行及时共享与传递。

1.4.2　家居产品数字化设计技术体系形成

依据大规模定制家具制造模式和信息化管理技术理论，家居智能制造的首要变化是家居产品的设计技术发生根本改变。在智能制造模式下，产品的设计技术由传统手工绘制设计向数字化设计根本转变。家居数字化设计是指运用具体的三维软件工具，通过设计数据采集、数据处理与数据显示，实现家具模型的虚拟创建、修改、完善、分析与展示等一系列数字化操作。目前已经初步形成面向家居智能制造的数字化设计技术体系。该体系包括数字化家居产品模型构建技术、家居产品数字化设计拆单和加工一体化技术、家居产品数字化设计信息交互与处理技术、家居产品数字化设计信息展示技术。

数字化家居产品模型构建技术，主要从产品族规划与标准模块数字化技术、产品成组分类与信息编码技术两个方面进行突破，在构建结构标准零件库、材料及半成品型材库、型材截面图形库及其参数库、强度分析库等基础上，形成了完整的家居产品设计数据库。并依据产品族零部件和产品结构相似性、通用性，建立了产品族模型所需的质量功能配置、相容决策支持、BOM表和实物特性表等信息内容，不仅为客户与设计人员提供数据化设计信息交流平台，更为网上数字化虚拟展示与协同定制设计提供便捷。

数字化设计拆单和加工一体化技术，是在定制家居产品订单流程分析的基础上，实现设计信息与数字化加工设备需求信息共享，形成设计与制造一体化。

数字化设计信息交互与处理技术，是通过插件技术和BI大数据分析，建立企业内各软件间共享系统接口技术。实现设计信息自适应、云端自存储、自设计等功能，并将数据与加工设备对接，解决传统图纸信息出错率高、设计信息孤岛、智能化程度低等难题。

家居产品数字化设计信息展示技术，是通过虚拟现实、3D渲染、一体化等技术手段，通过云渲染、云设计、BIM、VR、AR、AI等技术的研发，实现从设计到销售、生产、物流的整个家居产业链设计数据共享，达到3D云设计的要求，以数字化与智能化手段让家居产业的销售、设计、制造变得更简单、高效。该技术已逐渐发展为"家装智能3D设计+场景生态+智能制造+精细化管理"融为一体的虚拟现实技术。

1.4.3 实现从"烟囱"到"管道"的信息化管理技术转变

在家居智能制造模式下，面对产品生命周期缩短、产品交货（上市）期的竞争、用户需求个性化的生存环境变化、全球竞争的企业经营战略和内部管理的规范化等问题，企业要实现内部高效运作、外部信息及时掌握、科学决策等，都需要企业从管理上发生根本转变。而管理技术的基础是信息共享和及时处理技术。通过中国家居智能制造近20年的发展，信息处理技术最根本的变化就是实现了从"烟囱"到"管道"的信息化技术转变，即信息处理过程由传统的人工和纸质流转为主，变为将企业内、外部资源的静、动态数据信息进行优化整合，并对业务流程重组优化，解决信息在企业的不同部门里滞留和中断的问题。实现信息在企业的流转与共享，彻底解决了家居智能制造过程信息的"孤岛"问题。其关键技术主要是实现了ERP与MES双系统运行到ERP与MES合二为一的转变，突破多软件信息集成。

ERP技术，主要实现了传统单据信息数字化传送、物料需求计算、生产计划制订、采购任务生成、出入库信息记录、单据生成打印等业务功能管控，包括：基础数据管理、信息综合管理、信息决策管理等技术。其中，基础数据管理技术，是将企业产品、半成品、原材料、部门架构、单据属性、客户资料、供应商资料等基础信息进行数字化整合，实现数据采集管理、数据属性管理和数据档案管理等；信息综合管理技术，主要包括两块，一是数据处理技术构建，是将定制家具企业动、静态基础数据、销售订单、采购任务、仓储数据、物流、生产资料数据、财务数据等信息资料进行整合、分析与综合，将数据群进行计算，生成符合目标企业决策需要的统计报表；二是业务功能模块构建，是依据定制家具企业的组织架构和生产特征，按功能进行划分模块，通过业务部门间工作流、信息流、数据流以数字化的形式进行处理与传输，满足业务流程协同管理、动态数据过程管控、企业资源数字化流通；信息决策管理技术，根据基础数据、综合信息以及外部资料为企业进行决策性管理服务，其决策以企业资源优化为目标，实现计划调度管控、产品质量管控和决策信息反馈。

MES技术，主要通过网络（Web）将企业的数控设备、各类优化软件及管理软件（ERP）进行优化整合，并对车间及仓库的硬件、网络情况、点位进行布置，形成MES系统，实现生产计划、数控加工任务、车间加工过程跟踪、包装信息记录等动态管控，包括订单计划管理、生产车间管理和信息集成等核心技术。其中，订单计划管理技术通过MES系统进行工艺分析与计算、自动进行排产，通过设计二维码标签、优化工艺流程和生产线等信息，实现加工信息自动形成与流转、加工信息与数控设备的对接及车间计划与调度自管控等；研发零部件工艺成组技术、零部件工序自加工技术和可视化车间管控技术。

在实践应用过程中，为更好地发挥ERP系统在大规模定制家具企业的资源优化配置，实际运行过程中，往往需要同企业的其他信息化协同管理系统（如MES、OA、CRM等）及相关外部设备（如PDA扫描器、射频设备等）进行数据交互，从而满足企业信息化系统数据共享流通及设备参数配置管控的作用。

1.4.4　研发定制家居揉单生产模式技术体系

中国家居智能制造经过近20年的探索，最为突出的一点是实现了从订单式生产向着揉单生产转变，即实现了揉单生产，并形成了定制家居揉单生产技术体系。所谓揉单生产，是由柔性制造系统（flexible manufacturing system，FMS），即数控加工设备（数控设备和传统设备）、物料运储装置（工件输送系统）和计算机控制系统等组成的自动化制造系统。包括多个柔性制造单元（flexible manufacturing cell，FMC），能根据制造任务或生产环境的变化迅速进行调整。通过柔性制造技术（flexible manufacturing technology，FMT）和成组技术（group technology，GT）原理，即根据零部件的生产工艺特性进行零部件族规划，将规划后的零部件毛坯数控机床（computer numerical control，CNC）设备和普通设备构成的加工系统，依据中央计算机发出的指令完成各工序加工。在加工过程中，工件将被自动识别、刀具将被自动换取、切屑过程将会自动转换、设备不需停机的情况下更换新零部件、整个过程将被自动监控，从而实现多品种工件的加工。与传统的制造模式相比，柔性生产改变的是传统的"以产定消"模式，更加适合以消费者为导向、多品种、中小批量生产、"以需定产"的大规模定制生产方式。目前形成的揉单生产技术体系主要包括：标准化的产品设计与工艺规范技术以及模块化柔性生产技术。

标准化产品设计与工艺规范技术，开发和建立了定制家具产品的三维参数化零部件数据库，通过简化设计，建立家具产品族的规划与数字化标准模块，并依据成组分类与信息编码技术，制定家具编码的档案管理体系，形成产品和零部件的标准化管理，体现产品设计柔性；通过建立工艺术语与符号标准化，加工余量、公差、工艺规范等工艺要素标准化，刀具、机床夹具、机床辅具等工艺装备标准化，工艺规程、工艺守则、材料定额等工艺文件标准化，实现工艺过程快速变化，体现工艺柔性；通过管控过程规范化，将相同零件组的典型工艺、某工序的典型工艺、标准件和通用件典型工艺等，通过数字化处理，从而形成标准的数字化工艺过程；并将家具生产过程中的各环节及相关因素形成统一的标准，实时收集生产过程中数据，并做出相应的分析和处理，为企业提供快速反应、有弹性、精细化的环境。

模块化柔性生产技术，面向定制家具产品，将结构、功能和工艺相似的产品进行分类，依据成组技术模型分析，形成成组技术方案，通过工艺路线匹配与分组，提取产品族或零部件族及其典型工艺特点的共有属性，形成参数化典型工艺和典型工艺模板，实现从订单式生产方式向揉单生产方式的转变，从而完成自动揉单与零部件制造过程流转；并依据大规模定制家具产品结构特征和工艺特征，形成零部件族的典型工艺模块、工序的典型工艺模块及标准件和通用件的典型工艺模块。同时，通过生产过程重组技术，将功能和工艺相似的零件集中生产，将尺寸和形状相同的零件进行集中备料，采用通过式加工和工序分化的形式来实现生产过程的重组。

1.4.5 搭建数字化动态管控技术平台

中国家居智能制造在经历数字化设计、信息化管理和柔性制造过程的技术理论研究和产业化实践之后，初步形成了制造过程的数字化动态管控技术平台。该平台的技术特征主要包括三方面：一是研发基于自动识别技术的家居物料管理和信息自动采集与处理方法；二是构建可视化车间管控方法；三是集成多软件共享数据平台。

零部件加工过程的信息自动采集与处理技术，主要利用条形码技术、二维码技术和RFID技术，形成物料编码技术和物料流转过程的信息采集与处理技术，进行家居产品物料管理，实现物料和零部件加工和流转过程动态可控。

构建可视化车间管控方法，是依托ERP系统、MES系统、数据采集设备等组成的实时动态监控技术，由现场数据采集、数据处理与分析、现场信息反馈等模块构成。通过车间各岗位标签扫描，实现加工时间、加工进度、设备产能的数据实时采集、车间的LED看板实时展示等车间实时管控过程。

集成多软件共享数据平台，采用插件技术和大数据分析，突破脚本建模、插件、数据库重构等系统开发技术；采用基于业务流的标准系统设计方法、标准的B/S体系结构和C/S体系结构，在充分分析企业作业现状和预测未来发展的基础上，对MES系统和ERP系统信息进行升级优化；结合新开发的WMS和WCS系统，通过接口技术开发，构建以Web技术为基础的定制家居产品2020+ERP+MES+WCS+WMS信息集成与共享平台，实现定制家居可视化动态管理。

1.5 家居数字化制造技术内容

1.5.1 数字化设计技术

数字化设计信息交互与处理技术，是通过插件技术和BI大数据分析，建立企业内各软件间共享系统接口技术，实现设计信息自适应、云端自存储、自设计等功能，并将数据与加工设备对接，从而解决传统图纸信息出错率高、设计信息孤岛、智能化程度低等难题。

家居产品数字化设计信息展示技术，是通过虚拟现实、3D渲染、一体化等技术手段，通过云渲染、云设计、BIM、VR、AR、AI等技术的研发，实现从设计到销售、生产、物流的整个家居产业链设计数据共享，达到3D云设计的要求，以数字化与智能化手段让家居产业的销售、设计、制造变得更简单、更高效。该技术已逐渐发展为"家装智能3D设计+场景生态+智能制造+精细化管理"融为一体的虚拟现实技术。

家居企业实施数字化，首先需要的是设计过程的数字化转型。与传统家居设计相比，家居智能制造过程的数字化转型，主要包括：家居产品三维参数化零部件实例库的建立和家居设计信息交互技术。家居产品三维参数化零部件实例库的建立包括家居产品模块体系构建、标准化接口数字化设计技术、三维参数化零部件实例库，是依据成组技术，基于产品族零部件和产品结构相似性、通用性，构建家居产品标准模块，并通过家居产品零部件的特征分析、分类及工艺柔性等方法，综合分析家居产品零件的功能和物理特性，构建关系矩阵和模块体系，形成家居产品标准模块和标准接口，从而构建三维参数化零部件数据库。定制家居设计信息交互技术包括：支持多源信息跨平台共享的软件架构技术和开发支持多平台的定制家居快速定制设计系统。在建立产品族模型所需的质量功能配置、相容决策支持、BOM表和实物特性表等技术基础上，向客户与设计人员提供交流的平台，进行网上虚拟展示与协同定制设计系统开发。该技术需具备自适应数据对接、云端自存储、自设计以及设计信息快速拆解和并组功能，从而解决家居智能制造过程产品设计图纸信息出错率高、设计信息孤岛、在线设计难及智能化程度低等关键问题。

1.5.2　数字化制造技术

面向智能制造的家居企业数字化制造技术主要应突破两个方面，即制造过程中的自动信息采集和流转、信息跟踪与追溯技术。其中自动信息采集和流转技术，要解决的是柔性生产线搭建和揉单生产后的高效排产。实际应用过程中应以定制家居产品柔性生产线建设为突破对象，采用技术集成的方法，针对生产线数控机床和机械手，分析制造工艺规划系统，对生产流程中物料和工艺数据统计、分析和管理软件，并将生产线上所有执行机构、检测系统的数据与计划、工艺、品质要求融合协同优化，形成数字化加工技术，从而实现成组排产、多订单混流生产；信息跟踪与追溯技术，需要通过计划管理与车间管理两大数据处理核心部分，结合自动采集技术（如二维码技术），将生产计划制订、工序优化、车间加工过程跟踪、分拣包装信息记录等流程数据化管理，并依据定制家居管理软件ERP平台，将数据实时与2020（TopSolid）、IMOS、CUTRITE等优化软件、CNC加工设备和普通加工设备组成信息接口与交互，从而实现零部件流转加工过程和揉单生产过程的信息流追溯。

1.5.3　数字化管理技术

面向智能制造的家居企业数字化管理技术，应通过定制家居数字化生产过程中实时数据的采集，针对定制加工过程中出现的信息传递错误、揉单排产难、信息不准、生产执行跟踪难、浪费严重等问题，通过多机器人协同控制及指令系统，实现家居生产过程多机协同运行；并对设备运行状态在线监控和订单生产信息智能分析，做出相应的分析和处理，开发家居企业资源规划ERP系统、揉单生产自动排产和多机协同管控MES系统，整合定制家居集成车间加工过程管控，并最终搭建信息集成管控平台。该平台以B/S架构ERP系统+MES系统+WCS系统+WMS系统，结合C/S架构EAS系统，通过工厂内部服务器+云服务器的方式，结合电脑、云终端、智能手机、PDA、扫描枪等多类型硬件终端，打通内部局域网络与外部互联网的信息流串接，实现由门店下单、报价审核、订单BOM拆解、采购外协跟进、生产计划制订、车间制造物流管控、仓储入库发货、成本统计核算、门店收货反馈、客户售后服务等全业务流程；结合立体存储仓库、环形存储仓、机器人分拣、龙门机器人、物料自动运输设备等，实现定制家居智能制造信息集成与管控技术，从而解决家居柔性生产过程中的信息交互与实时管控技术难题，为企业提供一个快速反应、有弹性、精细化的制造环境。

1.5.4 装备数字化技术

面向智能制造的家居企业数字化装备技术，是实现数字化制造的基础。主要包括：数控设备的研发技术、机器人技术、自动物流技术。其中，数控设备的研发技术应在自动化和普通CNC研发基础上加大五轴联动数控木工机床开发，这将会是家居企业实施数字化制造装备技术处于竞争优势的标志性产品；机器人技术，在我国家居制造业中的应用仍处于起步阶段，虽然机器人的种类很多，但是实际运用还非常有限，主要在装配、搬运、焊接、铸造、喷涂、码垛、分拣等生产过程中。对数字化制造而言，需要对新型结构的家居制造机器人及其操作系统和控制系统、视觉反馈等关键技术进行研发，才能突破"机器换人"过程中复杂工作实施的技术瓶颈。自动物流技术应包括自动化立体仓库、AGV智能小车和资源定位系统等方面的技术。

1.6 家居企业数字化建设面临的问题

1.6.1 家居信息模型的搭建

面向智能制造的家居企业数字化设计与制造，实际上是用数据来驱动生产，而信息模型的搭建是提供数据的来源，也是企业进行数据转型的关键。家居信息模型（furniture information model，FIM）是以三维数字化技术为基础，集成家居各相关信息的数据模型，是家居制造各环节实体与特性的数字化表达。它不是狭义的模型或建模技术，而是一种新的理念，以此为核心的数字化技术才能真正引领家居行业数字化设计与制造的变革。

家居信息模型的特征应包括：家居产品三维几何信息及拓扑关系、产品对象的逻辑结构与装配结构信息、产品对象的工艺与工序信息、产品对象的销售与成本信息等，如图1-5所示。同时，模型信息的某个对象发生变化时与之关联的外部对象也会随之更新，从而形成内部对象相互关联；为保证家居信息模型内信息的一致性，不同环节的模型信息必须完全一致，才能发挥信息模型的作用。

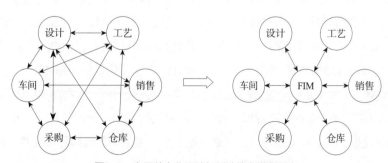

图1-5 家居数字化设计与制造信息模型平台

利用信息化技术对家居研发、生产、服务等过程的数据采集、处理、决策和反馈，从而满足家居产品业务价值链的需求。其目标是通过家居设计、制造过程的一体化信息共享，实现从家居自动化系统到制造执行系统的集成过程可实时管控，形成不同层级的技术要求，如图1-6所示。依据搭建的技术体系平台可看出，该技术体系体现在两个维度：一是制造过程的技术开发体系；二是信息技术集成的应用体系。从家居产品制造过程的技术体系开发维度上，主要是围绕定制家居产品订单的形成、制造和服务过程，从订单产生标准及方案论证、设计、计划、采购、生产准备、生产、使用维护等进行技术体系构建；从信息技术集成应用体系维度上，主要是围绕定制家居产品信息集成技术的通用性，从跨家居行业的资源共享、企业经营运作管理、家居设计与制造一体化技术和基础与环境及硬件要求等方面基于家居产品全价值链的关键制造环节协同优化，并针对基于数字技术的设计、制造、经营运作与管理、系统集成、基础和支撑环境等进行技术体系搭建。

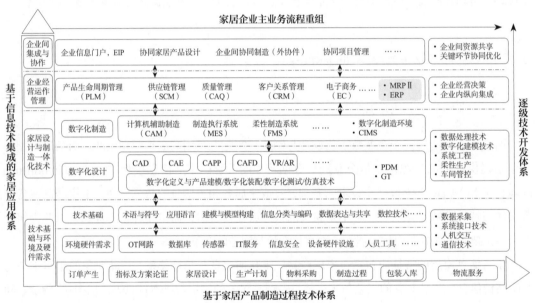

图1-6   基于家居信息化管控平台搭建的技术体系架构图

1.6.2 数据的转换和应用过程

结合家居企业数字化设计与制造转型的需求，搭建信息模型还必须能实现家居企业信息共享、协同工作，并支持设计、生产与销售一体化，通过实施数字化转型和信息化改造，才能通过数据来驱动家居企业运行模式改变，最终推动家居智能制造进程。因此，在搭建家居信息模型的同时，还需明确数据的转换和应用过程。包括订单管理信息物料BOM、工艺BOM、图纸BOM、刀具BOM、工时BOM、各种加工程序信息等，传递给企业相关的ERP/MES/CRM等管理系统，实施数据源管理、作业资源管理、加工及备料数据下达、排产管理、操作指示呈现、在制品追踪、ERP数据交换等数据处理后，实现数据在数控加工设备的执行与反馈，从而实现数据转换和应用。

1.6.3 家居制造过程数据集成

面向智能制造的家居企业，其核心单元应是由数控加工设备（木工数控加工设备、机器人）、物料运输设备（自动运储装置）、自动信息采集与处理设备（采集器）、计算机控制系统等组成的自动化制造系统单元，通过该单元的各类技术的集成来适应多品种、小批量家居产品生产，并且能根据制造任务或生产环境的变化迅速进行调整。但由于家居智能制造是一个系统的生产过程，具有高度随机性、不确定性和多约束性，造成制造影响因子多而且互相影响，加上我国家居信息化和数字化建设基础薄弱，这种集成技术还处在实践性初级阶段，因此，始终都无法摆脱出错率高、效率低下、生产周期长等问题。要摆脱此类瓶颈问题，就必须对智能制造过程中零部件的复杂性和非线性生产工艺过程系统性、精确控制和追溯技术、车间层信息流流转和共享技术等进行集成，才是实现家居数字化制造的关键。

1.7 家居数字化智能制造转型思路

1.7.1 对生产过程的重新认识

面对智能制造技术的快速发展，在家居产业所形成了"个性化定制"和"柔性制造"技术体系，下一阶段家居企业应在考虑成本、质量、柔性、服务、生产周期等竞争要素以及高效率、低成本、高柔性、准时等基本目标的基础上，如何实现高效、低耗、灵活、准时地生产合格产品和提供满意服务，才是未来家居产品智能制造的主要任务，因此，未来家居智能制造的技术升级需要对家居生产过程重新认识。应从以下方面重点考虑：

一是要有系统观概念，即家居生产过程中在考虑全局性、协同性和层次性的同时，构建家居生产过程人机复合系统和动态开放系统技术平台。

二是要有集成观理念，即家居生产过程中需要发挥优势，实现最佳配置，实现人员、技术、管理的综合集成技术。

三是要有信息观认知，要认清家居智能制造一定是依靠信息和数字化来实现的，其实质是信息采集、加工、转化和传递过程。因此，信息技术和数字化技术仍然是家居智能制造发展的关键所在。

四是要有服务观意识，家居产业实现智能制造最大的转变是从单纯的制造型企业向着服务型制造和系统解决商的企业转变，即"在需要的时候，企业能以适宜的价格向顾客提供具有满意的质量和环境效能的产品与服务"，制造过程不仅对顾客树立服务意识，同时还需要组织好内部部门间服务关系。

1.7.2 智能制造技术升级关键点

（1）全过程"智"造问题

由智能制造的内涵和发展思想可知，其根本目标就是实现个性化（按需定制）、柔性化、高质量、低能耗的"制造"，核心就是要解决"智"造问题。主要体现在三方面：一是需要通过物联网和务联网把制造业物理设备单元和传感器、终端系统、智能控制系统、通信设施等连接组合起来，实现研发、设计、精准控制的"智能"；二是通过人和人、人和机器、机器与机器、制造与服务之间互联，实现生产过程"智能制造"；三是通过用户全过程、全流程参与，达到个人定制、众包设计的目的，实现商业模式"智能变革"。如何实现和解决"智"造问题？在智能制造技术升级新轨道上，应着重从全过程的"智"造考虑，即从定制家居产业链协同发展、从单据驱动业务向着数据驱动业务转变、推进智能制造平台的搭建（信息集成）等方向持续技术创新与跟进。

（2）关键工序"效率"提升问题

家居智能制造最大改变是生产模式的改变，即实现了揉单生产。揉单生产能够充分考虑车间各生产线的产能情况，利用优化软件进行合理开料，充分发挥设备的生产能力，从而提高材料利用率和设备利用率，从一定程度上也提高了生产效率。但现阶段效率并没有发挥出最大优势，甚至出现了关键工序"瓶颈"，直接影响整个生产效率。因此，在新的智能制造技术升级层面，解决此类问题主要从三方面考虑：一是减少零件变化，即推行三化（产品系列化、零部件标准化、通用化）、快速建模技术、推行成组技术（GT）、推行变化减少方法（variety reduction program，VRP）；二是提高生产系统的柔性，实现从揉单生产向柔性制造系统（FMS）的转变，即通过机器柔性、工艺柔性、产品柔性、生产能力柔性、扩展柔性、生产维护柔性综合提高生产过程的柔性，最终构成"FMS=DNC+AGV+AS/RS+计算机控制室"柔性生产系统形式；三是快速响应问题，即通过2020（TopSolid）、ERP、MES、WCS等管控软件的优化升级，实现更多软件系统的数据共享和集成，真正实现从客户、设计、生产、管理过程的一体化，满足生产过程的快速响应。

（3）全链联动"技术"升级问题

全链联动是实现家居产业智能制造技术升级的一个核心问题，是在面对"个性化定制"和"柔性制造"构架的技术体系基础上，构建制造过程全链联动的生产系统。该系统应包括智能加工中心和生产线、智能仓储运输与物流、智能生产过程管控及智能生产控制中心，如图1-7所示。

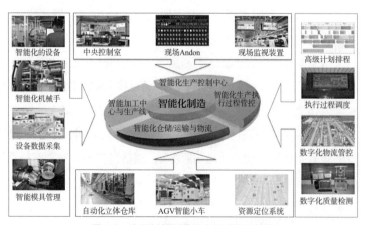

图1-7　家居智能制造技术体系平台架构

本章小结

在个性化定制时代，家居产业要实现转型升级，真正需要的是新思路。传统企业向数字化转型升级的趋势愈发成为共识，数字化转型将成为所有企业的战略核心。对家居企业而言也是如此，数字化转型不是选择，而是唯一出路。对家居企业而言，是适应企业生存环境变化的需要，是企业生存与发展的重要手段，通过数字化可帮助企业实现规范化管理，为企业经营提供战略服务。一方面，如何在整个家居产业链和大"家居"范畴中找到企业的经营定位、制造模式和商业模式，进行协同发展；另一方面，如何利用信息技术和通信手段（ICT），以数字化为客户创造价值方式，将数字技术融入产品、服务与流程中，以转变业务流程及服务交付方式，客户和产业链全程参与变革，是定制家居企业转型升级和创新驱动发展的关键问题。同时，定制家居及其产业链必须进行智能制造已经成为共识，是企业的战略核心，不是选择，而是唯一出路。

学习借鉴"工业4.0"，通过"互联网+制造"，把信息化与工业化的"两化"深度融合作为主线，以互联网、大数据、云计算、数字化+智能化作为家居传统制造业重构的核心技术，推进模式创新和产业链重构；通过信息化系统（CIMS、ERP、MES）对企业资源进行整合，促进"人、财、物、产、供、销"有效管控和协同，实现企业快速响应市场和风险控制；运用信息技术和先进适用技术，使企业高度机械化、自动化与数控加工、大规模定制生产与柔性制造，对现有传统制造业改造与提升；实现中国家居工业利用信息化技术向高技术型方向发展、从"劳动密集型"向"劳动+技术密集型"产业发展。

练习与思考题

1. 中国家居制造模式的演变经历了哪几个阶段？不同阶段家居生产特点是什么？

2. 中国家居产业智能化制造现状如何？智能制造对整个家居产业带来了哪些影响？

3. 简述"互联网+""中国制造2025""智能制造"的含义。

4. 什么是"定制"？什么是"个性化定制"？什么是"定制家居"？

5. 家居产业应如何进行数字化制造和转型？

第 2 章　家居制造自动化技术

学习目标

了解制造自动化的内涵，掌握家居数控加工技术的概念和原理、工艺过程，熟悉家居CAD/CAPP/CAM一体化技术的实质、计算机集成制造系统（CIMS）的概念及基本构成。

家居企业实施制造自动化，能显著提高劳动生产率，提高产品质量，降低制造成本，提高经济效益，改善劳动条件，提高劳动者素质，有利于产品更新、带动相关技术发展、提高企业市场竞争能力，是家居企业实现数字化制造的根本条件。

2.1 制造自动化技术概述

2.1.1 家居制造自动化技术内涵

制造自动化即制造和自动化的融合。通常的制造概念，是指产品的"制作过程"或称为"小制造概念"，如家居产品的机械加工过程；而广义的制造概念包括产品整个生命周期过程，又称"大制造概念"。在实际应用过程中，两者都在使用，其概念范围视具体情况而定。

自动化是美国人D.S.Harder于1936年提出的，他认为在一个生产过程中，机器之间的零件转移不用人去搬运就是"自动化"，这是最早期制造自动化概念。由于制造自动化的概念是一个动态发展过程，起初人们对自动化的理解或者说自动化的功能目标是以机器的动作代替人力操作，或者在较少人工干预下，将原材料加工成零件并组装成产品，在加工和装配过程中实现工艺过程自动化，可理解为自动去完成特定的作业，这实质上是自动化代替人的体力劳动的观点；随着电子和信息技术的发展、计算机的广泛应用，自动化的概念已扩展为用机器不仅代替人的体力劳动，而且还代替或辅助人的脑力劳动，以自动地完成特定的作业。在形式方面，家居制造自动化包括三方面含义：一是代替人的体力劳动；二是代替或辅助人的脑力劳动；三是制造系统中人、机及整个系统的协调、管理、控制和优化。

目前，对家居制造自动化的一般理解，狭义上是指家居产品生产车间内产品机械加工和装配检验过程自动化；广义上是指包含家居产品和工艺过程设计、家居制造的数字化加工过程、家居产品的质量控制过程、家居企业的信息化管理过程自动化等。其中，家居产品和工艺过程设计包括计算机辅助设计（computer aided design，CAD）、计算机辅助工艺规划（computer aided process planning，CAPP）、并行工程（concurrent engineering，CE）、计算机辅助工程分析（computer aided engineering，CAE）等；家居制造数字化加工过程包括计算机辅助制造（computer aided manufacturing，CAM）、计算机集成制造系统（computer integrated manufacturing system，CIMS）、数控机床（computer numerical control，NC/CNC/DNC）、柔性制造系统（flexible manufacturing system，FMS）、成组技术（group technology，GT）等；家居企业的信息化管理过程自动化包括企业资源计划（enterprise resource planning，ERP）、客户关系管理（customer relationship management，CRM）、供应链管理（supply chain management，SCM）等；家居产品的质量控制过程包括产品数据管理（product data management，PDM）、全面质量管理（total quality management，TQM）等，也可以说家居自动式化制造是家居产品制造全过程综合集成的自动化，如图2-1所示。

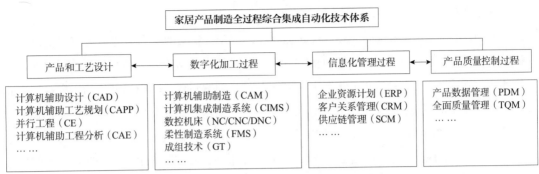

图2-1　家居产品制造全过程综合集成自动化技术体系

（1）CAD

在设计过程中，利用计算机作为工具，帮助设计师进行设计的一切实用技术的总称为计算机辅助设计（computer aided design，CAD）。计算机辅助设计包括的内容很多，如家居产品设计过程中：概念设计、优化设计、有限元分析、计算机仿真、计算机辅助绘图、计算机辅助设计过程管理、几何建模等。其中，计算机辅助绘图是CAD中计算机应用最成熟的领域。

（2）CAPP

挪威于1969年正式推出世界上第一个计算机辅助工艺规程设计（computer aided process planning，CAPP）系统Auto Pros系统，应用CAPP技术，可以使工艺人员从烦琐重复的事务性工作中解脱出来，迅速编制出完整详细的工艺文件，缩短生产准备周期，提高产品制造质量，进而缩短整个产品开发周期。CAD的结果能否有效应用于生产实践、数控机床NC能否充分发挥效益、CAD与CAM能否真正实现集成，都与工艺设计的自动化有着密切的关系，于是CAPP应运而生。CAPP工艺设计是连接产品设计与制造的桥梁，是整个自动化制造系统中的重要环节，对产品质量和制造成本具有极为重要的影响。

（3）CE

随着个性化需求的不断提升，产品的批量越来越多，而市场生命周期越来越短。在这种形势下，传统的产品开发方式已远远不能满足要求。于是出现了并行工程（computer engineering，CE）。CE是集成地、并行地设计产品、零部件及各种相关过程的一种系统工作模式。这种模式要求产品开发员和其他人员一起共同工作，在设计一开始就考虑产品整个生命周期中从概念形成到产品报废处理的所有因素，包括质量、成本、进度计划和用户要求。

（4）CAE

长期以来，产品的力学强度分析与计算一直沿用材料力学、理论力学和弹性力学所提供的公式。由于许多条件被简化，因而计算精度很低。为了保证产品的强度和质量，常采用加大安全系数的方法，结果使结构尺寸加大，浪费材料，有时还会造成结构性能的降低。现代产品正朝着高效、高速、高精度、低成本、节省资源、高性能等方面发展，传统的计算机分析方法远远无法满足要求。近20年来，伴随着计算机技术的发展，出现了计算机辅助工程分析（computer aided engineering，CAE）这一新兴技术。

（5）CAM

计算机辅助制造（computer aided manufacturing，CAM）狭义的概念指的是从产品设计到加工制造之间的一切生产准备活动。它包括CAPP、NC编程、工时定额的计算、生产计划的制订、资源需求计划的制订等，在更进一步缩小为NC编程同义词的同时，并将CAPP作为一个专门的子系统，界定了工时定额的计算、生产计划的制订、资源需求计划的制订则划分给MRP Ⅱ/ERP系统来完成。广义的CAM，除了上述CAM狭义内容外，它还包括制造活动中与物流有关的所有过程（加工、装配、检验、存储、输送）的监视、控制和管理。在实际应用中，一般意义上的CAM主要是指利用计算机直接进行加工制造、生产过程控制的技术系统，其主体是由数控机床（NC/CNC/DNE）、机器人、自动物料储运系统（运输设备AGV）+存储系统AS/RS等设备构成。

（6）CIMS

计算机集成制造系统（computer integrated manufacturing system，CIMS）是计算机应用技术在工业生产领域的主要分支技术之一。对于CIMS的认识，一般包括以下两个基本要点：一是企业生产经营的各个环节，如市场分析预测、产品设计、加工制造、经营管理、产品销售等一切生产经营活动，是一个不可分割的整体。二是企业整个生产经营从本质上看是一个数据采集、传递、加工处理的过程，而形成的最终产品也可看成是数据的物质表现形式，是企业经营过程、人的作用发挥和新技术的应用方面集成的产物。

（7）NC/CNC/DNC

数控技术简称数控（numerical control，NC），是利用数字化信息对机械运动及加工过程进行控制的一种方法。随着技术的发展，NC已经从识读器时代进入了计算机控制时代：一种为计算机数控（computer numerical control，CNC），CNC是一台独立的机床，具有独立的能同时沿几个轴线运动的切削刀头，通常是由一台独立的计算机来控制其运行，又称加工中心（machining center，MC）；另一种是直接数控（direct numerical control，DNC），是由一台中心计算机对若干台数控机床同时控制。20世纪70年代中期开始，机床数控系统由硬件式数控（NC）走向软件式数控的新阶段。软件式数控取代硬件式数控的新型数控系统，由大规模集成电路、超大规模集成电路及微处理机组成，具有很强的程序处理功能，由此DNC已演变成生产准备和制造过程中设备信息互连的一种技术，是实现CAD/CAPP/CAM一体化技术最关键的纽带，是现代制造车间实现CIMS信息集成和设备集成的有效途径。

（8）FMS

柔性制造系统（flexible manufacturing system，FMS）是由一组自动化的机床或制造设备与一个自动化的物料处理系统相结合，由一个公共的多层数字化可编程的计算机进行控制，可对事先确认类别的零件进行自由地加工或装配的系统。简单地说，FMS是由若干数控设备、物料运储装置和计算机控制系统组成，并能根据制造任务和生产品种变化而迅速进行调整的自动化制造系统。它包含多个柔性制造单元，能根据制造任务或生产环境的变化迅速进行调整，适用于多品种、中小批量生产。

（9）GT

在家具产品制造业中，大批量产品越来越少，单件小批量多品种的产品生产模式越来越多，而传统的生产模式在很大程度上会不适应于多品种小批量生产的组织，这是因为：生产计划、组织管理复杂化；零件从投料到加工完成的总生产时间较长；生产准备工作量大；产量小，使得先进制造技术的应用受到限制。为从根本上解决生产由于品种多，产量小带来的矛盾，成组技术的科学理论和实践方法被提出。成组技术是把相似的问题归类成组，寻求解决这一组问题相对统一的最优方案，在制造业方面，是将品种众多零件按其工艺的相似性分类成组，以形成零件族，把同一零件族中诸零件分散的小生产量汇集成较大的成组生产量，从而使小批量生产能获得接近于大批量生产的经济效果。

（10）ERP

企业资源计划（enterprise resources planning，ERP）是建立在信息技术基础上，利用现代企业的先进管理思想，全面集成企业所有资源信息（物流、资金流、信息流、人力资源），为企业提供决策、计划、控制与经营业绩评估的全方位和系统化的管理平台。ERP系统集信息技术和先进管理思想于一身，成为现代企业的运营模式，反映时代对企业合理调配资源，最大化地创造社会财富的要求，成为企业在信息时代生存、发展的基石。在企业中，一般的管理主要包括三方面的内容：生产控制（计划、制造）、物流管理（分销、采购、库存管理）和财务管理（会计核算、财务管理）。

（11）CRM

"以客户为中心"是客户关系管理（costomer relationship management，CRM）的指导思想，是在整个客户生命周期都是以客户为中心，将客户当作企业运作的核心，对客户进行系统化的研究，以便改进对客户的服务水平，提高客户的忠诚度，并因此为企业带来更多的利润。这就要求CRM能够识别所有的产品、服务以及客户与商家之间的中介关系，并且了解从这种关系发生开始与商家之间进行的所有交互操作。

（12）SCM

供应链管理（supply chain management，SCM）是当前国际企业管理的重要内容，也是我国企业管理的发展方向，目前正受到社会的普遍关注。它最初起源于ERP，是基于企业内部范围的管理。它将企业内部经营所有的业务单元如订单、采购、库存、计划、生产、质量、运输、市场、销售、服务等以及相关的财务活动、人事管理均纳入一条供应链内进行统筹管理。

（13）PDM

产品数据管理（product data management，PDM）是指企业内发布于各种系统和介质中，关于产品及产品数据信息和应用的集成与管理。PDM系统确保跟踪设计、制造所需的大量数据和信息，并由此支持和维护产品。如果说得再细致一点，可以这样理解PDM：产品数据管理系统保存和提供产品设计、制造所需要的数据信息，并提供对产品维护的支持，即进行产品全生命周期的管理。

（14）TQM

全面质量管理（total quality management，TQM）是一种综合的先进的组织管理方法。随着商品经济的繁荣，科技的进步，质量管理理论应运而生，并且经过各国企业的实践逐步得到完善，发展成为先进的质量管理理念和技术方法，即全面质量管理。全面质量管理的特点主要在于它的全面性。参与全面质量管理体系运行的是组织的全体人员和所有部门，推行的质量管理涵盖范围是全面且全过程的，运用的管理技术和手段也是综合多样的。其特点可以简单概括为"三全一多样"，即：全企业的质量管理、全过程的质量管理、全员的质量管理和多方法的质量管理。

2.1.2 家居制造自动化技术发展过程

（1）发展历程

家居制造自动化技术的发展经历了刚性自动化、数控加工、柔性制造、计算机集成制造系统（CIMS）和综合自动化五个阶段。

刚性自动化是自动化技术的第一个阶段，从20世纪初开始，以美国为代表的西方国家将其他制造行业的自动化技术引入木工行业。从木工机床和机械设备上看，主要是自动、半自动机床、组合机床、组合机床自动线，到20世纪50年代变为成熟，加工的产品对象以单一品种大批量生产自动化的形式出现。此阶段采用自动化技术，与传统的单机作业相比，能够显著提高生产效率，但加工的产品仍然显得单一。

自动化技术发展的第二个阶段是数控加工阶段，是从20世纪30年代开始。从木工机床和机械设备上看，设备功能和技术有了显著提升，以NC/CNC为代表的数控技术得到广泛应用，NC在20世纪50—70年代成熟，20世纪70—80年代逐渐被CNC取代，此阶段加工的对象以多品种、中小批量（单件）产品为主。与刚性自动化相比，又引入了新的数控技术、计算机编程技术等，数控加工的主要特征是柔性好、加工质量高。

自动化技术发展的第三个阶段是柔性制造阶段，是从20世纪60年代开始，其主要是将数控技术进一步提升，采用计算机直接数控和分布式数控的柔性制造单元（FMC）、柔性制造系统（FMS）、成组技术（GT）等技术在制造行业的推广和应用，此阶段的加工特征已经可以实现多品种小批量甚至单件自动化生产，而且生产效率高。

自动化技术发展的第四个阶段是计算机集成制造系统阶段。20世纪80年代中期，以计算机集成制造系统CIMS为主，将现代制造技术、管理技术、计算机技术、信息技术、自动化技术和系统工程技术等融入制造生产中，此阶段的制造过程特别强调制造全过程的系统性和集成性。

自动化技术发展的第五个阶段是综合自动化阶段，是从20世纪90年代开始，以新的制造自动化模式，即综合自动化的形式出现，此时的制造技术已经逐步开始体现出智能制造、敏捷制造、虚拟制造、网络制造、全球制造和绿色制造的新模式。

（2）自动化制造技术当前研究领域和方向

随着时代的发展，特别是信息技术、数字技术的快速发展，家居自动化制造技术当前研究领域主要向集成技术和系统技术、自动化系统中人因作用、数控单元系统、制造过程的计划和调度、柔性制造技术、现代生产模式制造环境、底层加工系统的智能化和集成化等方向发展。

2.1.3 家居制造自动化技术发展趋势

（1）制造敏捷化

敏捷化是制造环境和制造过程面向21世纪制造活动的必然发展趋势。制造环境和制造过程的敏捷化体现在：企业管理模式要适应持续变化的市场；为快速反应紧抓机遇，要求企业共担风险；由客户来评价产品质量；以合理的费用满足市场需求。家居企业制造敏捷化取决于它的可变能力和创新能力，可以使企业面临市场竞争做出快速响应。

（2）制造网络化

基于网络技术的制造已成为当今制造业发展的必然趋势，其主要包括：制造环境内部的网络化，以实现制造过程的集成；制造环境与整个制造企业的网络化，以实现制造环境与企业中的工程设计、管理信息系统等各子系统的集成；企业与企业间的网络，以实现企业间的资源共享、组合与优化利用，通过网络实现异地制造。

（3）制造虚拟化

制造虚拟化是指虚拟制造，是以制造技术和计算机技术支撑的系统建模技术和仿真技术为基础，集现代制造工艺、计算机图形学、并行工程、人工智能、虚拟现实技术和多媒体技术等多种高新技术为一体，由多学科知识形成的一种综合系统技术。它将现实制造环境及其制造过程通过建立系统模型映射到计算机及其相关技术所制成的虚拟环境中，在虚拟环境下模拟现实制造环境及其制造过程的一切活动，并对产品制造及制造系统的行为进行预测和评价。制造虚拟化的核心是计算机仿真，通过仿真模拟真实系统，发现设计和制造中可避免的错误，保证产品制造一次成功。

（4）制造智能化

智能制造系统是一种由智能机器人和人类专家共同组成的人机一体化智能系统，它在制造过程中能进行诸如分析、推理、判断、构思和决策等智能活动。智能制造技术的目标在于通过人与智能机器的合作，去扩大、延伸和部分地取代人类专家在制造过程中的脑力劳动，以实现制造过程的优化。智能制造系统是制造系统发展的最高阶段。

（5）制造绿色化

如何使制造业尽可能少地造成环境污染是当前环境问题研究的一个重要课题。绿色制造是一种综合考虑环境影响和资源利用效率的现代制造模式，其目标是使得产品从设计、制造、包装、运输、使用到报废处理的整个产品生命周期中，对环境的负面影响最小，资源利用率最高。对制造环境和制造过程来说，绿色制造主要涉及资源的优化利用、清洁生产和废弃物的最少化及综合利用。

（6）制造全球化

随着互联网技术的发展，制造全球化的研究和应用发展迅速。制造全球化的内容主要包括：

市场的国际化；产品开发的国际合作及产品制造的跨国化；制造企业在世界范围内的重组与集成；制造资源跨地区、跨国家的协调、共享和优化利用，形成全球制造的体系结构。

2.2 数控加工技术

数控加工是一种具有高效率、高精度与高柔性特点的自动化加工方法。它是将要加工工件的数控程序输入机床，机床在这些数据的控制下自动加工出符合人们意愿的工件，以制造出美妙的产品，这样就可以把工程师和艺术家的想象变为现实的产品。数控加工技术可有效解决诸如模具这样复杂、精密、小批多变的加工问题，充分适应了现代化生产的需要。大力发展数控加工技术已成为我国加速发展经济、提高自主创新能力的重要途径。

2.2.1 数控机床的原理与特点

数控技术，简称数控（numerical control，NC），是利用数字化信息对机械运动及加工过程进行控制的一种方法。由于现代数控都采用计算机进行控制，因此也可以称为计算机数控（computer numerical control，CNC），是集计算机、自动控制、精密测量、信息管理与机械制造等技术为一体的现代控制技术，广泛应用于家居产品制造领域，是制造业实现自动化、柔性化、集成化生产的基础。

数控机床，通过数字指令形式对机床进行程序控制和辅助功能控制，并对机床相关切削部件的位移量进行坐标控制。与普通机床相比，改变了用行程开关控制运动部件位置的程控机床控制方式。数控机床不但具有适应性强、效率高、加工质量稳定和精度高的优点，而且易实现多坐标联动，能加工出普通机床难以加工的曲线和曲面。数控加工是实现多品种、中批量生产自动化的最有效方式。

（1）基本组成

数控机床主要由输入/输出介质、数控装置、伺服系统、检测装置和机床等组成，如图2-2所示。

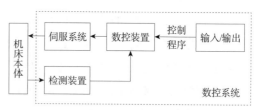

图2-2　数控机床的组成

❶ 数控系统。数控系统是数控机床的核心，其主要控制对象是机床坐标轴的位移（包括移动速度、方向和位置等），其控制信息主要来源于数控加工或运动控制程序。数控系统一般由输入/输出、数控装置、伺服系统和检测装置组成。

❷ 机床主体。机床主体是数控机床的主体，包括床身、主轴箱、工作台、刀库架、安全设施、导轨等配套件，如图2-3所示。

（2）工作原理

数控加工是指在数控机床上进行零件加工的一种工艺手法。数控加工的基本原理是把生成

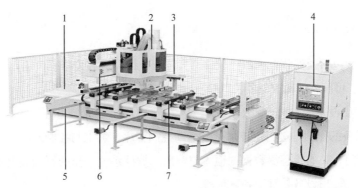

1—机座；2—主轴；3—刀库；4—数控柜；5—安全光幕；6—横梁；7—工作台。

图2-3　机床主体结构

工件合成运动分解为机床运动坐标的运动分量，由程序控制自动实现刀具或工件的相对运动，按规定顺序完成工件加工。

　　数控装置内的计算机对以数字化和字符编码方式所记录的信息进行处理和运算，按各坐标轴的分量送到各轴的驱动电路，经过转换、放大去驱动伺服电动机，带动各轴运动，并进行反馈控制，使刀具与工件严格按照程序规定的顺序、轨迹和参数进行运动，从而完成工件的加工。

（3）工作流程

　　一般数控机床加工零件的工作流程如图2-4所示。

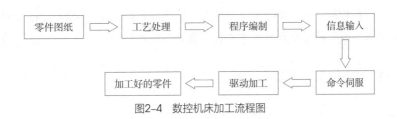

图2-4　数控机床加工流程图

　　❶ 工艺处理。根据零件给出的形状、尺寸、材料及技术要求等内容，进行如程序设计、数值计算和工艺处理等准备工作。

　　❷ 程序编制。将程序和数据按数控装置所规定的程序格式编制成加工程序。

　　❸ 信息输入。将加工程序的内容以代码形式完整记录在信息介质上。采用计算机可省去信息介质。通过输入设备把信息介质上的代码转变为电信号，并输送到数控装置。如果是人工输入，可通过计算机的键盘，将加工程序的内容直接输送给数控装置。

　　❹ 命令伺服。数控装置将所接受的信号进行一系列处理后，再将处理结果以脉冲信号形式向伺服系统发出执行的命令。

　　❺ 驱动加工。伺服系统接到执行的信息指令后，立即驱动机床进给机构严格按照指令的要求进行位移，使机床自动完成相应零件的加工。

2.2.2 数控机床的基本组成

数控系统一般包括硬件装置和数控软件两大部分。计算机数控系统由输入/输出设备、数控装置、伺服系统、可编程编辑控制器（PLC）和电气控制装置等组成。

（1）输入/输出设备

输入/输出设备的作用是进行数控加工或运动控制程序、加工与控制参数、机床参数以及坐标轴位置、检测门开关的状态等数据的输入与输出。数控系统工作的原始数据来源于零件图，目前最基本的输入/输出设备是键盘和显示器。

（2）数控装置

数控装置是数控系统的核心。其作用是按输入的信息经处理运算后控制机床运动。按软硬件构成特征来分类，数控装置分为硬件数控和软件数控。传统的数控装置是硬件数控，即数控功能是由硬件来实现的。现代的数控装置是软件数控，是由计算机软件完成以前硬件数控的功能，即计算机数控（CNC）装置。CNC主要完成与数字运算和管理有关的功能，它是由硬件与软件组成。

（3）伺服装置

伺服装置的性能将直接影响数控机床的生产效率、加工精度和表面质量。伺服系统的作用有两个方面：一是按照数控装置给定的速度运动及运动控制；二是按照数控装置给的位置定位，它由伺服放大器、驱动装置和检测装置组成。

（4）PLC和电气控制装置

PLC接收机床操作面板的指令，一方面直接控制机床的动作，另一方面将一部分指令送往CNC用于加工过程的控制。PLC和CNC协调配合共同完成数控机床的控制。PLC的作用是控制主轴单元和管理刀库。电气控制装置是介于数控装置和机床机械、液压部件之间的控制系统。

2.2.3 数控机床的特点及适用范围

（1）优点

与一般通用机床相比，木工家居类数控机床的优点体现在：对个性化家居零部件的加工适应性强、加工精度较高、生产效率高、自动化程度高、经济效益高。

（2）缺点

对木工家居类数控机床而言，目前的缺点主要体现在：数控机床价格相对较高、设备首次投资大，对操作、维修人员的技术要求较高，加工复杂形状的零件时，手工编程的工作量大。

（3）适用范围

在家居制造中，对于批量小、形状复杂的零件，特别是定制类的实木零部件，采用数控机床将会大大提升工作效率。

2.2.4 数控加工的发展历程

1948年，美国帕森斯公司（Parsons.Co）接受美国空军委托，研制飞机螺旋桨叶片轮廓样板的加工设备。由于样板形状复杂多样，精度要求高，一般加工设备难以适应，于是提出数控机床的设想。

1949年，美国Parson公司与麻省理工学院开始合作研制数控机床。1952年，美国麻省理工学院试制成功第一台数控机床。这是一台三坐标数控立式铣床，采用脉冲乘法器原理，其数控系统全部采用电子管元件，称为第一代数控系统。由于数控机床在制造领域的特殊地位和贡献，"数控"成为机床控制系统的专用概念。我国从1958年起步，研制出了电子管数控机床。

第二代数控系统的出现是在1959年，由于计算机行业研制出晶体管元件，因而数控系统开始广泛采用晶体管和印制电路板研制的数控系统，体积大大缩小。我国于1964年研制了晶体管型数控系统并用于铣床上。

1965年，小规模集成电路由于其体积小、功耗低，使数控系统的可靠性得到了进一步提高，这是第三代数控系统。我国于1975年前后研制了"加工中心"镗床铣床，采用了J-K触发器和TTL电路。

以上三代数控系统是用专用控制计算机的硬接线数控系统，称为硬线系统，即NC系统。

第四代数控系统，是于1970年在美国芝加哥国际机床展览会上，首次展示了以小型计算机取代专用计算机的第四代数控系统，继而开始采用大规模集成电路的小型通用电子计算机控制系统（computer numerical control，CNC）。

第五代数控系统，1974年，美国、日本等国的数控系统生产厂家首先研制出以微处理器为核心的数控系统（microcomputer numerical control，MNC）。由于微处理器的集成度不断提高，运算速度越来越快，功能也越来越丰富，中、大规模集成电路集成度和可靠度高、价格低廉，因此，除了有特殊要求的系统外，中小型计算机数控均可用微型计算机数控来代替。

20世纪80年代末，基于信号数字化处理（digital signal processor，DSP）的运动控制技术的突破，为开放式数控系统的发展创造了新的条件。以基于DSP的运动控制器为核心，融合PLC功能，与标准PC机集成的新一代开放式数控系统有可能成为第六代数控系统的主导产品。

人们习惯将第四代、第五代和第六代数控技术统称为CNC。如图2-5所示为部分数控设备。

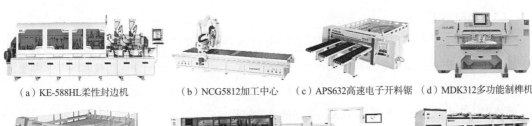

（a）KE-588HL柔性封边机　　　（b）NCG5812加工中心　　　（c）APS632高速电子开料锯　　（d）MDK312多功能制榫机

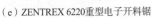

（e）ZENTREX 6220重型电子开料锯　　（f）PROFI KAL370/8/A3/L全自动激光直线封边机　　（g）MORBIDELLI PWX100自动贯穿进给钻孔机

图2-5　数控设备

2.2.5　数控加工的工艺过程

数控加工与传统机械加工相比，在加工的方法和内容上有许多相似之处，由于采用了数字化的控制形式和数控机床，许多传统加工过程中的人工操作被计算机和数控系统的自动控制所取代。

（1）数控加工过程

数控加工过程有五个步骤，分别是阅读零件图纸、工艺分析、制定工艺、数控编程和程序传输，如图2-6所示。

图2-6　数控加工基本过程

❶ 阅读零件图纸。充分了解图纸的技术要求，如尺寸精度、形位公差、表面粗糙度、工件材料、材料硬度、加工性能以及工件数量等。

❷ 工艺分析。是根据零件图纸的要求进行工艺分析，包括零件的结构工艺性分析、材料和设计精度合理性分析、大致工艺步骤等。

❸ 制定工艺。确定工艺信息、加工工艺路线、工艺要求、刀具的运动轨迹、位移量、切削用量（主轴转速、进给量、吃刀深度）以及辅助功能（换刀、主轴正转或反转、切削液开或关）等，并填写加工工序卡和工艺过程卡。

❹ 数控编程。根据零件图和制定的工艺内容，再按照所用数控系统规定的指令代码及程序格式进行数控编程。

❺ 程序传输。将编写好的程序通过传输接口输入数控机床的数控装置中，调整好机床并调用该程序后，就可以加工出符合图纸要求的零件。

（2）数控加工工艺

数控加工工艺采用数控机床加工零件时所运用各种方法和技术手段的总和，并将它们应用于整个过程。它是伴随着数控机床的产生、发展而逐步完善起来的一种应用技术，是大量数控加工实践的经验总结。其过程是利用切削刀具在数控机床上直接改变加工对象的形状、尺寸、表面位置、表面状态等，使其成为成品或半成品的过程。

数控加工工艺设计的主要内容包括：选择并确定进行数控加工的内容，数控加工的工艺分析，零件图形的数学处理及编程尺寸设定值的确定，制定数控加工工艺方案，确定工步和进给路线，选择数控机床的类型，选择和设计刀具、夹具与量具，确定切削参数，编写、校验和修改加工程序，首件试加工与现场问题处理以及数控加工工艺技术文件的定型与归档。

（3）数控加工工艺与普通加工工艺的区别及特点

由于数控加工采用了计算机控制系统和数控机床，使得数控加工工具有加工自动化程度高、精度高、质量稳定、生成效率高、周期短、设备使用费用高等特点。在数控加工工艺上也与普通加工工艺具有一定的差异。

❶数控加工工艺内容要求更加具体、详细。普通加工工艺的具体工艺问题，如工步的划分与安排、刀具的几何形状与尺寸、走刀路线、加工余量、切削用量等，在很大程度上由操作人员根据实际经验和习惯自行考虑和决定，一般无须工艺人员在设计工艺规程时进行过多的规定，零件的尺寸精度由试切保证。而数控加工工艺的所有工艺问题需事先设计和安排好，并编入加工程序中。数控工艺不仅包括详细的切削加工步骤，还包括夹具型号、规格、切削用量和其他特殊要求的内容，以及标有数控加工坐标位置的工序图等。在自动编程中更需要确定详细的各种工艺参数。

❷数控加工工艺要求更严密、精确。普通加工工艺加工时可以根据加工过程中出现的问题比较自由地进行人为调整，而数控加工工艺自适应性较差，加工过程中可能遇到的所有问题必须事先精心考虑，否则可能导致严重的后果。

❸数控加工工艺要进行零件图形的数学处理和编程尺寸设定值的计算。数控加工的编程尺寸并不是零件图上设计的尺寸的简单再现，在对零件图进行数学处理和计算时，编程尺寸设定值要根据零件尺寸公差要求和零件的形状几何关系重新调整计算，才能确定合理的编程尺寸。

❹数控加工工艺需考虑进给速度对零件形状精度的影响。制定数控加工工艺时，选择切削用量要考虑进给速度对加工零件形状精度的影响。

❺数控加工工艺强调刀具选择的重要性。复杂型面的加工编程通常采用自动编程方式，自动编程必须先选定刀具，再生成刀具中心运动轨迹，因此，对于不具有刀具补偿功能的数控机床来说，若刀具预先选择不当，所编程序只能推倒重来。

❻数控加工工艺的特殊要求。由于数控机床比普通机床的刚度高，所配的刀具好，因此在同等情况下，数控机床切削用量比普通机床大，加工效率更高。数控机床的功能复合化程度越来越高，工序相对集中，工序数目少，工序内容多，数控加工的工序内容比普通机床加工的工序内容复杂。由于数控机床加工的零件比较复杂，因此在确定装夹方式和夹具设计时，要特别注意刀具与夹具、工件的干涉问题。

❼数控加工程序的编写、校验与修改是数控加工工艺的一项特殊内容：普通工艺中，划分工序、选择设备等重要内容对数控加工工艺来说属于已基本确定的内容，数控加工工艺的着重点在整个数控加工过程的分析，关键在确定进给路线及生成刀具运动轨迹。复杂表面的刀具运动轨迹生成需借助自动编程软件，其既是编程问题，也是数控加工工艺问题。这也是数控加工工艺与普通加工工艺最大的不同之处。

2.2.6 数控加工工艺技术发展

随着计算机技术的迅速发展，数控技术正不断采用计算机、控制理论等领域最新技术成就，使其朝着高速化、高精化、复合化、智能化、高柔性化及信息网络化等方向发展。整体数控加工技术向着计算机集成制造系统（computer integrated making system，CIMS）方向发展。

（1）高速切削

高速加工技术是自20世纪80年代发展起来的一项高新技术，目标是缩短加工时的切削与非切削时间，用于减少复杂形状和难加工材料及高硬度材料的加工工序，最大限度地实现产品的高精度和高质量。目前，一般认为切削速度达到普通加工切削速度的5~10倍即可认为是高速加工。和传统的数控加工相比，高速切削有利于提高生产率，有利于改善工件的加工精度和表面质量，有利于延长刀具的使用寿命和应用直径较小的刃具，有利于加工薄壁零件和脆性材料，能够显著提高经济效益且简化传统加工工艺。

受高生产率的驱使，高速化已是现代机床技术发展的重要方向之一。主要表现在：数控机床主轴高转速、工作台高快速移动和高进给速度。高速加工作为一种新的技术，给传统的数控加工带来了一种革命性变化，并且处在不断摸索研究中。有待于解决的问题有：高速机床的动态、热态特性；刀具材料、几何角度和耐用度问题；机床与刀具间的接口技术（刀具的公平衡、扭矩传输）；冷却润滑液的选择；CAD/CAM的程序后处理问题；高速加工时刀具轨迹的优化问题等。

高速加工是通过大幅度提高主轴转速和加工进给速度来实现的，为了适应这种高速切削加工，主轴设计采用了先进的主轴轴承、润滑和散热等新技术；高速加工通常要求在高主轴转速下，使用在很大范围内变化的高速进给，高速进给的需求已引起机床结构设计上的重大变化：采用直线伺服电机来代替传统的电机丝杠驱动；高速加工数控系统需要具备更短的伺服周期和更高的分辨率，同时具有待加工轨迹监控功能和曲线插补功能，以保证在高速切削时，特别是在4~5轴坐标联动加工复杂曲面轮廓时仍具有良好的加工性能；刀具性能和质量对高速切削加工具有重大影响，新型刀具材料的采用，使切削加工速度大大提高，从而提高了生产率，延长了刀具寿命；在高速加工中，切削时间和每个托盘化零件加工时间已显著缩短。高速、高精度定位的托盘交换装置已成为今后的发展方向。

（2）高精度加工

高精度加工实际上是高速加工技术和数控机床广泛应用的必然结果。以前汽车零件的加工精度要求在0.01mm数量级上，但随着计算机硬盘、高精度液压轴承等精密零件的增多，精整加工所需精度已提高到0.1μm，加工精度进入了亚微米世界。提高数控机床的加工精度，一般是通过减少数控系统误差、提高数控机床基础大件结构特性和热稳定性及采用补偿技术和辅助措施来达到的。在减小CNC系统误差方面，通常采取提高数控系统分辨率，使CNC控制单元精细化，提高位置检测精度以及在位置伺服系统中为改善伺服系统的响应特性，采用前馈与非线性控制等方法。在采用补偿技术方面，采用齿隙补偿、丝杆螺母误差补偿及热变形误差补偿技术等。通过上述措施，近年来，数控机床精密级从±5μm提高到±1.5μm。预计将来普通加工和精密加工的精度还将提高几倍，而超精度加工已进入纳米时代。

（3）复合化加工

通过提高机床的运行速度来提高机床的加工生产率，机床的复合化加工则是通过增加机床的功能，减少工多次件加工过程中的装夹、重新定位、对刀等辅助工艺时间，来提高机床利用率，因此复合化加工是现代机床技术发展的另一重要原因。

复合化加工减少了辅助工序，减少夹具和所需机床数量，因此降低了整体加工和机床维护费用。复合化加工有两重含义：一是工序和工艺的集中，即在一台机床上一次装夹可完成多工种、多工序的任务。例如，数控车床普遍向车削中心发展，加工中心则趋向功能更丰富，五轴联动向五面加工发展，并增添铰孔、攻丝等功能。二是工艺的成套，即企业想着复合型发展，以便为用户提供成套服务。

（4）控制智能化

智能加工是一种基于知识处理理论和技术的加工方式，以满足人们所要求的高效率、低成本及操作简便作为基本特征。发展智能加工的目的是解决加工过程中众多不确定的要求人工干预才能解决的问题。它的最终目标是要由计算机取代加工过程中人的部分脑力劳动，实现加工过程中监测、决策与控制的自动化，如智能CAD把工程数据库及其管理系统、知识库及其专家系统、拟人化用户接口管理系统集于一体，如图2-7所示。

随着人工智能技术的不断发展，并为满足制造业生产柔性化、制造自动化的发展需求，数控技术智能化程度不断提高，具体体现在以下几个方面：

❶加工过程自适应控制技术。通过监测加工过程中的刀具磨损、破损、切削力、主轴功率等信息并反馈，利用传统或现代算法进行调节运算，实时修正调节加工参数或加工指令，使设备处于最佳运行状态，以提高技工精度和设备运行安全性，降低工件表面粗糙度值。

❷加工参数智能优化与选择。将加工专家或技工的经验、切削加工的一般规律与特殊规律，以人工智能中知识表达的方式建立知识库存入计算机中，以加工工艺参数数据库为支撑，建立专家系统，从而达到提高编程效率和加工工艺技术水平及缩短生产准备时间的目的，如图2-8所示。目前已开发出带自学习功能的神经网络电火花加工专家系统。

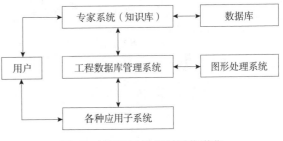

图2-7 基于CAD技术的控制智能化

❸故障自诊断功能。故障诊断专家系统是诊断装置发展的最新动向，其为数控设备提供了一个包括二次监测、故障诊断、安全保障和经济策略等方面在内的智能诊断及维护决策信息集成系统。采用智能混合技术，可在故障诊断中实现以下功能：故障分类、信号提取与特征提取、故障诊断专家系统、维护管理。

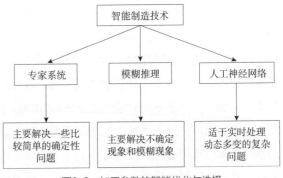

图2-8 加工参数的智能优化与选择

❹智能化交流伺服驱动装置。目前已开始研究能够自动识别负载，并自动调整参数的智能化伺服系统，包括智能主轴交流驱动装置和智能化进给伺服装置。这种驱动装置能自动识别电动机及负载的转动惯量，并自动对控制系统参数进行优化和调整，使驱动系统获得最佳运行。

（5）互联网络化

随着信息技术和数字计算机技术的发展，尤其是计算机网络的发展，世界正在经历着一场深刻的"革命"。在以网络化、数字化为基础特征的时代，网络化、数字化以及新的制造哲理深刻地影响新世纪的制造模式和制造观念。作为制造装备的数控机床也必须适应新制造模式和观念的变化，必须满足网络环境下制造系统集成的要求。网络功能正逐渐成为现代数控机床、数控系统的特征之一。诸如现代数控机床远程故障诊断、远程状态监控、远程加工信息共享、远程操作（危险环境的加工）、远程培训等都是以网络功能为基础的，如美国波音公司利用数字文件作为制造载体，首次利用网络功能实现了无图纸制造波音777新型客机。

（6）快速原型

❶快速原型技术的基本原理。快速原型技术（rapid prototyping，RP）始于20世纪70年代末期出现的立体光刻技术（SLA），它是数字化在加工领域中的延拓，连续的曲面被离散成用STL文件（三角形网格的一种文件格）表达的三角面片，零件在加工方向上被离散成若干层；再根据每个层片的轮廓信息，输入加工参数，自动生成代码；最后由原型机成形一系列层片并自动将它们连接起来，得到一个三维物理实体。这种离散化使得任意复杂的零件原型都可以被加工出来，加工过程大大简化，如图2-9所示。

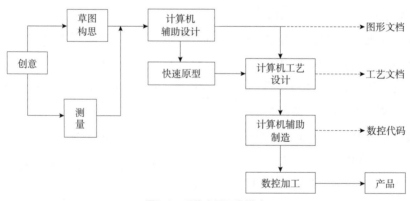

图2-9　现代产品开发模式

❷快速原型技术的特点。第一，可以制造任何复杂的三维几何实体。由于采用离散/堆积成型的原理，它将一个十分复杂的三维制造过程简化为二维过程的叠加，可实现对任意复杂形状零件的加工。越是复杂的零件越能显示出RP技术的优越性。此外，RP技术特别适合于复杂型腔、复杂型面等传统方法难以制造甚至无法制造的零件。第二，快速性。通过对一个CAD模型的修改或重组就可获得一个新零件的设计和加工信息。从几个小时到几十个小时就可以制造出零件，具有快速制造的突出特点。第三，高度柔性。无须任何专用夹具或工具即可完成复杂的

制造过程，快速制造工模具、原型或零件。第四，快速成型技术实现了机械工程学科多年来追求的两大先进目标，即材料的提取（气、液、固相）过程与制造过程一体化和设计（CAD）与制造（CAM）一体化。第五，逆向工程（reverse engineering，RE）、CAD技术、网络技术、虚拟现实等相结合，成为产品快速开发的有力工具。

❸ 快速原型的发展。快速原型出现初期，其主要是加工产品原型，随着成型工艺、材料的进步及快速制模技术的发展，RP已发展成能直接或间接制造功能零件和模具的快速成型制造方式，形成了一个不断扩大的RP/RT市场。在技术方面，随着固态激光技术的突破，高达1000MW的紫外激光器应用在SLA设备中，使其成型速度得到大大提高，激光器的使用寿命由最初的2500h延长到上万小时；在材料方面，新型高性能光敏树脂的出现，解决了SLA的收缩不同变形和强度等问题。激光金属粉末烧结快速成型设备可直接成型金属零件或注塑模具；在软件方面，STL文件的处理软件不断专业化，使得各种文件的转换和STL文件的修复、处理、操作等功能日臻完善，初步形成基于STL的CAD平台。

快速原型未来几年的主要发展趋势：提高RP系统的速度、控制精度和可靠性，开发专门用于检验设计、模拟制品可视化，而对尺寸精度、形状精度和表面粗糙度要求不高的概念机，研究开发成本低、易成形、变形小、强度高、耐久性好及无污染的成形材料，研究开发新的成形方法，研究新的高精度快速模具工艺。

2.3 家居制造自动化技术分类

2.3.1 家居计算机辅助设计

中国家居制造自动化技术的发展，是从家居数字化设计专用软件的开发开始，大致经历了四个阶段。

第一个阶段，从20世纪80年代开始到20世纪90年代初期，以中国家居数字化设计软件的研发为主的阶段。1986年，国内第一个家居零部件及结构CAFD系统由北京木材工业研究所开发；1987年，南京大学和南京木器厂共同开发了家居结构设计FCAD系统；1988年，上海家居研究所与上海交通大学开发了室内设计和家居造型设计CAD系统；1990年，东北林业大学开发了刨花板家居结构强度有限元分析SFCAD系统和32mm系列板式家居设计DLFDH系统；1992年，重庆大学联合光明家居集团开发了家居造型设计FCAD系统。至此，中国家居数字化设计软件系统的理论研究逐渐取得一定的成果。但受限于当时的技术背景，特别是缺少软件维护与技术升级措施，造成上述软件功能十分有限，因此，未能在家居行业内得到推广和应用。

第二个阶段，从20世纪90年代中后期到21世纪初，以国外设计软件的引进及软件间的接口分析为主的阶段。1994年，美国欧特克（Autodesk）软件（中国）有限公司成立，先后推出的AutoCAD系列计算机辅助设计通用平台，该平台具备易学易用及丰富的二次开发接口等技术特点。结合该软件，《家具》杂志刊登的《计算机辅助家居设计系统》系列讲座，为AutoCAD系列软件在我国家居企业的应用起到一定的推动作用，逐渐得到我国家居企业的认可；20世纪90年代中后期，随着我国家居行业的快速发展，加上发达国家和地区专门为木材加工、家居企业设计和开发软件的行业已经形成，软件的商品化也开始成熟，以KCD Cabinet Designer、Cabinet Pro、Cabinet Vision Solid等美国橱柜设计软件为代表的国外家居设计数字化专业软件陆续被引入。但由于价格昂贵、格式不兼容或未经汉化、售后服务及技术支持渠道不畅等问题，此类家居数字化专业软件仅限于少数外资或OEM企业使用。

第三个阶段，2000—2010年，以国内外家居数字化设计软件定制开发为主的阶段。由于我国家居制造和出口的规模不断扩大，中国家居行业越来越受到国外知名软件公司的重视，全球知名的家居数字化设计软件开发公司相继进入我国市场，如加拿大的2020 Design、德国的Imos 3D、法国的TopSolid Wood、美国的Microvellum等，此类软件的共同特点是通过提供家居数字化设计解决方案和技术支持，从而深受家居企业的喜爱，并一直沿用至今，逐渐成为一些定制家居企业离不开的设计工具。2006年以后，随着中国家居制造模式的转变，大规模定制家居和信息化管理的快速发展，家居企业的数字化设计和制造转型已经成为企业生存和发展的核心竞争力。在此背景下，国内外制造行业的SAP、Oracle、Epicor、WCC、2020、IMOS、TopSolid、鼎捷、金蝶、用友、广州伟伦、广州华广、造易、商川等通用软件，逐渐成为制造行业常用的数字化设计和管控系统的主要代表。而国内家居企业和软件企业也开始结合家居自身特点，开发家居企业的专用软件，如东莞数夫、广州酷匠、广州联思等。

第四个阶段，2010年以后，进入以家居数字化设计在线展示为主的阶段。国内部分专业软件企业开始结合定制家居设计过程中的不同功能特点，开发出家居数字化设计的拆单、渲染等功能软件，以广州犀牛R5、圆方、三维家、酷家乐等为代表，逐渐在家居行业中取得相对稳固的地位，形成国产家居数字化设计功能软件多足鼎立的局面。此类软件与引入国际化成熟的软件及作业标准（标准化导入式）相比，由于为企业量身定制，更加适合家居企业数字化设计发展的需求，并迅速打开了我国家居产品数字化设计的市场。随着上述各类家居数字化设计软件在中国家居市场的应用逐渐增长，家居产业也逐渐向着数字化制造转型的方向大步迈进。

（1）家居计算机辅助设计FCAD基本概念

家居计算机辅助设计（furnishings computer aided design，FCAD）是在家居设计过程中，利用计算机作为工具，辅助设计师进行设计的一切实用技术的总和。其主要有以下几点功能：在设计中，利用计算机对不同家居设计方案进行计算、分析和比较，以决定最优方案；设计信息（数字、文字或图形），存放在内存或外存里，并进行快速检索；设计人员常用草图开始设计，设计完成的草图变为工作图的繁重工作将交给计算机完成；计算机自动产生设计结果，可以快速做出图形，使设计人员及时对设计做出判断和修改；利用计算机可进行与图形的编辑、放大、缩小、平移和旋转等有关的图形数据加工工作。

（2）FCAD包括的内容

家居计算机辅助设计包括的内容很多，如：概念设计、优化设计、有限元分析、计算机仿真、计算机辅助绘图、计算机辅助设计过程管理、几何建模。其中，计算机辅助绘图是FCAD中应用最成熟的领域。而几何建模技术是FCAD系统的核心技术，是分析计算的基础，也是实现计算机辅助制造的基本手段。在家居设计中，一般包括两种内容：带有创造性的设计（如方案的构思、工作原理的拟定等）和非创造性的工作（如绘图、设计计算等）。创造性的设计需要发挥人的创造性思维能力，创造出以前不存在的设计方案。早期，FCAD技术只能分析、计算和文件编写工作，逐步发展到辅助绘图和设计结果模拟；非创造性的工作是一些烦琐重复性的计算分析和信息检索，完全可以借助计算机来完成。随着人工智能技术的发展，现在的计算机辅助设计系统，既能充分发挥人的创造性作用，又能充分利用计算机的高速分析计算能力，即找到人和计算机的最佳结合点。目前，FCAD技术正朝着人工智能和知识工程方向发展，即ICAD（intelligent CAD）。另外，设计和制造一体化技术，即CAD/CAM技术及以CAD作为一个主要单元技术的CIMS技术都是CAD技术发展的重要方向。

（3）一般系统构成

家居计算机辅助设计系统通常以具有图形功能的交互计算机系统为基础，主要设备有：计算机主机，图形显示终端，图形输入板，绘图仪，扫描仪，打印机，磁带机，以及各类软件。企业实际应用过程中，通常包括工作站、个人计算机、外围设备、CAD软件、辅助模型等。计算机辅助设计基本技术有交互技术、图形变换技术、曲面造型和实体造型技术等。计算机辅助设计的二维软件是AutoCAD，比较实用的三维软件有UG、Pro/Engineer、Unigraphics NX、Vectordraw等集二维、三维、CAD/CAM于一体的众多国外软件。

（4）优点

与传统的家居设计相比，FCAD技术具有一系列优点，主要表现在以下三个方面：

❶ FCAD可以显著提高效率，缩短设计周期，降低设计成本。设计计算和图样绘制的自动化大大缩短了设计时间，节省了劳动力。资料显示，采用FCAD技术的设计方法与传统设计方法相比，设计效率可提高3～5倍。FCAD和CAM的一体化可进一步缩短从设计到制造周期，从而加速产品更新换代，增强企业对市场的快速响应能力。

❷ FCAD可以有效地提高设计质量。在计算机系统内存储了许多与设计相关的综合性技术和知识，可以为产品设计提供科学基础。计算机与人交互作用，有利于发挥人、机各自的特长，使产品设计更加合理化。CAD系统采用优化设计方法，可以实现产品结构和参数的标准化和优化。由于采用数据库技术，其更易于保证数据的一致性和完整性。

❸ FCAD能够进行更富有创造性的工作。在产品设计中，绘图工作量约占全部工作量的60%，这一工作大部分可以通过采用CAD技术由计算机完成，由此可产生的效益十分显著。

2.3.2 计算机辅助工艺过程设计

CAPP是计算机辅助工艺规划，是通过向计算机输入被加工零件的原始数据、加工条件和加工要求，由计算机自动进行编码，编程直至最后输出经过优化的工艺规划卡片的过程。这项工作首先需要丰富经验的工程师进行复杂的规划，并借助计算机图形学、工程数据库以及专家系统等计算机科学技术来实现。

利用计算机来进行零件加工工艺过程的制定，把木材加工成图纸上所要求的零件，这一过程为计算机辅助工艺规划。它是通过向计算机输入被加工零件的几何信息（形状、尺寸等）和工艺信息（材料、热处理、批量等），由计算机自动输出零件的工艺路线和工序内容等工艺文件的过程。

计算机辅助工艺规划常是连接计算机辅助设计（FCAD）和计算机辅助制造（CAM）的桥梁。在集成化的FCAD/CAPP/CAM系统中，设计时在公共数据库中所建立的产品模型不仅包含几何数据，还记录有关工艺需要的数据，以供计算机辅助工艺规划的利用。计算机辅助工艺规划的设计结果同时存回公共数据库中供CAM的数控编程。集成化的作用不仅在于节省人工传递信息和数据，更有利于产品生产的整体考虑。从公共数据库中，设计工程师可以获得其所设计产品的加工信息，制造工程师可以从中清楚地知道产品设计需求。全面地考察这些信息，可以使产品生产获得更大的效益。

（1）CAPP的诞生与概况

❶ CAPP的诞生。CAD的结果能否有效地应用于生产实践，数控机床NC能否充分发挥效益，CAD与CAM能否真正实现集成，都与工艺设计的自动化有着密切关系，于是，计算机辅助工艺规程设计（computer aided process planning，CAPP）就应运而生，并受到越来越广泛的重视。工艺规程设计难度极大，因为要处理的信息量大，各种信息间的关系又极为错综复杂，以前主要靠工艺师多年工作实践总结出来的经验。因此，工艺规程的设计质量完全取决于工艺人员的技术水平和经验。这样编制出来的工艺规程一致性差，也不可能得到最佳方案。另一方面，熟练的工艺人员日益短缺，而年轻的工艺人员则需要时间来积累经验，再加上老工艺人员退休时无法将他们的"经验知识"留下来，使得工艺设计成为家居制造过程中的薄弱环节。CAPP技术的出现和发展使利用计算机辅助编制工艺规程成为可能。

❷ CAPP发展概况。1966年，挪威开始研制CAPP系统，1969年推出了世界上第一个CAPP系统，该系统采用成组技术原理，利用零件的相似性去检索和修改标准工艺来制定相应零件的工艺规程。美国于1976年由计算机辅助制造国际组织（computer aided manufacturing-international，CAM-I）推出了CAM-I's Automated Process Planning系统，在CAPP发展史上具有里程碑意义，取其首字母，成为CAPP。20世纪80年代，CAPP研究受到工业界的重视，先后出现在设计方式上的两类不同系统，即派生式系统和创成式系统，并被得到推广应用。目前国内外已有各类CAPP系统，一般是针对某类零件的专用CAPP系统。

我国对CAPP的研制始于20世纪80年代初，发展迅速，特别在国家863/CIMS计划的资助和推动下，CAPP技术已取得优异成绩，已成为CAD/CAPP/CAM三个单元技术中最为成熟的技术。

（2）CAPP在制造过程中的地位

CAPP在制造过程中的地位体现在以下几个方面：

❶ 可以将工艺设计人员从烦琐的重复性劳动中解脱出来，以更多的时间和精力从事更具创造性的工作。

❷ 可以大大缩短工艺设计周期，提高企业对瞬息变化的市场需求做出快速反应的能力，提高企业产品在市场上的竞争能力。

❸ 有助于对工艺设计人员宝贵经验进行总结和继承。

❹ 逐步形成典型零件的标准工艺库，实现工艺设计最优化和标准化。

❺ 为实现企业信息集成创造条件，进而实现并行工程、敏捷制造等先进生产制作模式。

CAPP是产品造型和数控加工技术之间的桥梁，它可以使数字化设计的结果快速地应用于生产制造，充分发挥数控编程及加工技术效益，从而实现数字化设计与制造之间的信息集成，如图2-10所示。

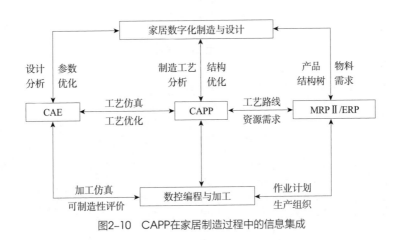

图2-10　CAPP在家居制造过程中的信息集成

（3）CAPP系统工作原理

目前，实际使用的CAPP系统的工作原理可划分为3种类型，即派生式CAPP系统、创成式CAPP系统和半创成式（综合式）CAPP系统。

❶ 派生式CAPP系统。派生式（又称变异式或样件式）CAPP系统，以成组技术为基础，通过应用成组技术，将工艺相似的零件汇集成零件组，然后使用综合零件法或综合路线法，为每一个零件组制定适合本企业的成组工艺规程，即零件组的标准工艺规程。这些标准工艺规程以一定的形式存储在计算机的数据库中。当需要设计一个零件的工艺规程时，计算机根据输入的零件成组编码（也可以根据输入的零件有关信息，由计算机自动进行成组编码），查找零件所属的零件组（零件组通常以码域矩阵的形式存储在计算机内），检索并调出相应零件组的标准工艺规程。在此基础上，根据每个零件的结构和工艺特征，对标准工艺规程进行删改、编辑，便可得到该零件的工艺规程，如图2-11所示。

❷ 创成式CAPP系统。创成式CAPP系统与派生式CAPP系统不同，它不是依靠对已有的标准工艺规程进行编辑和修改来生成新的工艺规程，而是根据输入的零件信息，按存储在计算机内的工艺决策算法和逻辑推理方法，从无到有地生成零件的工艺规程，如图2-12所示。

❸ 综合式CAPP系统。综合式CAPP系统是将派生式与创成式结合起来，对新零件的工艺进行设计时，先通过计算机来检索所属零件族的标准工艺，再根据零件的具体情况，对标准工艺进行增加和删除，而工步设计则采用自动决策产生，将派生式和创成式相互结合，取每种方法的

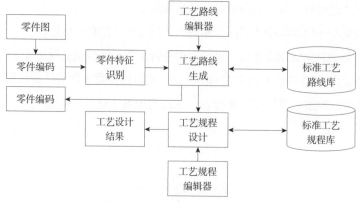

图2-11　派生式CAPP系统流程图

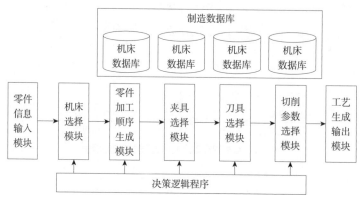

图2-12　创成式CAPP系统工作原理图

优点。综合型检索式工艺设计过程设计系统是针对标准工艺的，将设计好的零件标准工艺进行编号，存储在计算机中，制定零件的工艺过程变为可根据输入的零件信息进行检索，查找合适的标准工艺。

（4）CAPP的应用基础技术

❶ 成组技术（GT）。以基本相似性为基础，在制造、装配的生产、经营、管理等方面所导出的相似性，称为二次相似性或派生相似性。因此，二次相似性是基本相似性的发展，具有重要的理论意义和实用价值。成组工艺的基本原理表明，零件的相似性是实现成组工艺的基本条件。成组技术就是揭示和利用基本相似性和二次相似性，使企业得到统一的数据和信息，获得经济效益，并为建立集成信息系统打下基础。

❷ 零件信息的描述与获取。输入零件信息是进行计算机辅助工艺过程设计的第一步，零件信息描述是CAPP的关键，其技术难度大、工作量大，是影响整个工艺设计效率的重要因素。零件信息描述的准确性、科学性和完整性将直接影响所设计的工艺过程的质量、可靠性和效率。因此，对零件的信息描述应满足以下要求。

a. 信息描述要准确、完整。所谓完整是指要能够满足在进行计算机辅助工艺设计时的需要，而不是要描述全部信息。

b. 信息描述要易于被计算机接受和处理，界面友好，使用方便，工效高。

c. 信息描述要易于被工程技术人员理解和掌握，便于被操作人员运用。

d. 由于是计算机辅助工艺设计，信息描述系统（模块或软件）应考虑计算机辅助设计、计算机辅助制造、计算机辅助检测等多方面要求，以便能够信息共享。

除上述两个关键基础技术之外，家居企业在实施CAPP的过程中，还需掌握的基础技术包括：工艺设计决策机制、工艺知识的获取及表示、工序图及其他文档的自动生成、NC加工指令的自动生成及加工过程动态仿真、工艺数据库的建立等。

（5）CAPP系统的结构组成

CAPP系统的结构由工艺设计、工艺规程、零件信息获取模块、工艺决策、工艺数据库与知识库、人机交互界面和工艺文件管理与输出组成，如图2-13所示。

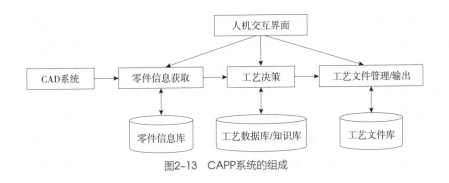

图2-13 CAPP系统的组成

工艺设计是生产准备的第一步，是连接设计与制造的桥梁，其结果是完成加工工艺规程；工艺规程决定零件加工方法、加工路线，是家居设计制造的主要依据；零件信息获取模块包括人机交互、由CAD模型转换等方法；工艺决策是指按预定的决策逻辑，进行比较、推理和决策加工工艺规程；工艺数据库与知识库包含工艺设计所要求的工艺数据和规则，其中工艺数据是指加工方法、加工余量、切削余量、刀夹量具等；规则是指决策规则、加工方法选择、工序工步归并规则等；人机交互界面是用户的操作环境；工艺文件管理与输出包括工艺文件格式化显示和打印输出等。

（6）CAPP系统的功能与应用

一个完善的CAPP系统一般应具有以下功能：检索标准工艺文件；选择加工方法；安排加工路线；选择机床、刀具、量具、夹具等；选择装夹方式和装夹表面；优化选择切削用量；计算加工时间和加工费用；确定工序尺寸和公差以及选择毛坯；绘制工序图及编写工序卡。有的CAPP系统还具有计算刀具轨迹，自动进行NC编程和进行加工过程模拟等CAM的功能范畴。CAPP系统按其工作原理可分为检索式、派生式、创成式、综合式、广义综合式、柔性化开发平台式、智能型式7种类型。

CAPP工艺过程设计是连接产品设计与制造的桥梁，是整个制造系统中的重要环节，对产品质量和制造成本具有极为重要的影响。同时，在企业为了增强市场竞争力和快速响应市场的变化而采用多种新技术的环境下，改革传统的工艺设计手段，采用以计算机为工具的现代化工艺设计和管理方式是企业上水平、上台阶的关键之一，也是企业发展的必由之路。应用CAPP技术，可以使工艺人员从烦琐重复的事务性工作中解脱出来，迅速编制出完整而详细的工艺文件，缩短生产准备周期，提高产品制造质量，进而缩短整个产品的开发周期。

2.3.3　计算机辅助制造

（1）基本概念

计算机辅助制造（computer aided manufacturing，CAM）指用计算机进行生产设备的管理、控制和操作的过程。其核心是计算机数值控制（简称数控），是将计算机应用于制造生产过程的过程或系统。计算机辅助设计中生成的零件三维模型用于生成驱动数字控制机床的计算机数控代码，包括选择工具的类型、加工过程以及加工路径。

广义CAM是指利用计算机辅助完成从原料到产品的全部制造过程的直接和间接的活动；狭义的CAM是指从产品设计到加工制造之间的一切生产准备活动，包括CAPP、NC编程、工时定额的计算、生产计划的制订、资源需求计划的制订等，这是最初CAM系统的狭义概念。到今天，CAM的狭义概念甚至更进一步缩小为NC编程的同义词。CAPP已被作为一个专门的子系统，而工时定额的计算、生产计划的制订、资源需求计划的制订则划分给MRPⅡ/ERP系统来完成。CAM的广义概念包括的内容则多得多，除了包含上述CAM狭义内容外，它还包括制造活动中与物流有关的所有过程（加工、装配、检验、存储、输送）的监视、控制和管理。

计算机辅助制造系统的组成可以分为硬件和软件两方面：硬件方面有数控机床、加工中心、输送装置、装卸装置、存储装置、检测装置、计算机等；软件方面有数据库、计算机辅助工艺过程设计、计算机辅助数控程序编制、计算机辅助工装设计、计算机辅助作业计划编制与调度、计算机辅助质量控制等。

（2）实际应用

在实际应用中，一般意义上的CAM是利用计算机进行加工制造、生产过程控制的技术系统，其主体是由数控机床（NC/CNC/DNC）、机器人（robot）、自动物料储运系统［运输设备（automated guide vehicle，AGV）和存储系统（automated storage & retrieval system，AS/RS）］而构成，如图2-14所示。数控机床（numerical control，NC）是一种能够根据预先编好的一系列指令，

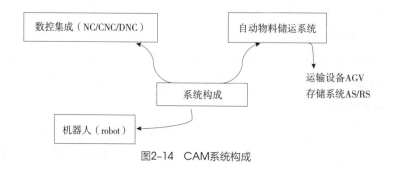

图2-14　CAM系统构成

实现对各种尺寸或各种形状的复杂工件进行锯、铣、刨、磨、钻、车等多种不同加工方式的大型机床。经过几十年的发展，NC已经从识读器时代进入了计算机控制时代。目前有两种，一种是计算机数控（computer numerical control，CNC），它是一台独立的机床，具有独立的能同时沿几个轴线转动的切削机头，通常由一台独立微型计算机来控制其运行，又称加工中心（machining center，MC）；另一种是直接数控（direct numerical control，DNC），它由一台中心计算机对若干台数控机床同时控制，控制各台机床的加工程序都编入一个中央数据库内，通过中心计算机传送到各个机床，而每台机床的加工情况，又通过附属控制器反馈到中心计算机。随着技术的不断发展，DNC的含义由简单的直接数字控制发展到分布式数字控制（distributed numerical control，DNC），它不但具有直接数字控制的所有功能，而且具有系统信息收集、系统状态监视以及系统控制等功能；它开始着眼于车间的信息集成，针对车间的生产计划、技术准备、加工操作等基本作业进行集中监控与分散控制，把生产任务通过局域网分配给各个加工单元，并使之信息相互交换。而对物流等系统可以在条件成熟时再扩充，既适用于现有的生产环境，提高生产率，又节省了成本。所以说现代意义上的DNC不仅指单个机床的控制，在某种意义上是车间级通信网络的代名词。DNC已演变成生产准备和制造过程中设备信息互连的一种技术，是实现CAD/CAPP/CAM一体化技术最关键的纽带，是现代化制造车间实现CIMS信息集成和设备集成的有效途径。

2.3.4　家居FCAD、CAPP、CAM一体化技术应用

家居FCAD、CAPP、CAM一体化，实质是拆单、加工一体化，是在家居产品订单流程分析的基础上，对流程中关键节点的卡脖子问题，找到一种合理的将设计信息与数字化加工设备需求信息共享的解决方案，从而构建数字化设计和制造的拆单、加工一体化。如针对定制家居的一体化，除了设计软件（如2020、TopdSolid）与拆单软件IMOS、管理软件ERP的一体化，还需要设计信息在数控设备中的传递与应用等。本书依据理论研究，结合目前企业实际应用的软件情况，提炼出近10年板式和实木家具的数字化设计拆单、加工一体化过程，如图2-15和图2-16所示。

由图2-15和图2-16可知，板式、实木家居的数字化设计拆单、加工一体化虽然有所差异，但都是通过数字化完成产品设计后，对零部件加工信息进行定义，应用相关的设计、拆单软件，如板式家居的2020、实木家居的TopdSolid等，产生产品加工信息及参数，如材质、纹理、角度、封边、钻孔、铣型等，传递给企业的管理软件ERP，再由ERP对数据分析、计算工艺路线、优化组合，达到设备最短工艺路线、最佳生产产能等目标。

在加工时，数控设备（CNC）通过零部件标签、零部件编码，定义部件名称、尺寸、数量、材质等，依据设计软件产生的符合设备要求格式文件的加工代码，由ERP负责管理并传递到相应设备（CNC），与数控设备形成数据一体化，从而使得数字化设计拆单、加工一体化技术实现。

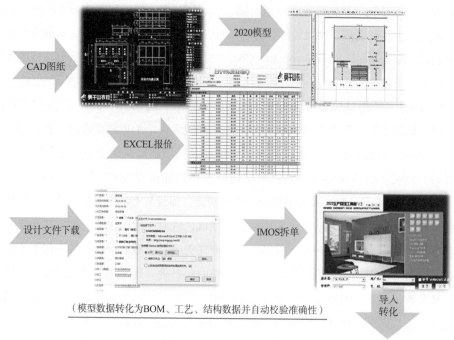

（模型数据转化为BOM、工艺、结构数据并自动校验准确性）

图2-15　板式家居数字化设计拆单、加工一体化过程

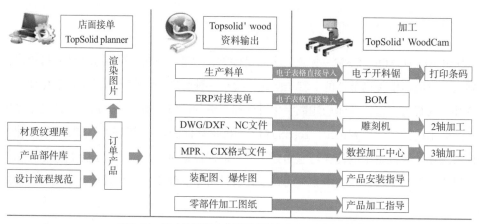

图2-16　实木家居数字化设计拆单、加工一体化过程

2.4　计算机集成制造系统

　　20世纪80年代中期，出现计算机集成制造系统（computer integrated manufacturing system，CIMS），波音公司成功将其应用于飞机设计、制造、管理，将原需8年的定型生产缩短至3年。随着社会的发展，人们对产品创新型的要求越来越高。能否快速、高效地开发出成本可控、技术含量更高的新产品，决定了企业的核心竞争力，计算机技术的发展正迎合了这种需求。各种计算机辅助自动化技术在产品设计、制造及管理领域不断广泛被应用。这些技术都是生产部门按照各自的需求逐渐开发出来的，从本部门角度提高产品效益的方法，存在信息和数据之间不

能共享、数据不一致及功能关系不能紧密配合等问题，导致整体无法协调，其问题被称为"自动化孤岛"。为消除这种情况，应把孤立的应用通过计算机网络和系统集成技术连接成一个整体，才能消除企业内部信息和数据的矛盾和冗余。

计算机集成制造系统（CIMS）应运而生。CIMS是企业经营过程、人的作用发挥和新的技术应用三方面集成的产物，它是多技术支持条件下的一种新的经营模式。CIMS通过计算机、网络、数据库等硬、软件，将企业的产品设计、加工制造、经营管理等方面的所有活动有效地集成起来，有利于信息及时、准确地交换，保证了数据的一致性，从而能够缩短产品开发周期，保证产品制造质量，降低生产成本，提高生产效率，增强企业竞争力。

2.4.1 计算机集成制造系统基本内涵

（1）计算机集成制造系统（CIMS）

经自动化工厂"通信网络"连接的各个子系统，可构成一个有机联系的整体，即自动化工厂。计算机集成制造反映了制造系统的这一新发展。计算机集成制造系统则是技术上的具体实现，它能为现代制造企业在激烈变化中、动态市场条件下追求具有快速灵活响应的竞争优势提供所要求的战略性系统技术。

计算机集成制造系统，是计算机应用技术在工业生产领域的主要分支技术之一，其发展可以实现整个制造厂的全盘自动化，成为自动化或无人化工厂，是自动化制造技术的发展方向。

CIMS大致可以分为6层：生产/制造系统、硬事务处理系统、技术设计系统、软事务处理系统、信息服务系统和决策管理系统。从生产工艺方面，CIMS可大致分为离散制造业、连续型制造业和混合型制造业3种，从体系结构方面，CIMS也可以分成集中型、分散型和混合型3种。

（2）CIMS应用基本要点

❶ 企业生产经营中各个环节，如市场分析预测、产品设计、加工制造、经营管理、产品销售等一切的生产经营活动，是一个不可分割的整体。

❷ 从本质上看，企业整个生产经营过程是数据采集、传递、加工处理过程，而形成的最终产品也可看成是数据的物质表现形式。因此，对CIMS通俗的解释是"用计算机通过信息集成实现现代化的生产制造，以求得企业的总体效益。"整个CIMS的研究开发，即系统的目标、结构、组成、约束、优化和实现等方面，体现了系统的总体性和一致性。

2.4.2 计算机集成制造系统构成

CIMS一般包括4个功能子系统和2个支撑系统，如图2-17所示。

（1）产品设计与制造工艺自动化子系统

通过计算机来辅助产品设计、制造准备以及产品测试，即CAD、CAPP、CAM阶段。

（2）管理信息子系统

以MRPⅡ/ERP为核心，包括预测、经营决策、各级生产计划、生产技术准备、销售、供应、财务、成本、设备、人力资源的综合信息管理。

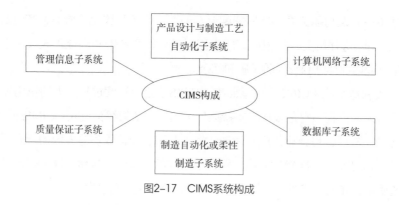

图2-17　CIMS系统构成

（3）制造自动化或柔性制造子系统

CIMS是信息流和物料流的结合点，是最终产生经济效益的聚集地，由数控机床、加工中心、测量机、运输小车、立体仓库、多级分布式控制计算机等设备及相应的支持软件组成，根据产品工程技术信息、车间层加工指令，完成对零件毛坯的作业调度及制造。

（4）质量保证子系统

质量保证子系统包括质量决策、质量检测、产品数据的采集、质量评价、生产加工过程中的质量控制与跟踪等功能，系统保证从产品设计、产品制造、产品检测到售后服务全过程的质量。

（5）计算机网络子系统

计算机网络子系统即企业内部的局域网，支持CIMS各子系统的开放型网络通信系统，采用标准协议可以实现异机互联、异构局域网和多种网络的互联，可以满足不同子系统对网络服务提出的不同需求，支持资源共享、分布处理、分布数据库和适时控制。

（6）数据库子系统

数据库子系统即支持CIMS各子系统的数据共享和信息集成，覆盖了企业全部数据信息，在逻辑上是统一的，在物理上是分布式的数据管理系统。

2.4.3　计算机集成制造系统的三个阶段

CIMS集成分为信息集成、过程集成和企业集成三个阶段。

（1）信息集成

信息集成指针对设计、管理和加工制造中大量存在自动化孤岛，实现信息正确、高效的共享和交换，是企业技术和管理水平首要解决的问题。它的主要内容是企业建模、系统设计方法、软件工具和规范异构环境下的信息集成。

（2）过程集成

过程集成指对产品设计开发中各串行过程尽可能多地转变为并行过程，在设计时应考虑到后续工作中的可制造性、可装配性，考虑质量，把信息大循环变为多个小循环，减少反复，缩短开发时间。

（3）企业集成

企业集成指充分利用全球制造资源，以更快、更好、更省地响应市场需求（敏捷制造）。其组织形式是企业间针对某一特定产品，建立企业动态联盟，即所谓虚拟企业。采用"两头大、中间小"，即新产品设计与开发、市场开拓与竞争。"中间小"即加工制造设备能力可以小。多数零部件可以靠协作解决，在全球采购最便宜、质量最好的零部件。

2.4.4　计算机集成制造系统的发展趋势

（1）集成化

从当前企业内部的信息集成发展到过程集成（以并行工程为代表），并正在步入实现企业间集成的阶段（以敏捷制造为代表）。

（2）数字化/虚拟化

从产品的数字化设计开始，发展到产品全生命周期中各类活动、设备及实体的数字化。

（3）网络化

从基于局域网发展到基于Internet/Intranet/Extranet的分布网络制造，以支持全球制造策略的实现。

（4）柔性化

正积极研究发展企业间的动态联盟技术、敏捷设计生产技术、柔性可重组机器技术等，以实现敏捷制造。

（5）智能化

智能化是制造系统在柔性化和集成化的基础上进一步发展与延伸，引入各类人工智能技术和智能控制技术，实现具有自律、分布、智能、仿生、敏捷、分形等特点的新一代制造系统。

（6）绿色化

绿色化包括绿色制造、具有环境意识的设计与制造、生态工厂、清洁化生产等。它是全球可持续发展战略在制造业中的体现，是摆在现代制造面前的一个崭新的课题。

2.4.5　家居计算机集成制造系统集成关键技术及应用

（1）计算机集成制造系统的关键技术

❶ 系统集成。CIMS要解决的问题是集成，包括系统间的集成、系统内部的集成、硬件资源的集成、软件资源的集成、设备与设备间的集成及人与设备的集成等。在解决这些问题时，需要进行必要的技术开发，并充分利用现有的成熟技术，充分考虑系统的开放性与先进性的结合。

❷ 单元技术。CIMS中涉及的单元技术很多，而且解决起来难度相当大。对于具体的企业，应结合实际情况，根据企业技术进步的需求进行分析，提出在该企业实施CIMS的具体单元技术难题及其解决方法。

从开始实施至今，CIMS在我国的机械、电子、航空、轻工、纺织、石油、化工及冶金等主要制造行业的200多家企业中得到应用，并取得了明显的经济效益和社会效益，对行业和地区的制造企业信息化、现代化起到了重要的牵引和导向作用。

（2）家居CIMS集成关键技术及应用

❶ 信息流的集成。家居CIMS集成系统是由传感器网路系统和数据网路系统组成。其中传感器网路系统为本地网路系统；数据网路系统则结合企业ERP系统架构，为远程控制系统，是将多个传感器、加工设备以及后台系统组合成一个本地局域网，通过统一的路径对多传感器进行网络化、集成化控制管理，其结构图如图2-18所示。

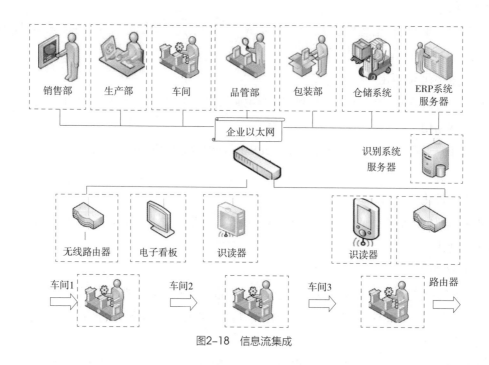

图2-18　信息流集成

❷ 生产系统集成。家居CIMS集成系统的生产系统集成如图2-19所示，包括大规模定制家居制造过程中的主要工序（仓储、开料、板料深加工、分拣包装、中转运输和质检等）的信息采集与处理过程。

a. 原材料仓储信息采集与处理。原料仓储管理人员在对库存相关物料进行归类编码后，将其与RFID标签进行绑定，并在标签内写入相关物品的编码及信息。仓库管理人员通过PC机及固定式识读器对整个仓库进行动态监控，并使用手持式识读器进行物料出入库标签信息读写操作。仓库管理人员通过接收系统提示的原材料需求信息，进而查看系统库存现状，将所需原材料取出由生产材料配送人员运至指定加工工位处。

原材料入库时先绑定电子标签，再用手持识读器写入标签信息，出仓时使用手持识读器识别标签并写入相关加工信息。在仓库四周安装固定式电子标签阅读器，调整射频作用范围，对整个仓库进行实时监控，同时将相关信息上传至系统数据库，同时在仓库入口处PC机上进行显示。

b. 材料取用及开料信息采集与处理。ERP系统汇总当天生产人员配置情况后，自动分配个

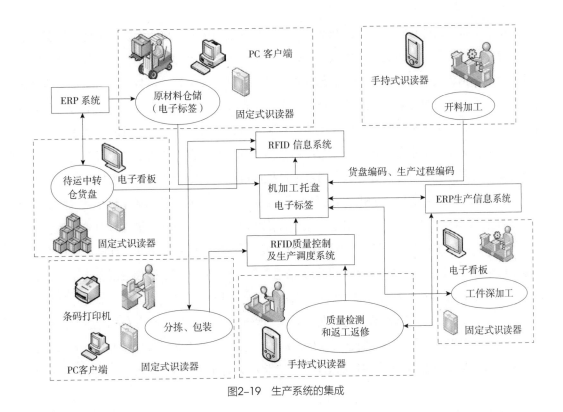

图2-19　生产系统的集成

人生产任务，随后该操作者至车间控制室刷卡，系统自动打印其当日工作任务，并向仓储终端下达原材料取用要求。仓库管理人员收到原材料需求信息，查看系统库存现状，将所需原材料取出，由生产材料配送人员运至指定加工工位处。开料人员使用手持机扫描接收原材料，并确认接收，信息通过手持终端自动汇入系统。开料人员将原材料上电子标签取下回收，开始开料加工。同时系统自动计算开料完成后装载合格品所需的货盘种类数量等信息，由生产材料配送人员将货盘准备好，并将相关信息写入货盘电子标签内，送至开料工位。开料人员将加工完的物料归类放置于相关货盘中，每装完一个货盘，即用手持机将货盘内装载物数量信息写入货盘标签，并核实货盘内装载物与货盘的匹配信息及加工信息，根据实际情况进行提交该货盘完成信息至系统数据库。

c. 板材深加工信息采集与处理。接货区的固定式电子标签识读器自动对进入此区域范围内的货盘标签进行识别读写，载入待加工品加工流程信息，同时将货盘已接收的指令提交至系统数据库。当货盘内待加工品全部加工完毕后，操作者将货盘推送至本工位下货区，下货区安装的固定式电子标签读写器自动加载标签加工完成信息，操作者核实无误，则向系统提交货盘完成指令，如因实际加工导致完成数量缺失以及质量问题，则将相关信息发布至系统进行处理，并修改已完成货盘的相关标签信息后提交货盘完成指令。系统接收货盘完成指令后确认货盘是否属于最后一道加工工序，如非最后一道工序，则向下一工位下达领取货盘指令，如确认为最后加工工序，则根据标签内加工信息提示下游装配或者分拣人员打包。

d. 分拣打包信息采集与处理。分拣打包操作人员在接收到领取货盘指令后，至相关工位领取货盘，并用手持识读器读取货盘数据与实际装载物情况进行核实，核实无误后将货盘移至分拣打包等待区，系统自动加载此货盘内载物进行分类打包的各种数据信息。分拣打包人员查看手持机提示，根据相关信息对货盘内家居部件进行分拣包装，归类装入包装箱，参照系统信息核实包装箱参数，联机打印相关包装箱条形码并粘贴至包装箱外部指定位置，将原生产货盘标签信息擦除。同时，系统汇总分拣打包处上传的包装箱统计信息，自动计算所需仓储货盘种类和数量，中转仓工作人员根据系统指令准备所需仓储货盘，并将相关货物信息预写入电子标签，将仓储货盘送至分拣包装处。分拣人员通过手持机读取相关仓储货盘信息并按相关货物堆放规则将其置于所属仓储货盘上，将相关信息写入货盘的电子标签然后上传完成结果至系统数据库。

e. 中转仓信息采集与处理。中转仓安装的固定式RFID读写器自动扫描进入中转待运仓库的仓储货盘标签，并将信息汇入系统。当某订单具备发货条件时，则提示发货；如某订单在规定日期内未完成发货准备，则向系统发出延误告警信息。每次发货完成即擦除相关出仓货盘的电子标签信息，系统自动扫描清点库存，核对发货和入库情况，并更新待运品仓储信息至管理信息系统。

f. 质量检验及返工返修过程信息采集与处理。质检人员或各工段操作人员将加工合格工件放入货盘后，将相关工件数量等信息写入货盘标签，系统当天自动计算工件加工合格率，评估相关不合格品情况，确定返修或者重加工方案，并将相关增补加工信息汇入第二天生产计划中。

✍ 练习与思考题

1. 家居制造自动化技术的发展经历了哪几个阶段？
2. 什么是数控加工？数控加工的基本过程包括哪几个方面？
3. 简述数控加工与普通加工的区别。
4. 简述CAD、CAPP、CAM的概念。
5. CAD设计包含什么内容？
6. CAPP的基础技术包括哪些？
7. 简述计算机集成制造系统（CIMS）的概念及基本构成。

第 3 章

家居数字化制造信息采集与处理技术

🎯 学习目标

了解制造信息自动采集技术的基本概念和原则；掌握条形码技术和射频识别技术的原理以及在家居制造中的应用；熟悉磁卡识别技术和生物识别技术的基本概念和特点。

大规模定制家居，是利用计算机技术、高速以太网络技术、最优控制技术和计算机集成制造系统，建立满足巨大消费群体个性化产品的规模化定制系统，一般产品的开发周期和生命周期都比较短，生产系统柔性大。其关键特征是一种动态的需求、分散的市场、低成本、高质量、定制的产品和服务。

随着数字化和信息化的发展，特别是大规模定制在我国家居制造业的广泛应用，家居行业也逐渐走上数字化、信息化的道路，整个家居行业对信息的需求与日俱增，对信息的内容也越来越强烈，信息采集、传输、处理及应用的过程就显得越来越重要。信息采集管理系统融合了现代微电子技术、计算技术、通信技术和显示技术。应用信息采集管理系统可实现系统信息的采集、处理、存储管理。信息采集技术是研究信息的获取、传输和处理的技术，是生产的直接基础和重要依据。

3.1　信息采集与处理技术概述

3.1.1　信息采集的基本概念

信息采集是指接收信息的主体根据需要采用一定的程序、设备和方法，对各种相关信息或数据进行收集和记录的过程。通常并不严格界定信息与数据的区别，而将这些过程统称为信息采集。信息采集系统在信息建设中的地位及位置层次关系如图3-1所示。

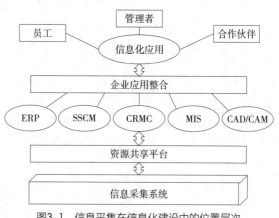

图3-1　信息采集在信息化建设中的位置层次

从企业的角度看，信息层次可理解为：信息产生—信息收集—信息传递—信息处理—信息汇总—结果分析—信息辅助决策等。

3.1.2　信息采集的原则

信息采集有以下5个方面的原则，这些原则是保证信息采集质量最基本的要求。

（1）可靠性原则

信息采集可靠性原则是指采集的信息必须是真实对象或环境所产生的，必须保证信息来源是可靠的，必须保证采集的信息能反映真实的状况。

（2）完整性原则

信息采集完整性是指采集的信息在内容上必须完整无缺，信息采集必须按照一定的标准要求，采集反映事物全貌的信息，完整性原则是信息利用的基础。

（3）实时性原则

信息采集的实时性是指能及时获取所需的信息，一般有三层含义：一是指信息自发生到被采集的时间间隔，间隔越短就越及时，最快的是信息采集与信息发生同步；二是指在企业或组织执行某一任务急需某一信息时能够很快采集到该信息；三是指采集某一任务所需的全部信息所花去的时间，花的时间越少则越快。实时性原则保证信息采集的时效。

（4）准确性原则

准确性原则是指采集到的信息与应用目标和工作需求的关联程度比较高，采集到信息的表达是无误的，属于采集目的范畴，对于企业或组织自身来说具有适用性，是有价值的。关联程度越高就越准确。准确性原则保证信息采集的价值。

（5）易用性原则

易用性原则是指采集到的信息按照一定的表示形式，便于使用。

3.1.3 信息采集的方法与技巧

信息采集方法：互联网信息采集、利用人际网络对客户需求信息的采集、利用自动识别技术在生产过程中的信息采集。

（1）互联网信息采集

将非结构化的信息从有效渠道中提取出，并将其保存到结构化的数据库中的过程。信息采集系统以网络信息挖掘引擎为基础构建而成，它可以在最短的时间内将最新的信息从不同的Internet站点上采集下来，并在进行分类和统一格式后，第一时间把信息及时发布到自己的站点上去，从而提高信息及时性及节省或减少工作量。

互联网作为数字化、网络化信息的核心和集成，与传统的信息媒体和信息交流渠道相比有较大不同。同时，互联网提供了一种全新的交流信息和查找信息的渠道，具有方便、及时、快速和交互性等特点，具有廉价、新颖、深入、广泛、直接交流、非正式和自由发表等方面的优越性和信息利用价值。其主要特征为：

❶ 信息资源极为丰富，覆盖面广，涵盖学科领域广，且种类繁多。

❷ 超文本、超媒体、集成式提供信息，含文本信息、图表、图形、图像、声音及动画等。

❸ 信息来源分散、无序，没有统一的管理机构和发表标准，且变化、更迭、新生、消亡等都时有发生，难以控制。

互联网信息采集技术的关键环节包含四个子系统：第一是对互联网网页的信息采集子系统；第二是对已经下载的网页建立全文数据库；第三是对全文数据库建立高效率的索引服务；第四是搜索信息的人机交互界面。

（2）利用人际网络对客户需求信息的采集

构建人际情报网络的目的主要有以下几个方面：获取信息的需求；分析情报的需求；谋求发展的需求；挖掘人力资源的需求。

（3）利用自动识别技术在生产过程中的信息采集

自动识别技术集计算机技术、光技术、通信技术等现代技术于一体，发展至今主要形成了条形码技术、磁卡识别技术、生物识别技术、射频识别技术等。

随着家居行业的不断发展，生产规模的不断扩大，家居生产过程中的数据信息的采集经历了人工、半自动、自动、智能化等几个阶段，生产过程中的信息采集方法主要包括：传统的人工记录、计算机输入法、感应式数据传输录入法和智能型/自动传输的信息自动传输法等，它们的主要特征见表3-1。

表3-1　不同信息采集方法的主要特征

生产过程中的信息采集方法	主要特征		
	采集过程	保存载体	信息采集情况
传统的人工记录	人工把生产中各个环节的数据统计、录入、核对、修正、上报	纸质材料，易导致数据丢失，查询不易	难以保证数据的准确性和传递及时性，导致管理者做出不正当决策，生产效率落后
计算机输入法	将生产中各类数据录入计算机并进行分析	计算机，数据不易丢失，易查询	错误率大大降低，通过网络能及时上传下达，生产成本下降，生产效率大大提高
感应式数据传输录入法	由专用的感应设备把生产过程中的信息自动录入计算机中	计算机，数据不易丢失，易查询	数据采集的准确性大大提高，实现了对生产现场的远程监控作用
智能型/自动传输的信息自动传输法	通过无线电频率、卫星通信等技术，将生产中的各类信息捕捉形成"知识库"，由智能系统进行推理管理	计算机存储，快速查询和存取，并自动分析各类数据	比传统计算机程序更容易修改、更新和扩充，并能综合各类信息进行自动分析，进行决策推理，形成知识库，更为高效地完成工作

3.1.4　信息采集管理系统构成

信息采集管理系统融合了现代微电子技术、计算技术、通信技术和显示技术。应用信息采集管理系统可实现系统信息的采集、处理、存储管理。信息采集管理的典型结构如图3-2所示。

典型系统由信号调理电路、数据采集器、计算机I/O接口、计算机硬件和软件系统、数模转换器几部分组成。

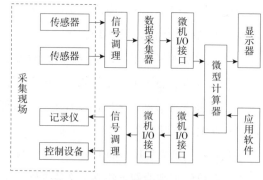

图3-2　信息采集管理系统的典型结构

（1）信号调理电路

被采集的量（物理、化学、生物量等）经传感器转换为方便处理的电量（一般为电压、电流、电阻和脉冲量）。信号一般为模拟信号，也有数字信号（以二进制编码）或开关信号（信号只有两个状态"0"或"1"）。

常用的传感器有热敏传感器、光敏传感器、湿敏传感器、压力传感器、位移传感器、电化学传感器和生物传感器等。理想的传感器要求内阻低、噪声小、线性好、输出电平高。近些年来，研究生产了许多生物传感器和智能传感器，它们的特点是体积小、精度高、识别能力强。它们的研究和应用有力地推动了数据采集处理系统的发展。

系统采集的信号多为模拟信号，且很多是多元的弱信号，信号既受到系统自身干扰，也受到外界的干扰，所以数据采集处理系统的前端常常加信号调理电路（滤波器、变换器、前级放大器、隔离电路），实现阻抗变换、信号变换、滤波、放大、隔离保护等功能。

（2）数据采集器

数据采集器一般由多路开关MUX、测量放大器、采样保持器S/H、模数转换器ADC组成。完成多路信息的采集、放大和数字化处理。

（3）微机I/O接口

微机接口是计算机与外界进行信息交换的通道和窗口。采集器输出的数字信号经总线送给微机接口，再经I/O通道送给微机处理。I/O接口是建立计算机数据采集处理系统的关键，计算机与外界的一切联系均由接口控制完成。I/O接口规定了与外界的通信方式，是并行通信还是串行通信；设定了I/O控制方式，是程序控制还是直接存储器存取DMA控制；规定了控制信号的使用方法，例如PC机就有两类控制信号线，连向内存储器的有MEMR和MEMW控制信号，完成内存的读或写；连向I/O设备的有IOR和IOW控制信号线，完成I/O设备的读和写。

（4）数模转换器

数模转换器将微机输出的数字信号再转换为模拟信号，以完成计算机的输出记录、自动调控。对外界设备的控制，要求数模转换器有一定的驱动能力和完善的隔离保护措施。

（5）应用软件

应用软件是计算机数据采集管理系统的灵魂，有了应用软件才能充分发挥采集系统的功能。应用软件的设置增强了采集系统的通用性和可靠性。目前软件与硬件具有同样的功能，硬件能实现的功能，通过软件也能实现，所以系统硬件和软件的调配，是系统设计的重要问题。对系统设计人员，不仅要求具有电子工程的设计能力，同时也要求具有软件程序的设计能力。数据采集管理系统的性能在很大程度上取决于应用软件的开发与研究。

3.1.5　自动信息采集技术

自动信息采集技术是指通过自动（非人工手段）获取项目标识信息并且不使用键盘即可将数据实时输入计算机、程序逻辑控制器或其他微处理器控制设备技术，具有自动信息获取和信息录入功能。发展至今，主要形成了条形码技术、射频识别技术、磁卡识别技术、生物识别技术等。

（1）条形码及二维码识别技术

条形码是通过将宽度或大小不等的多个黑条或块和白条或块按照一定的编码规则排列，以表达一组信息的图形标识。而条形码信息的读取主要通过识读设备中的光学系统对条形码进行扫描，再通过译码软件将图形标识信息翻译成相应的数据，从而实现对条形码所包含信息的读取。根据扫描及译码方式的差异，条形码识别技术主要包括激光扫描技术和影像扫描技术两大类，其中激光扫描系统由扫描系统、信号整形、译码三部分组成，影像扫描技术可进一步分为线性影像扫描技术和面阵影像扫描技术。由于条形码需要使用光学阅读器进行信息读取，对读取的距离和环境要求苛刻、信息承载量小等缺点严重限制其应用范围。但随着二维码技术快速发展，信息容量逐渐增大，条形码技术也得到广泛认可。

（2）磁卡识别技术

磁卡识别技术采用的是电磁学基本原理，将数据信息记录在磁卡表面的磁条上，读取可靠度较高且实现成本低廉，但像条形码技术一样，其信息存储量有限，又因磁性材料的制约，数据存储寿命短。

（3）射频识别（RFID）技术

射频识别（radio frequency identification，RFID）则具备其他技术不可比拟的诸多优势：非接触的远距离识别和高速运动识别能力；数据存储量大，标签可反复读写循环使用，且每个标签具备唯一的出厂识别码，杜绝数据伪造，只有获得授权才可以读写电子标签内数据；内建多签防撞机制，可实现多标签的同时识别和批处理，且对使用环境要求比较低，适合应用于各类特种场合。RFID芯片设计与制造技术的发展趋势是芯片功耗更低，作用距离更远，读写速写与可靠性高，成本不断降低。芯片技术将与应用系统整体解决方案紧密结合；RFID标签封装技术将和印刷、造纸、包装等技术结合，导电油墨印制的低成本标签天线、低成本封装技术将促进RFID标签的大规模生产，并成为未来一段时间内决定产业发展速度的关键因素之一；RFID读写器设计与制造的发展趋势是读写器将向多功能、多接口、多制式、模块化、小型化、便捷式、嵌入式方向发展。同时，多读写器协调与组网技术将成为未来发展方向之一。

（4）生物特征识别技术

生物特征识别技术是指通过生物体自身生物特征进行信息确认的一种技术，由于生物的生命特征具有唯一性，不可复制，因此这类技术主要用于身份以及权限识别领域，此类技术仍处于研究完善阶段，系统开发复杂且成本较高，在实现的过程中，有很多软件、硬件方面的问题需要解决。关键技术包括生物特征传感器技术、生物信号处理技术、生物特征处理技术、活体检测技术、生物特征识别系统性能评价技术。其中传感器、信号处理以及特征处理技术与生物特征识别系统的性能直接相关，决定了生物特征识别系统的准确性，活体检测技术从安全性的角度出发，考量了生物特征识别系统对假体的抗攻击能力，性能评价技术为生物特征识别系统个方面的性能指标评估给出了合理的指导及规范。

（5）机器视觉

机器视觉是智能制造中极为关键的组成部分，机器视觉使用机器替代人眼和大脑进行测量及判断。利用光学成像系统、激光等设备获取检测物体的图像、距离等信息，并结合图像处理、数据分析等技术得到待测物体的外观尺寸、位置坐标信息，分析物体表面生产质量，以实现分拣、引导、装配等功能，并将检测结果进行大数据分析，反馈到生产环节，从而实现智能闭环生产。结合人工智能深度学习技术，提升对图像等数据分析能力，实现更高检测准确率。

3.2 条形码技术

条形码技术为代表的自动识别技术作为信息数据自动识读、自动输入信息管理系统的重要方法和手段，在大规模定制家居制造业信息化建设中作用重大。利用条形码技术对家居企业的有关信息进行采集、跟踪管理，可满足企业在来料入库、物料准备、生产制造、质量控制、仓储运输、市场销售、售后服务等多方面信息管理的需求。

3.2.1 条形码技术的内涵

所谓条形码，是指由专用的条形打印机打印出来，用来储存一定信息的一种工具。条形码技术通过图形来表示数字和符号信息，用来表示标识物本身的相关信息，是建立在计算机科学和现代光学基础上的一门新技术。

随着计算机应用的不断普及，条形码技术在国际上广为应用，它具有保密性好、差错率低（一般可达百万分之一）、输入速度快、适用性强等特点，可广泛应用于邮政通信、社会服务等众多需要对生产产品进行跟踪管理或统计的领域，尤其在发达国家的电子电器、机械、汽车等制造业的应用已相当成熟。可以说，在制造业更能将条形码技术的应用引入深层次。

（1）条形码技术的原理

条形码是由宽度不同、反射率不同的条和空，按照一定的编码规则（码制）编制成的，用以表达一组数字或字母符号信息的图形标识符，即条形码是一组粗细不同、按照一定的规则安排间距的平行线条图形。条形码就是通过这些条和空的不同宽度的组合来表示不同的数字和字母信息的，一个不同的宽度组合就代表一个不同的字符，再把这些用条和空组成的字符连续地排在一起，就组成了我们通常看到的条形码。常见的条形码是由反射率相差很大的黑条（简称条）和白条（简称空）组成的。在读取这些信息的时候，利用某种技术手段或光学设备，将条形码信息扫描并提取后，进行解码，再将结果储存或输出。

随着条形码技术的发展，出现一种新的感应式条形码，是在传统的条形码表面再次附着一层掺加磁性材料或其他感应材料，或者直接在条形码空的位置印刷上无色透明或白色的感应材料，这种新型的感应条形码的外观和传统的条形码一样，原有的激光扫描器仍然能够读取信息。因为增加了感应材料并配以相应的感应器，原理和传统条形码接近，由感应器（条形码扫描器）、放大整形电路、译码接口电路和计算机系统等部分组成，如图3-3所示。感应式条码，在实际应用过程，采用无线条形码数据终端、无线登录点及中心数据服务器等组成，这种感应条形码在经过装有感应器的区域时，其包含的信息就被感应器直接采集到计算机中，省去了人工扫描读取信息的动作。

（2）条形码的种类

经过不断发展，条形码的种类已经发展到几十种，形成各不相同的符号体系（称为条形码的码制），条形码的符号体系不同于一般的符号体系，不只是自己所代表的数据类，它还要有符号的安全性、识读效率等多种限定。

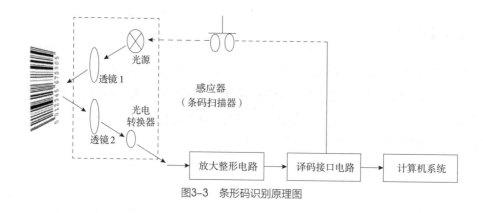

图3-3　条形码识别原理图

常用条形码的种类、特点应用情况见表3-2。目前使用频率最高的几种码制是：EAN码、UPC码、Code128码和UCC/EAN128码等。在一维条形码技术得到广泛运用的同时，以PDF417为代表的二维条形码技术也发展起来，以其大容量、高密度、存储信息多元化及防伪性等优点得到广泛的运用。

表3-2　常用条形码介绍

条形码种类	条形码类型	示例	描述	应用
一维条形码	UPC码		只用数字，长度为12	在美国和加拿大被广泛用于食品、百货及日用品零售业
	EAN码		与UPC兼容，具有相容的符号体系	用于世界范围的食品、百货及日用零售业
	Code 128码		采用ASC Ⅱ 码字符集：0~9，A~Z	广泛用于制造业及仓储、物流业
	UCC/EAN-128		是目前可用的最完整的字母数字一维条码	广泛用于物流标识及其他物流单元
二维条形码	PDF417		可以容纳1848个字母符或2729个数字字符，约1000个汉字信息，比普通条形码信息容量高几十倍	用于报表管理、产品的装配线、银行票据管理，行包及货物的运输管理等

（3）条形码技术的系统组成

条形码技术涉及标签技术、编码技术、识别技术和印刷技术四个方面的内容。通常一个条形码系统中包括：条形码扫描、条形码信息采集处理及信息反馈回中央数据库三大模块，如图3-4所示。

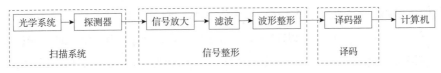

图3-4 条形码识别系统组成

3.2.2 家居条形码的表现形式

在家居企业中除对物料进行编号后进行条形码管理外，往往还有以下多种代码的形式对家居生产过程进行管理。如某定制家具企业的订单号DD00000001、增补单Z0000000298、零售单（LS）、到货单（DH）、出库单（CK）等，都以条形码的形式进行管理，但各种条形码之间往往都不是孤立存在，而是互相联系，在企业进行管理时的主要依据，不同时期发挥不同的作用。另外，也会在订单流转过程中，不同的阶段形成一定的条形码号。下面是某定制家居企业常见的表现形式。

❶ 机会单号，是指对大规模定制的家居企业销售过程中对客户进行辅助管理的一种代码，一般是指第一次进入销售门店进行咨询、了解或参观，有意向购买该产品的客户，由销售人员建立一种关系的渠道。机会单号往往也是由字母JH+数字构成，形同Code 128码条码，如JH1234567890。机会单号的建立有利于了解客户的基本信息，存入客户管理档案，并进行跟踪，如在一定时间后，系统将自动注销该单号。

❷ 订购意向书单号，也是由字母DY+数字构成，形同Code 128码条形码。一般是指在大规模定制家居销售过程中，有意向购买该产品的客户，其内容除有JH信息外，还增加了客户的订购内容（套路、定金等）。有了该单号，ERP系统中将自动生成DD号（即订单号）。

❸ 手工合同编号，是指销售人员与客户形成订购意向书单号后，需要跟客户签订手工合同的文件代码编号，由各个门面制定，一般是由JH+门店名称+年份系列号构成，例如重庆的8001号单，手工合同号应写"JP-重庆8001"，无位数限制，主要是给客户的纸质文件。手工合同形成后系统也会相对应形成电脑能识别的JIP号，即JP+数字，如JP-1234567890。

❹ 订单号，是由字母DD+数字构成，是标准的Code 128码条形码，是企业在生产过程中的对产品的所有订单的物料清单（柜体部件、门板、非自制件等）进行详细管理、制造的主要依据，例如订单号DD00000001。

❺ 客户编码，是由字母+数字构成，是标准的Code 128码条形码，由系统产生，由"KH"+销售组织编码+流水码组成。

❻ 部件条形码，由系统在排料时产生，条形码是唯一的零部件识别标识，例OOHYSU08、OOHYSU09、OOHYSU0A、OOHYSU0B等。

❼ 物料编码，由长度不等的物料类别号+流水号构成，例如五金件WJ010024、电器DQ040009、板材BC070001、台板（TB）、铝材（LC）等。

❽ 箱码，由系统产生的订单零部件包装的唯一流水码，例如00RQV7。

❾ 其他条形码，主要包括在大规模定制家居销售、制造、服务等过程中，在不同时期进行管理所用的代号。如系统合同号，以HT开头，当一个合同需要有多个订单号时，ERP系统就会随机产生。增补号，以ZB开头，当某个订单需要增补某物料时，需要有个增补号进行管理，例如增补单Z000000298零售单（LS000000300）、到货单（DH000000240）、出库单（CK000000158）等。

随着条形码技术的发展，越来越多的家居企业开始使用二维码。通过搭建的MES系统平台，对计划和车间进行管控后，零部件在车间的加工过程，主要依据每个零部件的二维码标签进行识别和流转，如图3-5所示，该二维码为某家居企业的标签，既能反映ERP和MES系统中的设计和加工数据，又方便识别。

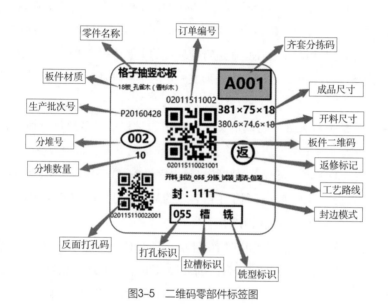

图3-5　二维码零部件标签图

图3-5所示流转二维码标签信息的关键特点是信息全面，零部件在车间流转过程中工人能方便识别所需要的相关信息，主要信息包括以下几个方面，也可依据需要进行增减信息。

❶ 部件信息，包括零件名称、部件的成品尺寸、开料尺寸、板件材质等内容，主要用于人工纠错，用来防止在二维码标准识别损坏时，由人工来判断区分部件的归属。

❷ 产品信息，包括订单号、生产批次号，用于在生产过程中区分生产计划启动的时间和批次。

❸ 部件二维码身份证，板件二维码（大）、板件反面打孔码（小）。板件二维码在系统数据库中是唯一，且与板件正面加工NC代码的文件路径一致，实现车间扫描二维码就可以加工；板件反面打孔码，仅用于加工中心调取反面加工NC代码用途，反面打孔码不具备其他作用。

❹ 工艺路线信息，由ERP根据预设条件进行分析得出部件的工艺路线，及时分配合适的加工设备，以达到最佳工艺路线和设备最佳产能。

❺ 开料加工信息，分堆号、分堆数量，指示开料操作手按分堆号来分类堆放，按分堆数量来检查每堆数量是否已经齐备，以方便及时安排移交下一工段。

❻ 封边加工信息，注重目视效果，用0、1、2三个数字代表不封边、封薄边、封厚边。封边操作工直接目视这个位置就可以加工。

❼ 钻孔加工信息，分为打孔标识、是否拉槽、是否要铣异型，注重目视效果。

❽ 分拣齐套信息，目视效果，分拣操作工在扫描部件二维码记录板件到位时，直接按齐套分拣码放置到相应位置，自动达到订单产品齐套功能。

❾ 板件加工状态，返修工件有此标识，操作手一目了然，并注重加急优先处理标志。

3.2.3　条形码技术在家居制造中的作用

条形码技术在制造业的应用是随着企业信息化的发展要求应运而生的，通过对企业各个环节有效数据的采集跟踪，成为快速、准确加强企业供应链管理最为有效的手段，其应用解决了数据录入和数据采集的"瓶颈"问题，为企业面向供应链管理提供有力技术支持。条形码技术还可配合其他自动识别及POS系统、EDI等现代技术手段，使企业随时了解产品在供应链上的具体位置，有效缩短前置时间并作出正确决策。

正是条形码技术为企业的制造、库存管理等执行层提供了最佳数据采集手段，通过条形码技术对有关数据进行采集和处理，从而代替人工记录信息的操作，避免了由于重复、烦琐的人工操作所造成的信息错录，同时提高工作效率，保障了信息采集的准确性，使之能准确、及时地采集到过程信息。帮助企业极大地提高生产作业效率和管理水平。条形码技术已成为ERP中物料管理、工厂维护、质量管理、生产计划和控制、产品销售等管理模块的基本应用工具。

（1）**物料及库存管理**

物料在企业信息系统中扮演的是主角，计划、采购、制造、库存、成本计算和销售都围绕着"物料"展开，通过将物料代码（编码）打印成条形码，便于物料跟踪管理，而且有助于做到合理的物料库存准备，提高生产效率，会大大缩短企业资金的占用时间。采用条形码技术，在库存管理时，在收件后可根据条形码对相应的物料划分种类，区别安防。并可根据实际情况进行跟踪库房数据，不会造成库存的不准和出入库产品无法跟踪的现象，及时对仓库物料信息进行采集和处理。

采用条形码技术还能更加准确完成库存出入库操作。通过采集货物单件信息，处理采集数据，建立库存的入库、出库、移库、盘点数据，使库存操作完成更加准确。

尤其是在采用无线条形码数据终端、无线登录点及中心数据服务器等组成的无线作业仓储管理系统后，能更实时准确地传递数据和指令，使作业人员与管理系统（ERP）之间灵活互动，实现流畅的工作流，真正使物流成为企业供应链的一部分。

（2）**生产管理**

在生产管理时，将订单号、零件种类、产品数量、编号及工艺路线等信息形成条形码，打印或粘贴在产品零部件上，通过数据采集可对原材料、半成品、在制品等物料进行跟踪，并可将产品加工信息点对点传给自动封边机、自动排钻、加工中心等电脑数控设备，无须人工干预，提高了准确性和及时性。

采用条形码技术，产品的生产工艺可在生产线上得到及时、有效的反映，省去了人工跟踪。同时，产品（订单）的生产过程能在计算机上显现出来，能使我们找到生产中的瓶颈、快速统计和查询生产数据，为生产调度、排产等提供依据，从而充分达到实时监控生产的目的。

条形码信息采集系统为ERP的生产管理提供准确的统计数据，可分不同的时间段、生产计划、产品类别实时统计出生产报表；能够统计分厂生产、生产线完成数、包装线工作量、产品完工等生产数据，并能给企业成本管理提供有力的保障。

除了补充ERP的生产管理在企业生产管理方面的功能之外，条形码技术还可为企业CIMS系统提供支撑，并为企业应用CAPP技术、实施工艺信息化提供保证。

（3）其他方面的作用

品质管理及分析、市场销售链管理及产品售后跟踪服务等系统中，能有效提高客户服务质量。条形码技术的应用可大大提高ERP基础数据采集的准确性，提高企业成本控制的能力，是实现EDI、电子商务、供应链管理等的技术基础，是提高企业管理水平和竞争能力的重要技术手段。另外，值得一提的是，商品条形码在我国的推广应用，可大大提高我国出口家居产品在国际市场上的竞争力。

应用条形码技术，能为企业加强管理提供有效基础，可以极大克服传统纸质单作业存在的劳动强度大、效率低、容易出错、数据重复录入、处理延迟、工作量大等缺点。在提高产品质量、客观评价供应商、降低成本、制定合理的服务战略、加强对市场的控制与管理等方面能起到重要的作用。条形码技术应用已经成为我国大规模定制家居制造业信息化建设中的新热点。

3.2.4　条形码技术在家居物料管理中的应用案例

条形码在大规模定制家具物料管理中的应用，是将物料的信息通过编码手段编入条形码当中，然后通过自动识别技术将条形码信息录入计算机，通过物料管理信息系统管理采购、出入库工作。在整个物料管理过程中，条形码可以将物料的信息准确地转移到计算机中存储和操作，形成一个数据库，从而实现物料计划管理、物料订单和合同管理、付款管理、供应商管理，以及各种查询任务。

（1）物料采购过程信息采集与处理技术

家居企业采购物料，是根据生产订单，并扣除仓库库存情况后，由采购供应部下单采购。在这个过程中，通过ERP系统，供应商需对采购订单确认完成并回传。在这个过程中，将采购的货物信息通过编码手段编入条形码中，用条形码技术的扫描或感应技术将条形码信息采集并上传ERP做相关确认、处理，通过ERP采购管理系统管理采购工作。

具体操作如下：物料到货时，据随货资料确认数量及外观质量等，同时，仓管员凭ERP系统通知IQC检验，合格物料由材料会计科入库和对账。采购物料不合格时，做让步接收、特采、退货等处理。

（2）物料入库过程的信息采集与处理技术

家居物料的入库包括家具零部件入库、实物入库等，零部件又可分为外协件加工或采购和自加工两种形式。

具体过程如下：外协件加工或采购一般进入工厂仓储前，物料部门按品检部门的检验结果，办理入库，财务人员在ERP系统中相应模块做入库确认。自加工的零部件入库时，应依据零部件的加工过程工序流转单进行核实后入库。实物物料入库时，仓管员根据采购入库单的相关内容及实物确认实物的信息，并通过实物物料编码（物料代码）打印成条形码或标签，粘贴于物料包装上，整件装或散件、分包装，并对相应的物料进行陈列归位、标识张贴/悬挂、登账等。同时，仓管员按照仓库的规划要求搬运至相应的储位区域，结合进仓实物建立相关物料卡张贴/悬挂在货架上，并适时地建立管理账册进行动态管理。大规模定制家居物料入库信息采集及管理架构如图3-6所示。

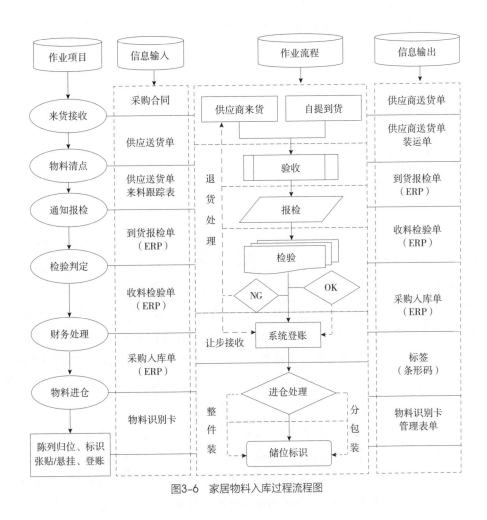

图3-6　家居物料入库过程流程图

（3）物料出库过程的信息采集与处理技术

❶ 自制件出库。自制件出库包括自制零部件、板材、铝材（金属材料）等，其过程如图3-7所示。仓管员依据备料单核对物料名称、规格/型号、数量、单位等，本着"先进先出"原则进

行备料/出库；财务部依据仓管员所提供的备料单在ERP系统中执行账务调整/调拨，仓管员依据财务部提供的ERP系统调拨单的内容给予核实，并进行实物调拨及结合物料动态情况做好手工账务登记管理。

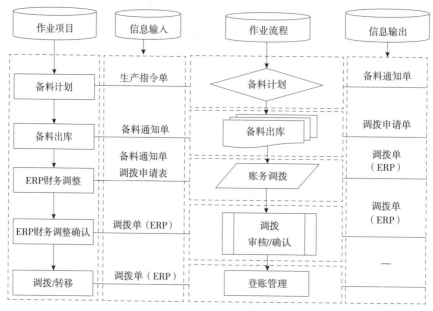

图3-7　家居物料（自制件）出库过程

❷ 非自制件出库。非自制件出库是由物料部门依据生产指令在出货日期前ERP系统中进行数据编排及导出并打印《拣货明细表》，并将《备料汇总表》交由相关仓管员执行事务处理。仓管员依照《备料汇总表》中物料需求给予实物索取，并结合生产指令单中物料明细给予配置或分拣。将生产指令单及物料（备料）交由整合组负责整合完工（配置或分拣）的物料依据条形码逐一进行扫描出库。扫描完后依据订单的整合件数标注相应的箱码；整合组依据生产指令单内容逐项对物料进行包装、检验、核实，并在外包装箱上标注订单号或合同号，物料部门按照物流出货计划排程与物流部门人员进行实物出库与事务交接，其过程如图3-8所示。

❸ 产品出库。依据大规模定制家具的产品特点，产品出库又包括正单自制品和非自制品交接、增补货品、组装产品等。对散装自制件由制造部门生产完、检验合格并包装后，交接入物流部门放置在成品暂放区。物流部门从ERP系统"订单状态跟踪表"进行订单完整性检查，并在系统中导出当日《正单出货计划表》和《增补单出货计划表》分发给物流组相关作业人员。物料部门人员根据ERP系统备料清单将五金配件、电器等备齐后放至货品暂放区，报检、检验合格后交于物流部门。物流部门现场确认货单相符后给予签收。物流部门理货人员根据当日《发货计划表》，将自制件和非自制件按订单备齐至出货暂放区，由物流部门仓储组根据当日《发货计划表》确认各订单物料的完整，交给品检人员检验，检验合格后发货。

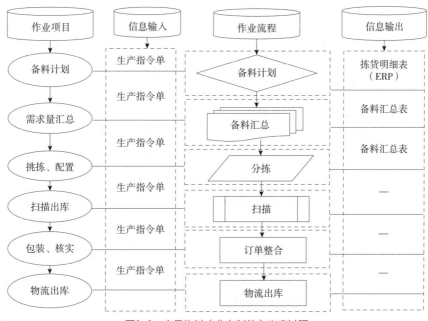

图3-8 家具物料（非自制件）出库过程

3.3 射频识别技术

3.3.1 射频识别技术的概念

射频识别技术（radio frequency identification，RFID）是一种非接触式的自动识别技术，被认为是21世纪极具发展潜力的信息技术之一。能为家居制造企业ERP系统提供实时、准确且有效的监控信息，让生产管理层能够及时跟踪订单的生产状况，降低各种人为原因给企业带来的不良影响，确保生产过程的合理可行，构建生产控制层和操作层之间的信息平台。同时，RFID系统可以和企业现有的信息系统（MES、ERP、CMS等）进行集成，建立更强大的信息链，从而及时传递准确的数据，改进企业对库存、计划、进度的控制效率，提高企业资源利用率，提升产品质量。在家具行业中，它应用于生产过程中的生产数据实时监控、质量追踪、自动化生产、个性化生产等方面。

3.3.2 射频识别技术的组成和基本原理

（1）RFID系统组成

RFID系统由电子标签、读写器、控制器以及应用系统四个部分组成，如图3-9所示。电子标签又称为射频卡，是RFID系统的数据载体，含有内置天线，负责发射或接收信息数据到读写器中；读写器又称阅读器，依靠其天线产生磁场，并通过电磁波交换数据信息，从而实现对电子标签内信息的读写。RFID的中间件起到读写器与高层系统之间信息传播的中介作用，通过应用程序接口（API）或服务接口，实现读写器与应用系统的连接；应用系统是包括制造控制系

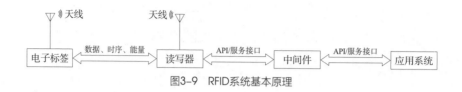

图3-9　RFID系统基本原理

统（manufacturing execution system，MES）、企业资源计划系统（enterprise resource planning，ERP）、仓库管理系统（warehouse management system，WMS）以及供应链管理（supply chain management，SCM）等在内的管理信息系统，负责整合、分析和处理收集到的信息。

❶ 读写器。读写器是一个捕捉和处理RFID标签数据的设备，它可以是单独的个体，也可以嵌入其他系统中。读写器也是构成RFID系统的重要部件之一，由于它能够将数据写到RFID标签中，因此被称为读写器。但在早期由于其功能单一，在许多文献中被称为阅读器、查询器。读写器还负责与主机相连，通过计算机软件来读取或写入标签数据信息。由于标签是非接触式的，因此必须借助读写器来实现标签和应用系统之间的数据通信。

❷ 控制器。控制器是读写器芯片有序工作的指挥中心，其主要功能是：与应用系统软件进行通信、执行从应用系统软件发来的动作指令、控制与标签的通信过程、基带信号的编码与解码、执行防碰撞算法、对读写器据和标签之间传送的数据进行加密和解密、进行读写器与电子标签之间的身份认证以及对键盘、显示屏等其他外部设备进行控制。

❸ 应用软件。由于信息是为生产决策服务的，因此RFID系统所采集的信息最终要向后端应用软件传送，应用软件系统需要具备相应处理RFID数据的功能。应用软件的具体数据处理功能需要根据客户具体需求和决策的支持度来进行软件的结构与功能设计。

应用软件也是系统的数据中心，它负责与读写器通信，将读写器经过中间件转换之后的数据插入后台企业仓储管理系统的数据库中，对电子标签管理信息和采集到的电子标签信息进行集中存储和处理。一般来说，应用软件需要完成以下功能。

a. RFID系统管理。系统设置以及系统用户信息和权限管理。

b. 电子标签管理。在数据库中管理电子标签序列号和每个物品对应的序号及名称、型号规格，以及芯片内记录的详细信息等，完成数据库内所有电子标签的信息更新。

c. 数据分析和存储。对整个系统内的数据进行统计分析，生成相关报表，对采集到的数据进行存储和管理。

（2）RFID系统的工作原理

由读写器通过发射天线发送特定频率的射频信号，电子标签进入有效工作区域时产生感应电流，从而获得能量被激活，使得电子标签将自身编码信息通过内置天线发射出去；读写器的接收天线接收到从标签发送来的调制信号，经天线的调制器传送到读写器信号处理模块，经解调和解码后将有效信息传送到后台主机系统进行处理；主机系统根据逻辑运算识别该标签的身份，针对不同的设定做出相应的处理和控制，最终发出信号控制读写器完成不同的读写操作。

从电子标签到读写器之间的通信和能量感应方式来看，RFID系统一般可以分为电感耦合

（磁耦合）系统和电磁反向散射耦合（电磁场耦合）系统。电感耦合系统是通过空间高频交变磁场实现耦合，依据原理为电磁感应定律；电磁反向散射耦合，即雷达原理，发射出去的电磁波碰到目标后反射，同时带回目标信息，其依据原理为电磁波的空间传播规律。电感耦合方式一般适合于中、低频率工作的近距离RFID系统；电磁反向散射耦合方式一般适合于高频、微波频率工作的远距离RFID系统。

（3）RFID系统信息采集构架

一个完整的RFID系统运行构架由3个部分组成，即数据采集、数据处理和数据使用，如图3-10所示。

数据采集部分包括读写器和电子标签，当物料上的电子标签或装有物料的托盘上的电子标签进入读写器的读写范围时，读写器便读写物料标签信息，也称采集层；数据处理部分主要由中间件构成，由于采集到的原始数据并不一定全部有用，这时就需要

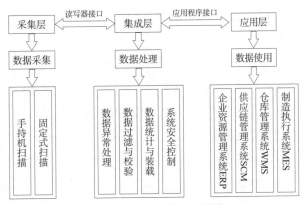

图3-10　RFID系统信息采集构架

中间件来实现信息的过滤、检测、整合，同时也保证了企业的数据安全，也可称为集成层；数据使用部分包含MES、ERP系统、SCM系统以及企业生产运行过程中的管理控制系统等，能够在计算机上查阅到每块物料信息，实时监控企业生产的全过程，实现数据共享，也称为应用层。

3.3.3 射频识别技术在家居生产中的应用现状和特点

（1）射频识别技术在家居生产中的应用现状

随着世界家具工业的蓬勃发展，家具制造和销售企业产生了激烈的市场竞争，欧美、日本以及东南亚国家占据家具生产、技术和贸易的主导地位，先进的智能化、信息化家具生产技术为企业赢得了较强的市场竞争力。芬兰家具制造商Martela以现代感的创新设计闻名于世，在企业运营方式中采用RFID技术，为顾客提供整个生命周期的管理服务，在每件家具上安装一张Confidex无源EPC Gen 2 RFID标签，实现家具的快速定位及库存盘点；葡萄牙家具制造商Vicaima为提高制造工艺效率，推出了符合EPC标准的RFID门窗安装流程，为木制门和家具贴上无源超高频RFID标签，以此来追踪生产过程；美国家具企业Victory Land Group集团早在2004年就开始计划使用RFID标签技术，在2005年开始向零售商沃尔玛集团提供带有RFID标签的产品，通过连接网络实现产品的跟踪。

相较于国外家具行业，国内家具制造业的市场竞争也日益激烈，条形码技术在我国家具生产制造中的应用已趋于成熟，但像RFID此类高新技术的应用少之又少。索菲亚作为国内家具业的龙头企业，其家具工厂车间的自动化程度高达80%，更是在生产线采用了RFID系统，为每个

装载箱安装RFID，实现五金部件的组装信息收集、追踪及定位，提高了企业生产效率；美克国际家居用品股份有限公司引入RFID技术，实现产品的全过程追踪溯源；鲁艺集团作为国内一家专注于红木研究设计和销售的企业，为了方便顾客辨别红木家具的真假，规避购买风险，在每件红木家具上粘贴RFID防伪标签，获取与家具一一对应的信息，通过RFID和NFC技术实现销售产品在终端的可追溯性。

（2）射频识别技术的在家居生产中的应用特点

在大规模定制家居的生产中，RFID技术可在生产零部件加工、产品仓储管理、物流及营销等环节发挥重要作用。

❶ 在零部件加工过程中的应用。可以跟踪每个零部件在生产线上的位置，并采用数字存储的方式存储信息，实现零部件批号的生成与管理，实现生产工艺、生产计划、生产状态、生产设备和品质分析等信息的在线查询、显示和录入，废弃纸质文件、手动调节，提高升整个生产过程的可视化水平，以及信息采集的自动化水平，从而减少人为误差，提高整个生产的效率。

❷ 在仓储管理过程中的应用。实时更新货物的出入库信息，自动监控库存量，省去大量而烦琐的检验、清点、扫描工作，减少货物盘点时间。同时，零件加工完成后可直接上架，通过自动分拣环节，实现和包装线之间的无缝对接，从而达到零库存，降低家居企业的生产压力。

❸ 在物流和销售环节的应用。通过GPS全球定位，可实现实时追踪。家居卖场通过扫描射频卡，销售信息即通过系统反馈到工厂，使得客户能在最短时间内提取所购买的产品。

3.3.4 射频识别技术在家居生产过程中的应用案例

（1）基本架构

射频识别技术在大规模定制家居车间生产过程的管理架构如图3-11所示。通过射频识读器将工件加工过程信息自动过滤出有效信息输送至系统数据库，并进入企业ERP系统中，作为科学制订生产调度计划的数据基础。同时，也可使企业管理人员直观了解生产信息并发现生产过程中存在的问题，做出及时有效的判断和决策，优化人员和加工设备的配置等。

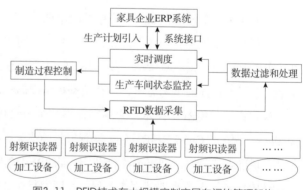

图3-11　RFID技术在大规模定制家居车间的管理架构

（2）数据采集与处理流程

RFID技术在大规模定制家居生产过程中的数据采集与处理流程主要包括：数据采集、数据过滤与处理、数据保存等。

❶ 生产过程数据采集。RFID技术在大规模定制家居生产过程中的数据采集如图3-12所示。

识读器通过串口或网络与PC机相连，PC机通过局域网或数据库服务器连接。在生产过程中，应用系统监控识读器有效范围的电子标签，并采集标签内的信息，然后查询系统数据库并根据现场的情况对标签写入工序完成状况及相应的岗位人员等信息。采集到的实时生产数据通过中间件传送、过滤和处理后保存到企业数据库。家居制造过程管理和控制系统能实时监控整个生产过程。同时，生产过程数据通过数据库可以在企业局域网内实现数据的共享。

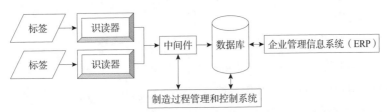

图3-12 RFID技术在大规模定制家居生产过程中数据采集

RFID技术在大规模定制家居生产过程中的数据采集物理架构如图3-13所示。每个加工工位有一个进料缓冲区和一个出料缓冲区，待加工的零件从上一个工序工作站转运来后放置在进料缓冲区，等待加工。加工完成的工件放置在出料缓冲区等待转运至下一道工序工位的进料缓冲区。为每一个工位配置一个RFID识读器，将识读器通过串口或网络与PC机相连。同时，在数据库中将RFID识读器与所在工位位置的机器关联，加工过程中可以通过RFID识读器编号查询数据库来确定加工机器设备。当载有电子标签的加工零件在每个工位被加工时自动采集加工过程数据，并经过处理后保存到系统数据库。

图3-13 RFID技术在大规模定制家居生产过程中的数据采集物理架构

在生产加工过程中，当生产计划下达后，通过排料系统将所要加工的零部件进行排料，并形成固定的ID号；将零件ID号与一个电子标签关联起来，即将零件ID号写入电子标签，在生产过程中可以通过识读器读取电子标签内的信息确定加工零件；电子标签直接贴在物料上或相应装载物料托盘上；通过传送带或小推车按照调度的生产计划转运至工作站的进料缓冲区；开始加工时，操作工人在识读器的有效范围内扫描电子标签，程序将自动采集零件加工信息（机器参数、操作工人操作规范、时间等），并保存到数据库。加工结束时，操作工人再次扫描电子标签，系统根据所在工位、当前时间及加工记录等信息保存到数据库；系统根据分析给出指令，将本次工序加工完成并合格的零件放入出料缓冲区，等待转运到下一道工序；如有不合格零件将重复上道工序操作。

❷ 数据过滤与处理。RFID技术采集到的大量信息数据需要经过系统进行处理后才能提供给企业的ERP系统。信息数据处理的基本原理如图3-14所示。

采集层通过识读器采集电子标签内最原始的数据，但这些数据不一定是企业有用的数据。必须通过集成层的中间件在RFID系统数据采集过程中完成数据平滑和过滤、阅读器协调、数据路由整合、数据安全管理、外部接口等功能，完成数据过滤和处理。

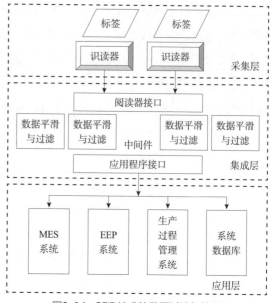

图3-14 RFID技术的数据过滤与处理

3.4 其他自动识别技术

3.4.1 磁卡识别技术

（1）基本概念

磁卡是一种磁记录介质卡片。它由高强度、耐高温的塑料或纸质涂覆塑料制成，防潮、耐磨，且有一定的柔韧性，携带方便，使用较为稳定可靠。通常磁卡的一面印刷说明提示性信息，如插卡方向；另一面则有磁层或磁条，具有2~3个磁道，以记录有关信息数据。

磁条从本质意义上讲和计算机用的磁带或磁盘是一样的，它可以用来记载字母、字符及数字信息。磁条通过黏合或热合与塑料或纸牢固地整合在一起，形成磁卡。

磁条记录信息的方法是变化小块磁物质的极性。在磁性氧化的地方具有相反的极性（如S—N和N—S），识读器材能够在磁条内分辨到这种磁性变换，这个过程被称为磁变。一部解码器识读到磁性变换，并将它们转换回字母和数字的形式，以便由一部计算机来处理。

磁条有两种形式：普通信用卡式的磁条和强磁（HiCo）式。强磁式由于降低了信息被涂抹或损坏的机会而提高了可靠性。大多数卡片和系统的供应商支持这两种类型的磁条。

著名的磁卡应用是自动提款机信贷卡，磁卡还使用在保安建筑、旅馆房间和其他设施的进出控制方面。其他应用包括时间与出勤系统、库存追踪、人员识别、娱乐场所管理、生产控制、交通收费系统和自动售货机等。

磁卡识别技术能够在小范围内存储较大数量的信息，一个单独的磁条可以存储几道信息。不像其他信息存储方法那样，在磁条上的信息可以被重写或更改。已有数家公司提供高保密度的磁卡和提高保密度的方法。这些系统能够为今天的应用提供信息安全保证。

磁条标准在两个主要方面有所发展：物理标准和应用标准。物理标准规定记录磁条的位置、编码方法、信息密度和磁条记录的质量；应用标准是有关不同市场使用的信息内容和格式。另外，测试仪器和磁条材料（特别是强磁磁条）的标准，包括非金融应用，正在起草阶段。目前，卡片被使用在金融系统中，遵守这些标准的要求是强制性的。

一种快速发展的应用是在政府福利服务中使用磁卡来批准和支付福利金、食品券和其他服务。另一项发展中的应用是存储倾向价值的卡片。这种卡片是提前付款的，通过卡中编码存储一定的货币价值，用户使用它来购买商品或服务，卡片的价值在每次使用时得到磁性小件。目前，两种理想的应用已经流行起来，一是电话卡，二是多次使用的交通票证。其他应用包括学生就餐证，桥梁、通道和道路的过桥费，多次使用的交通票证，录影带出租证，自动售货机，带有一定价值的驾驶证，可以用来购买商品或服务。每年有100多亿张磁卡在各种应用中使用，应用范围还在不断扩大。

（2）磁卡识别技术的特点

磁卡识别技术的优点：数据可读写，即具有现场改变数据的能力；数据存储量能满足大多数需要，便于使用，成本低廉。这些优点使得磁卡的应用领域十分广泛，如信用卡、银行ATM卡、会员卡、现金卡（如电话磁卡）、机票、公共交通票、自动售货卡等。

磁卡识别技术的限制因素是数据存储的时间长短受到磁性粒子极性的耐久性限制。另外，磁卡存储数据的安全性一般较低，如磁卡不小心接触磁性物质就可能造成数据丢失或者混乱，要提高磁卡存储数据的安全性能，必须采用另外相关技术，这就要增加成本。随着新技术的发展，安全性能较差的磁卡有逐步被取代的趋势。

3.4.2 生物识别技术

生物识别技术主要是指通过可测量的身体或行为等生物特征进行身份认证的一种技术；而生物特征是指唯一可以测量或可自动识别和验证的生理特征或行为方式。生物特征分为身体特征和行为特征两类。身体特征包括：指纹、掌型、视网膜、虹膜、人体气味、脸型、手的血管和DNA等；行为特征包括：签名、语音、行走步态等。目前部分学者将视网膜识别、虹膜识别和指纹识别等归为高级生物识别技术，将掌型识别、脸型识别、语音识别和签名识别等归为次级生物识别技术，将血管纹理识别、人体气味识别、DNA识别等归为"深奥"的生物识别技术。

（1）生物识别技术特点

与传统身份鉴定相比，生物识别技术具有以下特点：

❶ 随身性。生物特征是人体固有的特征，与人体是唯一绑定的，具有随身性。

❷ 安全性。人体特征本身就是个人身份的最好证明，满足更高的安全需求。

❸ 唯一性。每个人拥有的生物特征各不相同。

❹ 稳定性。生物特征如指纹、虹膜等人体特征不会随时间等条件的变化而变化。

❺ 广泛性。每个人都具有这种特征。

❻ 方便性。生物识别技术不需记忆密码与携带使用特殊工具（如钥匙），不会遗失。

❼ 可采集性。选择的生物特征易于测量。

❽ 可接受性。使用者对所选择的个人生物特征及其应用愿意接受。

基于以上特点，生物识别技术具有传统的身份鉴定手段无法比拟的优点。采用生物识别技术，可不必再记忆和设置密码，对重要的文件、数据和交易都可以利用它进行安全加密，有效防止恶意盗用，使用更加方便。

（2）常见生物识别技术

❶ 指纹识别技术。指纹是指手指末端正面皮肤上凹凸不平产生的纹路。医学证明，这些纹路在图案断点和交叉点是各不相同的，具有唯一性和永久性。

目前，主流的指纹识别系统应用是：用户把单指放在棱镜面上或玻璃板上，通过CCD传感器件进行扫描，获得的指纹图像被数字化和处理分析，并被最终提取为可以接受的指纹数字特征信息，被存储在存储器上或卡上，作为参照样板。使用时，通过指纹读取器扫入的信息与样板信息进行对比，做出身份鉴定。

❷ 视网膜识别技术。医学分析表明，人眼球视网膜的中央动脉逐级分叉，形成难以计数的叶片，形成各自不同的眼底血管图。因此，眼底视网膜血管图也成为个人识别的生物特征之一。

目前，主流的视网膜识别系统应用是：系统用弱红光通过眼的瞳孔进入到眼底视网膜上，再经视网膜血管反射后进入CCD摄像机，经A/D转换和数据处理，对提取出的样板信息进行存储，验证时对扫入的信息与之比对以做出身份鉴定。

❸ 虹膜识别技术。据临床医学观察，虹膜位于眼角膜之后水晶体之前，虹膜具有独特的结构，其颜色因含色素的多少与分布不同而异，并且这种独特的虹膜结构具有很好的稳定性。

目前，主流的虹膜识别系统应用是：系统使用单色电视和摄像技术与软件相结合的视频方法获取虹膜数字化信息，验证时扫入的信息与预先存入的样板信息进行比对，以做出身份鉴定。

❹ 面像识别技术。面像识别技术又称面纹识别技术，人的面容各异，即使是一对孪生子，用人类学方法测量也可发现差异。

目前，市面上主流的面像识别系统应用是：利用"局部特征分析"和"图形/神经识别算法"对面部各器官及特征部位的方位进行分析，提取成数字化信息再与数据库中的样板信息比较、判断、确认，以此鉴定身份。

❺ 签名识别技术。字如其人，中国人写字讲究书法，人们选择了自己青睐的书法风格后，又融入自己的书写特点，因而小到一个字的间架结构，大到整篇文章的纵横布局，每个人都有自己的运笔习惯和格式规划；笔迹已成为人们进行身份鉴别的重要手段之一。

目前，主流的签名识别系统应用是：系统通过使用有线笔、灵敏的图形输入板提取签字的动态过程信息特征，通过区分签字的习惯部分和几乎每次签字都有所变化的变动部分信息特征来确定签字人的真实身份。

❻ 声音识别技术。人的生理、心理和行为特征等语音参数会反映在人的语音波形中，人的声音频谱包括曲线的时间变化和驱动声源的特征各不相同，可以提取出不同人语音变化的特征来进行分析、对比、识别。

目前，主流的声音识别系统应用是：通过话筒录入人的声音，通过数字信号处理器数字化和软件压缩提取出声音图像信息，保存在数据库中，应用时将即时采集的声音与数据库中的特征信息进行匹配，做出身份鉴定。

（3）生物识别技术的缺点

生物识别技术具有广阔的应用前景，但也存在一些缺点和问题：

❶ 存在着一定的错误率，如错误接受率（FAR）和错误拒绝率（FRR）。

❷ 目前还没有任何一种单项生物特征在主要技术指标上占明显优势。基于各种不同生物特征的身份鉴别系统各有优缺点，分别适用于不同的范围。

❸ 对于不同的生物识别技术，缺乏统一的评价标准。

❹ 生物特征的唯一性受到了挑战，目前出现了生物特征的仿冒。

将几种生物识别技术结合在一起应用可以尽可能避免上述缺点，如指纹识别系统，可以结合面像识别技术来加强身份鉴定；或者增加某种生物特征的基本因素，如指纹识别，可以增加温度、压力、弹性等增强其生物特征，甚至增加一个指头的指纹来达到有效识别。

3.5 机器视觉

3.5.1 机器视觉的概念

计算机视觉（machine vision，MV）是20世纪中期迅速发展起来的一门新科学，目前它是人工智能领域较热门的研究课题之一，和专家系统、自然语言理解一起成为人工智能最活跃的三大领域。计算机视觉技术是用计算机模拟人眼的视觉功能，从图像或图像序列中提取信息，对客观世界的三维景物和物体进行形态和运动的识别，是集光学、电子学、图像处理、模式识别等先进技术为一体的一门新兴科学。

计算机视觉系统的产生，拓宽了人类的视觉范围。它在采集图像、分析图像、处理图像的过程中，其灵敏度、精确度、快速性都是人类无法比拟的，它克服了人类视觉的局限性。由于计算机视觉系统的这些独特性质，使它在各个领域的应用中显示出强大生命力。目前计算机视觉系统的应用已遍及航天、工业、农业、科学研究、军事、气象、医学等各个方面。因此，研究利用计算机视觉系统，对当今世界十分重要，它将推动科学和社会更快地向前发展，为人类做出重要的贡献。

机器视觉的核心技术是数字图像处理技术，数字图像处理是将各种图像信号转换为数字信号并利用计算机对其进行处理。数字图像处理技术从广义上可看作是各种图像加工技术的总称，它包括利用计算机和其他电子设备完成的一系列工作，如图像的采集、获取、编码、存储和传输；图像的合成和产生；图像的显示、绘制和输出；图像的变换、增强、恢复和重建；特征的提取和测量；目标的检测、表达和描述；序列图像的校正、图像的分类、表示和识别等。各种处理技术相互联系，一个实用的图像处理系统往往结合多种图像处理技术才能获得所需要的结果。数字图像处理技术具有再现性好、处理精度高、灵活性高、适用面广等优点。数字图像处理方法大致可分为三大类：空域法、频域法和数学形态学法。

典型的计算机视觉系统一般包括光学系统、摄像头、图像采集卡、计算机、图像处理软件等。其工作原理是利用光学系统使被测对象能够成像到作为计算机视觉传感器的摄像头上，经放大成帧、转换预处理等过程将图像离散数字化后输入计算机，再由计算机中设定的应用软件和预知识库的知识对图像中的有用信息进行提取，最后输出结果，如图3-15所示。

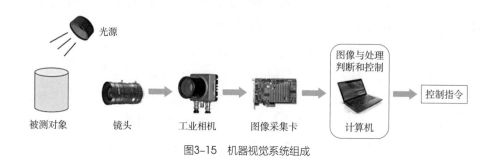

图3-15　机器视觉系统组成

图像的模式识别过程如图3-16所示。进行图像识别的第一步是图像信息的观测与获取，就是把图片等信息经系统输入设备数字化后，输入计算机以备后续处理；第二步是图像预处理，预处理的目的是去除干扰、噪声及差异，将原始图像变成适合于计算机进行特征提取的形式，包括图像的变换、增强、恢复等；第三步是图像特征提取，它的作用在于抽出能反映事物本质的特征，提取什么特征、保留多少特征与采用何种判决有很大关系；第四步是分类判决，即根据提取的特征参数，采用某种分类判别函数和判别规则，对图像信息进行分类和辨识，得到识别的结果。

图3-16　图像模式识别流程图

3.5.2　机器视觉研究和发展过程

自21世纪以来，由于计算机和传感器技术的发展，木材无损检测技术在应力波、超声波、X射线、机器视觉等方面飞速发展。通过应力波在木材中的传播速度和时间来辨识木材内部缺陷，但很难做到准确定位缺陷位置；利用超声波检测需要水或者油作为均匀介质，在实际应用中难以推广；X射线检测的对比度较低，不灵敏。鉴于木材薄而长的几何特点，在工业应用上以表面缺陷为主要检测内容，而且由于CCD工业相机的出现，机器视觉的图像采集具有低耗、廉价的特点，这使得机器视觉技术应用于木材缺陷检测领域成为可能。与传统检测方法相比，机器视觉检测具有自动化程度高、检测精度和检测效率高等优点，能对检测产品进行合格判断及偏差估计，实时监控和在线处理生产线上的产品，提高企业生产的智能化水平。

德国、美国、芬兰和日本等国率先将机器视觉应用于木材缺陷检测领域。德国HOMAG和IMA公司推出多款基于机器视觉的Wood Eyes设备，用于木材表面缺陷的检测。Wood Eyes扫描仪是世界领先的扫描系统，可检测和测量木材中所有类型的缺陷，确保检测质量，并在极高速度下实现最少的浪费，能满足客户对高产木材加工生产线的需求。芬兰Mecano公司针对多种不同材质的木材分析其各种缺陷，研发出稳定性较高的VDA系统。加拿大LMITechnologies公司生产的Chroma+Scan3350以高扫描速率将高密度3D轮廓与亚毫米2D彩色成像相结合，以获得令人印象深刻的木材表面特征识别。

20世纪90年代至21世纪，国内机器视觉起步于代理业务，在吸收国外机器视觉理论和技术的基础上，逐渐开始从图像采集和处理、品质控制、图像识别到应用系统的探索研究，机器视觉率先在特种印刷、焊接、喷涂等行业得到应用，使这些行业顺利实现自动化生产，其产品质量和生产效率也得到大幅提升。

21世纪，国内开始探索研发机器视觉的自主核心技术，机器视觉理论和技术也取得了重大突破，如在图像处理、图像分割、特征提取以及相机半导体器件等领域，国内机器视觉产品凭借良好的性价比和配套服务迅速占据国内市场，并开始在除汽车、制药、包装以外的行业（纺织、农产品、钢铁、报纸等传统行业）代替人工被广泛应用。

2010年至今，经过数十年的理论和技术积累，国内机器视觉在图像处理、特征提取、卷积神经网络、深度学习等理论和技术方面已经取得巨大进步，并被广泛应用于电子器件、食品、军工、汽车制造、检测检验等领域，尤其是在3C电子行业的应用，中国已成为继美国和日本之后的第三大机器视觉应用市场。

3.5.3　机器视觉在家居材料检查中的应用案例

目前，机器视觉已被应用于木材树种鉴定、缺陷检测与分类、原木自动化加工等制造领域。

（1）木材树种鉴定

用木材近红外光谱数据建立反向传播（back propagation，BP）神经网络模型，实现对木材树种的分类识别。但随着输出种类增加时，树种的区分难度就会增大，识别率会降低。根据能量意义来定义特征参数，采用环形Gabor滤波器将木材图像变换到联合空间频域中，利用模糊C均值聚类和形态学后处理操作分割出缺陷目标区域，达到了不错的识别精度，但方法实时性差、特征提取过程缓慢。在利用Gabor滤波器的基础上，利用小波变换进行木材缺陷的灰度及彩色图像识别，实现旋切单板的缺陷自动检测，同时引入能量符号距离函数克服C-V模型需要初始化的缺点，实现对复杂背景干扰下的木材缺陷识别。

（2）木材缺陷检测与分类

机器视觉具有无损、快速、准确和成本低等优点，在木材检测领域得到广泛研究和应用，为木材加工自动化提供了技术支撑。在木材无损检测领域，基于机器视觉的检测系统来实现缺陷的类型识别与分类的应用越来越多。通过输入的缺陷特征向量进行比对学习，最终达到对样本进行预测和分类的目的。采集到的木材图像需要通过图像分割、特征提取、分类识别等图像处理算法判别是否存在缺陷，如图3-17所示。

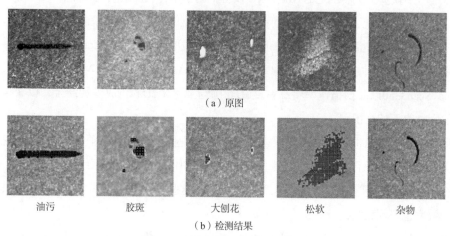

（a）原图

油污　　　　　　胶斑　　　　　　大刨花　　　　　　松软　　　　　　杂物

（b）检测结果

图3-17　刨花板表面缺陷检测与分类

（3）原木自动化加工

利用机器视觉对原木直径、尖削度和锯材尺寸、缺陷、髓心位置等信息的分析处理，可以快速实现原木检测和锯材分类等。将数字图像处理技术和表面缺陷检验以及木材的无损检测技术有机结合起来，应用于原木的旋切、下锯和原木检测中，可以实现选择最佳方法和在线实时控制处理，从而提高连续单板带的比例、锯材出材率和原木检测的精度和速度。

练习与思考题

1. 家居生产过程中的信息采集经历了哪几个阶段？各自都有什么特征？
2. 简述条形码技术的原理。
3. 简述条形码技术在家居制造中的应用。
4. RFID系统由哪些模块组成？
5. 简述RFID的工作原理。
6. 磁卡识别技术的特点是什么？
7. 简述机器视觉的原理。

第 4 章　　**家居成组技术**

🎯 **学习目标**

了解成组技术的基本原理；掌握零件分类概念、原理和分类编码的方法；熟悉成组技术在家居生产各环节中的应用。

成组技术（group technology，GT）起源于20世纪50年代欧洲国家。20世纪50、60年代，我国已有少数企业利用成组技术组织生产。20世纪70年代，日本、美国、苏联等许多国家把成组技术与计算机技术、自动化技术结合起来，发展成柔性制造系统，把相似的问题归类成组，寻求解决这一组问题相对统一的最优方案，以取得所期望的经济效益。成组技术与数据处理系统相结合，可从各种类型的零件中准确而迅速地按相似类型整理出零件分类系统，如设计部门可根据零件形状特征把图纸集中分类，通过标准化方法减少零件种类，缩短设计时间；加工部门根据零件的形状、尺寸、加工技术的相似性进行分类，组成加工组，各加工组还可采用专用机床和工夹具，进一步提高机床的专业化、自动化程度。由此依据实施范围不同，出现了成组设计、成组管理等分支，同时，按照相似性归类成组的信息不同，又出现了零件成组、工艺成组、机床成组等方法。20世纪70年代后，成组技术的发展已超出机械制造范围，逐渐进入家居制造等其他领域，成为一门综合性的科学技术。

4.1 成组技术概述

4.1.1 成组技术的诞生

成组技术的诞生经历了一个漫长的演变过程，如图4-1所示。

早在几千年前，人类在认识自然和改造自然的长期实践过程中就发现宇宙间的万物都存在着普遍的联系和相似现象，并由自发到自觉地按照"比较鉴别、分类归组和借助适宜方法统一处理"的思路来有效地利用客

图4-1　成组技术的诞生过程

观存在的相似性。例如，我国古代把儒家经典划分为"四书""五经"，按"六艺"组织教务长学活动；西方生物学家把生物划分成"属"和"种"，鸡是翅膀退化了的鸟，老虎和猫是同一科的成员等。这些都体现了"相似成组"的理事哲理，或者称为成组哲理。

19世纪初至中叶，产业革命使手工生产变为机器生产，社会生产力和近代科技的发展，使人们认识事物的能力出现了质的飞跃，也逐步深化了人们对相似概念的认识，从生产行业、学科领域的划分，到各行业、领域的组织结构、事物细化分类，都无一例外地应用了成组哲理。以大生产装备基础的机器制造业，在其发展过程中，也粗浅而自然地运用了上述哲理，如按产品功能划分企业，按工艺相似性组织车间等。20世纪50年代，机械制造业高速发展，在机械生产中，有以汽车工业为代表的少品种、大量生产和以一般产业机械及机床工业等为代表的多品种、中小批量生产。在大量生产时，采用花费很多时间和费用制造的高度自动化专用生产设备，可以得到较高的生产率。与此同时，在多品种、中小批量生产时，在多数情况下，一般采用通用设备，需要改变各种准备工作才能进行加工，所以劳动集中性较强，生产管理工作复

杂，生产率也较低。因此，为了降低成本，必须以有组织的方法将相似零件集中起来，增加每批生产件数，提高生产效率，并采用较高效率的自动化加工方法。为实现这一目的，20世纪50年代末于欧洲研制的成组技术（GT）就是一种行之有效的方法。

在家居制造业，家居产品的零件造型多变，尺寸多而复杂，再加上现在人们对个性化产品的偏爱，使得产品的批量越来越小，生产效率低，生产周期长，限制了先进制造技术的应用，再加上生产准备工作量大，生产计划、组织管理复杂化，相应增加了产品成本。要想降低产品成本，只能从生产工艺中寻求解决办法，利用相似性原理的成组技术可以把小批量转化为大批量，成组技术在家居行业的应用应运而生。成组技术应用于家居制造业，是将家居品种众多的零件按其工艺的相似性分类成组，形成俯拾即是的零件族，把同一零件族中诸多零件分散的小生产批量汇集成较大的成组生产批量，从而使小批量生产能获得接近于大批量生产的经济效果。这样，成组技术就巧妙地把品种多转化为"少"，把生产量小转化为"大"，这就为家居制造业多品种、小批量生产的经济效益的提高提供了一种有效的方法。家居制造企业全面采用成组技术，从根本上影响企业内部的管理体制和工作方式，提高了标准化、专业化和自动化程度。同时，在家居制造过程中，成组技术也是计算机辅助制造的基础，将成组理论用于设计、制造和管理等整个生产系统中，改变了多品种、小批量的大规模定制家居生产方式。

4.1.2 成组技术的概念

成组技术就是将企业的多种产品、部件或零件，按一定的相似性准则（形状、尺寸、制造工艺）进行分类编组，并以这些组为基础，组织生产中的各个环节，实现多品种、小批量生产的产品设计、制造和管理的合理化，从而克服传统小批量生产方式的缺点，使小批量生产能获得接近大批量生产的技术经济效果。成组技术的实质是在复杂而多样的事物或信息中，找出许多问题的相似性，把相似问题分组，就能使复杂问题简化，从而找出解决这一组问题的同一方法或答案，并节省时间和精力。

对家居企业而言，成组技术就是将结构、材料、工艺相似的零件成零件族（组），并针对零件族专门设计工艺进行生产，以此扩大加工批量、减少零件品种、提高劳动生产率的生产技术，是柔性生产、大规模定制家居等先进制造模式的基础，其核心是成组工艺。家具零件的相似性是广义的，在几何形状、尺寸、功能要素、精度、材料等方面的相似性为基本相似性，以基本相似性为基础，在家具制造、装配、生产、经营、管理等方面所导出的相似性，称为二次相似性或派生相似性。成组技术作为一门综合性的生产技术科学，更是CAD、CAPP、CAM、FMS等先进制造技术的基础。

4.1.3 成组技术的发展经历

在20世纪50年代前，苏联、美国、瑞典等国家的一些工厂就创造性地将成组思想用于零件加工，并取得了一定效益；到《成组工艺的科学原理》（米特洛诺夫，1959年）和《零件统计》（奥匹兹，1960年）两部专著问世，才首次提出成组技术（GT）的基本原理，GT才作为一个被公认的新概念引起了工业界的广泛兴趣，并形成一个发展迅速的应用学科。

由于GT开始是作为一种先进工艺方法应用于机械加工领域，被称为"可以使小批生产获得流水式生产相似经济效益的技术"，因此国内当时将GT译作"成组加工"。后来，按零件结构和工艺相似性分组、加工的原理迅速扩展应用到整个工艺领域，据此，国内又将其译作"成组工艺"，并演绎出"成组冲压""成组铸造""成组装配"以及"成组工装"等翻译。

鉴于国外GT在机械制造业中应用领域的进一步扩展到产品设计和生产管理，其实施水平和手段也提高到运用系统工程、信息工程等近代科学理论及采用数控和计算机等新技术，考虑到GT含义及其已有译词的局限性，于是在1979年，国内推出了GT新译词——成组技术，可见GT经历了成组加工到成组工艺再到成组技术的发展。

总结来看，成组技术的发展大致经历了三个阶段。

第一阶段是单机加工阶段。单机加工采用成组技术是全总系统采用成组技术的前提和基础。同一加工零件族内的零件有相似的外形，尺寸大致相同，有相同的加工方法，且能在相同的机床上生产，就比较容易实现成组技术，达到预期的目的，因为这样可以减少调刀和调机时间、调整模夹具时间及首件确认时间。如果在此基础上建立零件编码系统，就可以在整个加工系统推广应用成组技术，因此零件编码系统也极具重要性，它能为今后发展打下基础。

第二阶段是单元系统阶段。单元系统由多个单机加工系统组合而成。单元系统分布在从原材料到成品的整个生产过程。单元系统可能由多机床组成流水线，也可能是机床成组、车间、工段的成组布局，若再配成组工具和夹具等，成组技术的应用则会迈上一个新台阶。

第三阶段是整个加工系统阶段。是从设计、资材、生产、销售，甚至包括人力资源等整个制造系统都在应用成组技术的阶段。成组技术发展所遇到的关键问题是被加工零件的成组性差和零件的编码困难，信息量太大，处理信息比较困难。但目前随着ERP等先进管理技术以及计算机和网络技术的快速发展，有效地解决了这些成组技术应用时的困难。

4.1.4 成组技术与制造业零件编码间的关系

通过对成组技术概念的理解，可以看出根据零件的几何特征和工艺特征对零件进行分类编码是成组技术的首要任务，也是基础。零件的分类是把零件分成一个个零件族（组），这种分类是建立在零件的相似性分析上。只有零件分类的科学合理，成组工艺才能得以顺利进行。

4.2 信息分类编码

4.2.1 信息分类概述

1986年，原国家标准局颁布的《信息分类编码标准的规定》中对"信息分类"的定义是：信息分类就是根据信息内容的属性和特征，将信息按一定原则和方法进行区分和归类，并建立起一定的分类系统和排列顺序，以便管理和使用信息。

从信息分类定义来看，信息并不是随意划分的，而是要依靠信息主题内容及其特征来划分。类目之间的差别不只在于名称，更重要的是名称背后所蕴含的事物特征。其本质可用图4-2来表示。

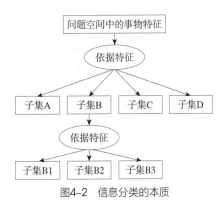

图4-2 信息分类的本质

（1）信息分类的特点

根据信息分类的概念可以得出，信息分类主要有以下几个方面的特点：

❶ 分类是人类认识事物的基础。分类是人们分析、总结事物的相似性与特殊性的手段。

❷ 分类是知识的重要表现形式。知识往往通过分类来体现，分类是人类通过科学观察、试验等途径总结出来的，是人类认识的体现，分类结果积累下来就是知识。分类结果不单单是一张分类表，更多的内容是关于分类表中各分类（类目）的特征。

❸ 分类是描述事物特征的重要手段。分类的依据是事物特征，反过来，事物的特征可以通过分类来描述。

（2）信息分类的基本原则

信息分类应遵循以下原则：

❶ 科学性。通常要选择事物或概念（即分类对象）最稳定的本质属性或特征作为分类的基础和依据。

❷ 系统性。将选定的事物、概念的属性或特征按一定排列顺序予以系统化，并形成一个合理的科学分类体系。

❸ 可延展性。通常要设置收容类目，以便保证增加新的事物或概念时，不至于打乱已建立的分类体系。同时，应为下级信息管理系统在本分类体系的基础上进行延拓细化创造条件。

❹ 兼容性。分类应与有关标准（包括国际标准）协调一致。

❺ 综合实用性。分类要从系统工程角度出发，把局部问题放在系统整体中处理，达到系统最优，即在满足系统总任务、总要求的前提下，尽量满足系统内各有关单位的实际需要。

4.2.2 信息分类编码

分类编码是制造业实施成组技术和物料管理的基础，物料是信息采集过程中数据管理（PDM）系统中的一个重要组成部分，是所有物料的代号，物料编码是建立条形码信息编码库的关键。编码是由数字、字母和连按符等符号组成的符号串，它们与事物对象或事物分类的类目对应，是事物或事物类的代表。编码系统是产品数据管理系统中的一个重要组成部分，实现企业的统一编码是企业信息化的基础。因此，在物料编码的过程中应包含物料的所有信息以及附加信息等，同时，在对物料进行编码之前，还需了解事物特征及其与事物分类、信息系统之间的关系。

家居分类编码（furnishings classification coding，FCC）指用数字或字母来表示家具的属性、功能、材料、类别等特征，是人们统一认识、交换家具企业物料信息的一种技术手段，是各类信息系统的重要基础，是信息交换的共同语言。家居物料的规范化管理，需对企业所有物料进行合理分类和编码，从而规范原辅材料、半成品、成品等的接收、交接、入库、出库、储存搬运及发货等，达到快速准确的信息采集与处理。分类编码好坏直接影响家居智能制造技术的发展和信息化生产管理水平的提升。

在建立家居零件分类编码系统时，需考虑以下因素：

❶ 零件类型。零件类型即家居零件形状性质，如板件、框架、柱形零件、条块零件等几个模块。

❷ 代码所表示的详细程度、代码的结构。主要是代码所代表的家具零件部位特征和规格、型号等，能够充分、全面、准确地描述零件信息。

❸ 常用代码数制。主要有二进制、八进制、十进制、字母数字制、十六进制等。

❹ 代码的构成方式。代码一般由一组数字组成，也可以由数字和英文字母混合组成。

❺ 代码的要求。每一个零件必须是无二义和完整的唯一代码。

❻ 代码表现形式。应该是简明的，容易被计算机理解和处理，易于被工程人员理解，易于编程。

❼ 编码系统。需要考虑编码系统与CAD、CAM的链接和企业的应用要求。

实际应用中，越短且具有唯一性、完整地代表所要描述的零件特征的编码更受欢迎。但同时无论分类编码系统多么的复杂和详细，往往都不能详尽地描述零件的全部信息。因此，分类编码系统一般只在宏观上描述零件信息，而不过分追求零件信息的全部细节。

4.2.3 代码的种类和类型

（1）代码的种类

代码的种类很多，按照编码对象的不同可分为标识码和特征码，特征码也可按编码对象的不同分为分类码、结构码、状态码、取值码等。代码种类及名称如图4-3所示。

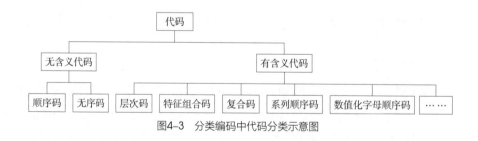

图4-3 分类编码中代码分类示意图

（2）代码的类型

代码的类型一般有以下几种：数字型代码、字母型代码、数字与字母混合型代码。

❶ 数字型代码。数字型代码是用一个或多个阿拉伯数字表示编码对象的代码，可简称为数字码。其特点是结构简单、使用方便，但对编码对象特征描述不直观，是目前广泛采用的一种形式。

❷字母型代码。字母型代码是用一个或多个字母表示编码对象的代码，简称字母码。其主要特点是代码容量大，便于记忆，但不便于机器处理信息。因此，这种代码常用于编码对象较少的情况。

❸数字与字母混合型代码。数字与字母混合型代码是由数字、字母组成的代码，或数字、字母、专用字符组成的代码，简称字母数字码或数字字母码。其特点是兼具数字型代码、字母型代码的优点，结构严密，具有良好的直观性，同时又有使用上的习惯。其缺点是计算机输入不方便，录入效率低，错误率增高，不便于机器处理。

上述三种代码类型，有时为改善代码的直观性，当代码较长时，也可根据需要在代码中间添加","""、""-"等分隔符号或采用"空格"的形式。

4.2.4 分类编码系统结构形式

在成组技术中，编码的结构有三种形式：树式结构（分级结构）、链式结构以及混合式结构。

（1）树式结构

码位之间是隶属关系，即除第一码位内的特征码外，其他各码位的确切含义都要根据前一码位来确定。树形结构的分类编码系统所包含的特征信息量较多，能对零件特征进行较详细的描述，但结构复杂，编码和识别代码不太方便。

（2）链式结构

链式结构也称为并列结构或矩阵结构，每个码位内的各特征码具有独立的含义，与前后位无关。链式结构所包含的特征信息量比树式结构少，但结构简单，编码和识别也比较方便。OPITZ系统的辅助码就属于链式结构形式。

（3）混合式结构

系统中同时存在以上两种结构。大多数分类编码系统都采用混合式结构，如OPITZ系统、KK系统等。有了编码后，就可以使用应用工艺数据管理软件进行工艺规划。有了应用软件，可借助人机交互接口实现数字的设计与管理。

4.3 家居编码

4.3.1 家居企业编码存在的主要问题

从1979年全国产品目录统一编码座谈会第一次提出信息分类编码标准化后，在各方面的共同努力下，我国的信息分类编码标准化发展迅速，在管理机构建设、健全有关制度、标准贯彻、专业人员培训、资料收集翻译、情报交流、理论研究以及国际交往活动等方面都做了大量工作，取得可喜的成绩。到目前为止，我国已经制定和发布三十余项信息分类编码国家标准。

由于我国现行家居行业编码缺乏一个统一的标准，各企业都有各自不同的编制方法，并在各自的企业内部应用，但都存在一定的不完整性，主要表现在以下几个方面。

（1）没有规范的编码原则

目前很多家居企业都存在这样的问题，这是家居企业能否成功编码的关键，由于缺乏规范的编码原则，许多家居企业的物料编码存在许多不合理之处或编码工作半途而废。

（2）没有统一的编码管理

因缺乏物料编码的统一管理，各部门均按各自需要进行编码，由于思维方式的差异，致使编出的编码错误、重复较多，久而久之，使整套编码漏洞百出。如很多家居企业都没能很好地对家居物料科学合理地分类，由于缺少统一性、编码不齐全、产品不规范、产品特征代码位数不能确定等造成了产品编码位数不一致、长短不一等问题。

（3）没有统一的编码标准

现行家居行业编码没有统一标准，各企业都有各自不同的编制方法，编码字符不能统一，有数字型代码、字母型代码和混合型代码等，且代表含义不一样，这样不仅复杂，且不便于计算机录入、容易出现差错。

（4）编码具有不完整性

由于未考虑企业物料编码的长远性，在编码时未能留有适当的扩展代码，且有的企业还存在同一企业编码规则不统一、编码难记忆、代码顺序不一致等现象。

4.3.2 家居企业编码规范化

根据目前家居企业编码情况进行分析总结，现行家居企业编码可从以下几个方面进行更改。

（1）应解决目前编码规则不完善的现状

依据企业现况需要对物料进行科学合理分类，根据编码规则，保证产品编码的"唯一性"，同时将编码字符进行统一，不能混淆，特别是含字母和数字的组合编码更应统一，方便计算机记忆，且在输入时减少错误，对物料编码最好都能统一用数字进行表示。

（2）应重视编码的规范性

尽管各企业或多或少都对产品、零部件等物料进行编码，但都存在编码不规范、编码长短不固定、编码中分类代码复杂以及过多采用借用、暗示、联想、流水等手法来表示其特性，以期达到易于记忆的目的，但实际往往在计算机输入与操作过程中存在不便，也容易出现差错，所以家居物料编码的规范化就尤为重要。

（3）应确保足够的代码资源，着眼于家居企业未来的长远发展

根据几个企业的调查研究分析可知，多数编码都只限定企业的现有物料，所以很多编码都不具有扩展性，一旦遇到新产品或物料出现时又要进行重新编码，费心劳力。

（4）应方便管理，避免混乱

以标准化及工艺革新需求，家居企业编码存在不规范，缺乏统一标准，且编码管理上存在不科学、不合理，随意变动性大，识别性不明显等问题，导致企业普通员工只知道编码，并不清楚编码的含义。

（5）应统一编码，为ERP管理系统做准备

对企业而言，要想实现ERP管理，物料清单（BOM）是非常重要的环节，而物料编码又是其中的关键环节，必须高度重视，才能使企业的管理更科学、合理，才能使企业降低成本、提高生产效率。

4.3.3 家居编码规范化原则

家居企业进行编码时，应首先弄清楚以下几个方面原则。

（1）对编码含义的理解

编码是给事物或概念赋予一定规律性代码的过程，代码表示特定事物（或概念）的一个或一组字符。人在识别物料时，往往能直观地确认物料的各种属性，但对计算机而言，其识别和检索物料的首要途径是物料代码，因此，对家居物料进行编码时，必须使代码具有识别性。

（2）对编码管理的理解

家居编码制定和管理过程中，家居物料代码应由企业生产各部门共同制定，如研发部、生产部、仓库、采购部、销售部、财务部等，不能单靠某一个部门进行定义。只有在对物料结构、工艺等充分理解的基础上才能制定出高质量的编码。同时，对企业而言，要保证家居编码的统一性，如企业从不同的供应商采购相同的产品，则应按企业编码规则重新编码，使其统一。

（3）制定编码原则

家居编码如同其他物料编码一样，都必须遵循唯一性、简单性、分类性、扩展性、完整性、一贯性、易记性等原则。家居企业进行编码时，必须遵循一物一码，避免重复。在一些特殊的物料编码过程中，不能一物一码时，应尽可能将分类更为具体一些。如零件编码中，对零件的规格代码即采用分段的方式进行赋予代码，进而组成同一零件族的编码。同时，生产所用的物料必须按一定标准分成不同的类别，使同一类物料在某一方面具有相同或相近的性质，要将家居生产的物料种类化繁为简；对现有家居生产物料进行分类时，还必须对未来可能出现的物料进行考虑，有必要在现有分类基础上留有足够空位，便于未来穿插新增物料。在赋予代码时，应尽量采用一些通常使用的方便记忆的富有某一特定意义的数字、数字组合或符号，便于记忆。编码原则之间既相辅相成，又可能相互冲突，故在编码时应综合考虑。

4.3.4 家居编码规范化要求

在进行家居编码时，不仅要符合编码的原则，在进行编码的过程中，还应做到以下几个方面。

（1）家居企业物料分类的规范化

分类是人类认识家居物料的基础，是否科学合理，是家居编码能否合理的关键所在。其结果不只是一张分类表，更多的内容是关于分类表中各分类的特征，是描述事物特征的重要手段。在进行家居企业物料具体分类时，必须遵循科学、系统、可延展、兼容综合运用等分类原则。在满足系统总任务、总要求的前提下，尽量满足系统内各有关单位的实际需要。

（2）编码中代码的规范化

家居编码中代码的表示方法主要有英文字母法、数字法和混合法等。数字法特点是结构简单，使用方便，对编码对象特征描述不直观，但有利于计算机管理，是目前广泛采用的一种形式。英文字母法的主要特点是代码容量大，便于记忆，但不便于机器处理信息，因此，这种代码常用于编码对象较少的情况。混合法的特点是兼具数字型代码、字母型代码的优点，结构严密，具有良好的直观性，同时又有使用上的习惯，其缺点是计算机输入不方便，录入效率低，错误率增高，不便于机器处理。在实际应用中，编码的具体实施应力求简明、减少使用英文字母、避免使用特殊符号等，代码尽量多使用数字进行表示。

（3）编码格式的规范化

同一企业编码长度应一致，如果在实际编码时很难求取代码位数一致，则至少要求在同一分类中保持位数一致。如在编码时，油漆和包装材料的编码可能长短差距较大，可以将油漆与包装材料各自使用一致长度的编码。另外一种方式是将编码不够的位数以"0"来补齐。

（4）编码管理的规范化

在制定编码前，必须要有专门的部门进行管理、制定，并能随时通过企业的各个部门进行验证，及时发现问题并予以更正，而且应考虑到物料的扩展性。但编码一旦制定，就应该是各个部门共同遵守的规范性文件，不能随意改动。

4.3.5 家居分类编码举例

（1）家居产品编码

家居产品编码规则主要是按产品的材质、功能、类别等属性进行分类，然后根据家居产品具有的突出特征，如产品颜色等，进行分类并赋予特征代码；其次根据赋予产品数量代码，最后将代码按顺序组合起来，确定编码方式。具体产品的编码规则如图4-4所示。

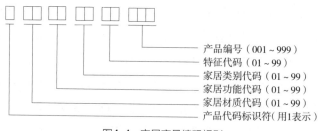

图4-4　家居产品编码规则

（产品编号（001~999）
特征代码（01~99）
家居类别代码（01~99）
家居功能代码（01~99）
家居材质代码（01~99）
产品代码标识符（用1表示））

结合产品编码的特征，进行说明：

❶ 产品代码标识符。主要是用于区别产品和其他物料编码的代码。

❷ 家居材质代码。详细见表4-1。

表4-1　家居材质代码表

材质	板式	玻璃	金属	聚酯	软体	石材	实木	塑料	藤	竹子	其他
代码	01	02	03	04	05	06	07	08	09	10	11

❸ 家居功能代码。详细见表4-2。

表4-2　家居功能代码表

代码	1	2	3	4	5	6	7	8	9	0
1办公	办公室	会议室	电脑室	写字楼						其他
2宾馆	宾馆	饭店	酒吧	酒店	旅馆					其他
3交通	车站	船舶	飞机	机场	列车	码头	汽车			其他
4民用	餐厅	厨房	儿童	客厅	门厅	书房	卫生间	卧室		其他
5商业	博览厅	服务业	商场	商店						其他
6学校	标本室	多媒体室	教室	餐厅	实验室	图书馆	公寓	阅览室	制图室	其他
7医疗	疗养院	医院	诊所							其他
8影剧院	报告厅	会堂	剧院	礼堂	影院					其他
0其他	……									

❹ 家居类别代码。详细见表4-3。

❺ 特征代码。指家居产品具有比较突出的特征，如产品颜色表示。

❻ 产品编号。主要是指生产同样产品的流水号。

表4-3　家居类别代码表

代码	1	2	3	4	5	6	7	8	9	0
1床榻类	单人床	儿童床	高低床	沙发床	双层床	双人床	睡榻			其他
2柜类	陈列柜	床头柜	斗柜	地柜	酒柜	书柜	鞋柜	衣柜	厅柜	其他
3架屏类	报刊架	花架	屏风	书架	鞋架	衣架				其他
4沙发	单人类	三人类	双人类	组合类						其他
5台几类	吧台	班台	茶几	电话几	花几	接待台	梳妆台	写字台		其他
6箱类	书箱	文件箱	衣箱							其他
7椅凳类	长凳	圈椅	方凳	扶手椅	靠背椅	圆凳	折叠椅	转椅		其他
8桌类	餐桌	电脑桌	会议桌	课桌	书桌	玄关桌	职员桌			其他
0其他	……	……	……	……	……	……	……	……	……	

❼ 举例说明。101482801111表示板式家居中民用卧房家居的第111个衣柜，颜色为材料自身的色彩；102533302100表示玻璃家居中商场家居的第100个屏风，颜色为白色。

（2）家居零件编码

家居零件编码主要由零件加工工艺性来确定，具体可将零件分为板件、框架、条块状、抽盒、柱状等，再根据零件在产品中的使用部位、零件的规格、型号等特征分别赋予代码，然后组成零件编码，由十二位数构成。具体的编码结构如图4-5所示。

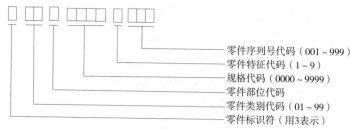

零件序列号代码（001～999）
零件特征代码（1～9）
规格代码（0000～9999）
零件部位代码
零件类别代码（01～99）
零件标识符（用3表示）

图4-5　家居零件编码规则

结合零部件编码的特征，进行说明：

❶ 零件类别代码。详细见表4-4。

表4-4　零件类别代码表

代码	1	2	3	4	5	6	7	8	9	0
1板件	背板	侧板	底板	搁板	门板	旁板	面板	望板		
2抽盒	轴侧板	抽底板	配件	抽后板	抽面板	抽前板				
3框架	横档	后档	前档	中档						
4条块状	挡块	侧枝	床刀	隔条	拉挡	立挡	椅靠背	装饰条	中撑	
5柱状	餐台腿	餐椅腿	床柱	挂衣棍	圆脚盘					
……	……	……	……	……	……	……	……	……	……	……
0其他	连接木	三角木	面铣型	异型件						

❷ 零件部位代码。详细见表4-5。

表4-5　零件部位代码表

部位	前	后	左	右	上	中	下	顶	底	其他
代码	1	2	3	4	5	6	7	8	9	0

❸ 零件规格代码。零件规格代码主要根据零件加工的工艺性进行确定。这里用四位数字表示，第一位表示零件长度，第二位为宽度（直径或其他特性），第三、第四位为厚度（角度或者扭曲程度）。

❹ 零件特征代码。零件特征代码主要是指零件的某些特性，没有特征此位预留用0表示。

❺ 举例说明。312323080101表示某产品的第101个左侧板，规格尺寸为长度在301～600mm、宽度在601～900mm、厚度为8mm的板件。

（3）家居五金编码

五金件是家居装配时用来连接家居零部件的连接器。随着家居的发展，五金件的种类也越来越多，功能也从连接作用向装饰等方面扩展。根据五金的特点，可先将其分为活动件、紧固件、支承件、锁合件及装饰件五大类，再根据五金件产品的型号、规格、功能结构等进行分类编码，确定家居五金编码结构，如图4-6所示。

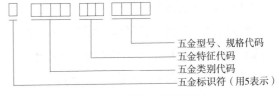

图4-6　家居五金编码规则

结合五金件编码的特征，进行说明：

❶ 五金类别代码。五金配件功能可分为：活动件、紧固件、支承件、锁合件及装饰件等，然后再细分中小类。

❷ 五金特征代码。五金特征代码主要是指五金件中一些有明显特征的地方进行归类编号组成代码，如生产厂家、颜色等，具体的制定要根据实际情况进行确定，如没有就以000表示。

❸ 五金型号代码。根据各种五金件的外观形状等特性来确定，如五金件的规格尺寸等，但所有的代码需控制在四位数以内，不够四位数的以0补充。

编码规则中五金件的类别代码见表4-6，以紧固件为例的五金件型号代码见表4-7。

表4-6　五金件类别代码表

五金大类	活动件	紧固件	锁合件	支承件	转动、滑动件	其他五金件	……
代码	1	2	3	4	5	6	……

表4-7　紧固件类别代码表

大类名称	大类代码	中类名称	中类代码	小类名称	小类代码
紧固件	2***	木质紧固件	21**	圆钉	2101
				木螺钉	2102
				气枪钉	2103
				秋皮钉（鞋钉）	2104
				泡钉	2105
		金属紧固件	22**	铆钉	2201
				半空心铆钉	2202
				空心铆钉	2203
				管状铆钉	2204
				抽芯铆钉	2205
		……	……	……	……

（4）家居工艺编码

根据木家居制造工艺过程的分类分析，结合各加工工段的特点以及工序的差别，将家居企业的工艺过程编码确定为以下结构，由零件加工过程中的工艺过程识别代码、工段类别代码、工序代码、设备代码和工艺路线代码构成，如图4-7所示。

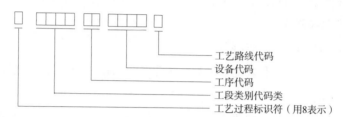

图4-7　家居工艺编码规则

结合五金件编码的特征，进行说明：

❶ 工段类别代码。根据上节工段分类情况的代码确定。

❷ 工序代码。工序代码指在具体的工艺过程中某一工序的名称代码，见表4-8，用两位数字表示。

表4-8　实木配料工序分类代码表

	工序名称	选料	横截	纵剖	检验
工艺路线1	工序代码	01	02	03	04
	设备名称	工作台	圆锯	带锯	工作台
	设备代码	0000	0403	0401	0000
	工序名称	选料	纵剖	横截	检验
工艺路线2	工序代码	01	02	03	04
	设备名称	工作台	带锯	圆锯	工作台
	设备代码	0000	0401	0403	0000
……	……	……	……	……	……

❸ 设备代码。设备代码指在某一工序过程中所用到的设备，如没有具体设备就用0000表示工作台。

❹ 工艺路线代码。工艺路线代码指生产线的区别符，如1表示第一条生产线，2表示第二条生产线等。由于家居生产的材质不同，且材质又各有特点，家居生产工艺也会存在很大的差异，按家居生产材料不同，生产工艺分类代码见表4-9。根据实木家居零部件的分类特征，结合家居企业实际生产情况，又可将实木家居工艺过程分为各个工段，其分类并赋予代码，见表4-10，其他工艺如弯曲工段、装配工段、涂饰工段等分类编码可依次类推，分类代码从略。大多数家居企业的生产或多或少都需要用到各种机床，根据实木家居零部件的特征以及企业生产过程中常用的设备进行分类，见表4-11。

表4-9　家居生产工艺分类代码表

工艺大类	玻璃家居生产工艺	金属家居生产工艺	木家居生产工艺	软体家居生产工艺	塑料家居生产工艺	腾竹家居生产工艺	……	其他工艺
代码	1	2	3	4	5	6	……	0

表4-10　家居生产工段类别代码表

大类名称	大类代码	中类名称	中类代码	小类名称	小类代码	细分类	细类代码
木家居生产工艺	4***	实木零件生产工艺	42**	干燥	421*	干燥	4211
				配料	422*	配料	4221
				毛料加工	423*	基准面、边加工	4231
						其他面、边加工	4232
				净料加工	424*	榫头加工	4241
						榫眼和圆孔	4242
						榫槽和榫簧加工	4243
						型面和曲面加工	4244
						表面修正	4245
				……	……	……	……

表4-11　家居生产设备代码表

大类名称	大类代码	小类名称	小类代码	大类名称	大类代码	小类名称	小类代码
刨床	01**	平刨	0101	数控机床	07**	电子开料锯	0701
		单面压刨	0102			数控曲线锯	0702
		双面刨	0103			数控开榫机	0703
		三面刨	0104	涂饰设备	08**	水砂机	0801
		四面刨	0105			抛光机	0802
		精光刨床	0106			空压机	0803
车床和圆榫机	02**	普通车床	0201			淋涂机	0804
		端面车床	0202	铣床	09**	单轴铣床	0901
		仿型车床	0203			多轴铣床	0902
		圆榫机	0204			镂铣机	0903
封边机	03**	直线封边	0301	钻床和榫槽机	10**	普通钻床	1001
		曲线封边	0302			多轴排钻	1002
		其他封边	0304			榫槽机	1003

续表

大类名称	大类代码	小类名称	小类代码	大类名称	大类代码	小类名称	小类代码
锯机	04**	带锯机	0401	组装和涂布机	11**	装配机	1101
		排锯机	0402			涂胶机	1102
		圆锯机	0403			剪切机	1201
开榫机	05**	木框榫	0501			热压机	1202
		长圆榫	0502	其他设备	12**	冷压机	1203
		直角榫	0503			弯木机	1204
		燕尾榫	0504			真空模压机	1205
砂光机	06**	普通带式	0601				
		宽带	0602				
		辊式	0603				

4.4 家居成组生产系统

4.4.1 成组工艺过程设计

成组工艺的设计方法一般有两种：复合零件法和复合路线法。

（1）复合零件法

复合零件法是利用一种所谓的复合零件来设计成组工艺的方法。复合零件既可以是零件组中实际存在的某个具体零件，也可以是一个人为虚拟的假想零件。复合零件必须拥有同组零件的全部待加工表面要素。组内各零件的具体工艺是在成组工艺基础上删除各自所没有的工序内容后得到的。

（2）复合路线法

对于家居零部件中多数非回转体类零件来说，因其形状不规则，要虚拟和采用复合零件便十分困难。因此，设计非回转体类零件一般不用复合零件法，而改用复合路线法，其与复合零件法的实质是一样的。

4.4.2 成组生产组织形式

成组生产系统最适宜的基本生产组织形式是成组生产单元。成组生产单元是在规定的生产面积内布置与加工族相对应的一组生产设备，形成一个以加工族为生产对象的专业化基本生产组织。一般情况下，成组生产单元能完成相应加工族中诸零件的全部或部分加工任务。

成组生产单元可以有以下四种类型：单机成组生产单元（成组单机）、多机成组生产单元、流水成组生产单元（成组流水线）、自动化成组生产单元。

（1）单机成组生产单元（成组单机）

单机成组生产单元及其设备布置如图4-8所示，主要用于单一工序或少工序的零件成组加工。该成组生产单元的特点是该生产单元中只有一种类型的机床，每台机床上执行的是成组工序。

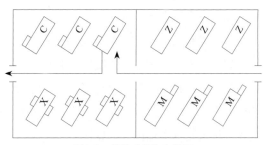

图4-8 单机成组生产单元

（2）多机成组生产单元

多机成组生产单元及其设备布置如图4-9所示。一般指的成组生产单元均属于这种类型，它用于多工序零件的成组加工。根据机床组负荷的情况，成组生产单元可以完成一个加工族或若干工艺上相近的加工族的生产。生产单元的设备可以按照加工族的成组工艺路线布置。由于加工族内诸零件的加工工序顺序和数目不尽相同，因此，允许某些零件在生产单元内作非单向流动或"超越"某些工序机床。

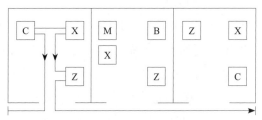

图4-9 多机成组生产单元

（3）流水成组生产单元（成组流水线）

流水成组生产单元及其设备布置如图4-10所示。它是多机成组生产单元的高一级形式，常用于零件产量较大、零件间相似性更高的场合。因此，流水成组生产单元常能保证零件作单向流动，但并不要求严格的生产节拍。各种零件在各工作的加工工时不等时，应在设备布置时考虑有适当的零件存放地或增加备用机床。此外，尚应采用合理的方法组织工作地之间运输以及配置各工作地装卸装备。

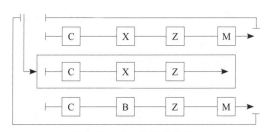

图4-10 流水成组生产单元

（4）自动化成组生产单元

自动化成组生产单元是成组流水线高一级的形式，实现了成组生产单元生产的自动化，故也可称为柔性自动生产线。自动化成组生产单元除了能生产多种工艺相似的零件、具有较大的柔性以外，还有较高的设备利用率。

4.4.3 零件分类成组方法

成组技术将零件分类主要划分为以下三种方法：视测法、生产流程分析法和编码分类法。

（1）视测法

视测法是由有生产经验的人员通过对零件图纸仔细阅读和判断，把具有某些特征属性的一些零件归结为一类的方法。该方法主要依据工艺人员的生产经验，对人的依赖性过大，受个人偏见或局限性所限定。

（2）生产流程分析法

生产流程又称工艺流程，是将产品从毛坯加工到成品时通过某些设备依次连续加工的过程。生产流程分析法是工艺设计人员通过查看企业内部各种工艺规程和报表对零件生产流程分析，把工艺过程相近的，即使用同一组机床、刀具或夹具进行加工的零件归为一类。可按工艺相似性将零件分类，以形成加工族或工艺族。通常需要企业有较完整的工艺规程及各种设备明细表等技术文件来辅助工艺设计人员完成零件的分类。这种方法用于分选工艺相似的零件族时效果显著，但是用于分选结构相似的零件族时却收效甚微。

（3）编码分类法

当大量信息需要存储和排序时，通常都使用编码分类法。编码分类法主要是利用编码系统将零件进行编码，系统根据零件的编码将零件几何形状、复杂程度、规格尺寸、精度、材料类型等设计特征相似的零件分为同一组。常用的编码分类法有以下三种：

❶ 特征码位法。特征码位法是在分类编码系统的各码位中选取一些特征较强、对划分零件族影响较大的码位作为零件分组的主要依据，而其余码位予以忽略。凡零件编码中的相应码位相同者归属为一类。

❷ 码域法。基于零件的组成特点、设备加工的范围和负荷以及工艺装备等条件制定分组的码域，即包容分组特征的一个区域。如果部分代码位于代码域内，则可以将这些零件划分到同一部分组。码域法是对特征码位上的数据规定某一范围，而不是要求特征码位上的数据完全相同。

❸ 特征码域法。特征码域法是将特征码位与码域法相结合的分组方法，选取特征性强的码位并规定允许的变化范围（码域）作为分组的依据。

4.4.4 制定成组工艺过程

制定成组工艺过程的方法有复合零件法、成组单机、成组生产单元以及复合路线法。其中，复合零件法又称主样件法，按照零件族中拥有同组零件的全部特征加工表面要素的复合零件来设计工艺规程的方法，适合于零件外形规则的零件类别。成组单机即把一组工序相同或相似的零件族集中在一台机床上加工，这种方法主要针对从毛料到净料多数工序可以在同一类型的设备上完成的工件，或者只完成其中某几道工序。成组单机是成组技术的最初形式，是成组技术发展的基础，它能够减少机床调整时间，具有一定的经济效益。成组生产单元是指一组或几组工艺上相似零件的全部工艺过程，由相应的一组机床完成，该组机床即构成车间的一个封闭生产单元。它把几种类型机床组成一个封闭的生产系统，能够完成一组或几组相似零件的全部工艺过程。每个生产单元有一定的独立性，并有明确的职责。这种方法提高了设备利用率，缩短了生产周期，简化了生产管理。复合路线法即以组内最复杂、结构要素最完备的工艺路线最长的零件工艺过程为基础，然后与族内零件工艺路线比较，添加其他零件特有的个别工序，最终形成满足全族零件要求的成组工艺。

4.5 成组技术在家居中的应用案例

成组技术作为一门综合性的生产技术科学，是计算机辅助设计（CAD）、计算机辅助工艺过程设计（CAPP）、计算机辅助制造（CAM）、柔性制造系统（FMS）和计算机集成制造系统（CIMS）等方面的技术基础。目前发展的成组技术是应用系统工程学的观点，把中小批量生产中的设计制造和管理等方面作为一个生产系统整体，统一协调生产活动的各个方面，全面实施成组技术，以提高综合经济效益。成组技术不仅用于零件加工、装配等制造工艺方面，而且还用于产品零件设计、工艺设计、工厂设计、市场预测、劳动量测定、生产管理和工资管理等各个领域，成为企业生产全过程的综合性技术。

在家居制造业中，从产品设计角度来看，成组技术主要优点是它能够使产品设计者避免重复工作，特别是可以建立设计样件数据库，成组技术设计的易保存性和易调用性使得它可消除重复设计同一个产品的可能性，促进设计特征的标准化。同时，成组技术在家居行业中的应用，可以减少新旧产品设计工作量，缩短新产品设计周期；促进零部件设计及刀具和装置的标准化和通用化，减少制造差错可能性；有效地增加生产作业时间，减少单位零部件上的分摊辅助生产时间；减少时间浪费，如首件确认时间、调机时间、换刀时间、工人学习时间、换模具或夹具时间、物料搬运时间；减少工艺过程设计所需的时间和费用；把工厂分为单元，每个单元由一组用于生产同一族家具零件的各种机床组成，缩短工件在生产过程中的运输路线；提高加工效率，缩短生产周期，提高设备利用率，节省生产面积；简化生产管理工作，提高对产品改型的适应能力，提高按期交货率，可通过合理的工件分类和编码系统组建更加快捷、合理的加工方法。

4.5.1 成组技术在产品设计中的应用

产品设计图样是后继生产活动的重要依据，因此，在设计部门首先实施成组技术有着重要的意义。用成组技术指导产品设计代替传统设计方法，可以使设计合理化，扩大和深化设计标准化工作。在深刻认识零件结构和功能的基础上，根据拟定的设计相似性标准可将设计零件分类成组形成设计族，针对设计族可以制定不同程度的标准化设计规范，以备设计检索。由于有关设计信息最大程度地重复使用，便使时间缩短，提高设计速度。据统计，当设计一种新产品时，往往有70%以上的零件设计可参考借鉴或直接引用原有产品图样，从而减少新设计的零件，这不仅可免除设计人员的重复性劳动，也可以减少工艺准备工作和降低制造费用。

由于用成组技术指导设计，赋予各类零件以更大的相似性，这就为在制造管理方面实施成组技术奠定了良好的基础，使之取得更好的效果。此外，由于新产品具有继承性，使常年累计并经过考验的有关设计和制造经验再次应用，这有利于保证产品质量的稳定。

以成组技术指导的设计合理化和标准化工作，将为实现计算机辅助设计（CAD）奠定良好的基础。

在产品设计中应用成组技术主要有两个方面。

第一，在零件设计过程中，利用零件编码检索并调出已设计过的与之相似的零件，在此基础上进行局部修改，形成新的零件。可以利用产品和部件的继承性，对产品和部件进行编码，通过检索，调出和利用已有类似设计，减少新设计的工作量。

第二，在产品和零部件设计中采用成组技术，不仅可以减少设计工作量，且有利于提高设计标准化程度。设计标准化是工艺标准化的前提，对合理组织生产具有重要作用。产品、部件、零件标准化的内容包括名称标准化、结构标准化和零部件标准化，其中结构标准化是其重点。

4.5.2 成组技术在加工工艺方面的应用

成组技术应用最早和应用效果最显著的领域是机械加工工艺。成组技术起源于成组加工。成组加工是指将某一工序中加工方法、安装方式和机床调整相近的零件组成零件组，设计出适用于全组零件加工的成组工序。成组工序允许采用同一设备和工艺装置，以及相同或相近的机床调整加工全组零件；这样只要能按零件组安排生产调度计划，就可大大减少由于零件品种更换所需要的机床调整时间。成组技术也可应用于零件加工的全工艺过程。可以将零件按工艺过程相似性分类形成加工族，然后针对加工族设计成组工艺过程。成组工艺过程是成组工序的集合，能保证按标准化的工艺路线采用同一组机床加工全加工族的诸零件。设计成组工艺过程、成组工序、成组夹具皆应以成组年产量为依据，因此，成组加工允许采用先进生产工艺技术。

用成组技术指导工艺设计工作，以代替孤立地针对一个零件进行工艺设计的传统方法，可以实现工艺设计工作合理化和标准化，这不仅大大缩减工艺准备的工作时间和费用，且有利于提高工厂生产技术水平。此外，制定成组工艺设计指导文件资料，可备工艺员检索使用，有助于提高新人的工作质量和效率。

4.5.3 成组技术在生产管理方面的应用

为取得综合经济效果，应在生产系统中全面实施成组技术，即形成成组生产系统。工厂生产组织管理机构是生产规划、指挥和控制的机构，工厂实施成组技术，若不按照成组技术的基本原理更新工作方法和调整机构，就很难达到各部门能协调一致和既定目标的效果。

首先，成组生产单元是一种先进有效的生产组织形式。成组加工要求将零件按工艺相似性分类形成加工族，加工同一加工族有其相应的一组机床设备。成组生产系统要求按模块化原理组织生产，即采取成组生产单元的生产组织形式。在一个生产单元内有一组工人操作一组设备，生产一个或若干个相近的加工族，在此生产单元内可完成诸零件全部或部分生产任务。因此，可认为成组生产单元是以加工族为生产对象的产品专业化或工艺专业化的生产基层单位。在生产单元内，一般仅生产划分于本单元的加工族，其零件品种数量有限，这样可以大大简化生产管理工作，便于实行生产责任制。此外，在成组生产单元内，零件加工过程被封闭起来，责、权、利集中在一起，生产人员不仅负责加工，而且共同参与生产管理与生产决策活动，使其积极性能够得到充分发挥。

其次，按成组工艺进行加工，可使零件加工流向相同，这不仅有利于减少工件运动距离，而且有利于作业计划安排。因对同顺序加工零件，其作业计划制订有迹可循，可以实现优化排序。由于简化物料和信息的流程，便于采用现代化管理手段，提高管理效率。所以成组生产单元是实施成组技术的一种有效的生产组织和劳动组织。

采用成组技术方法安排零部件生产进度计划时，往往需打破传统按产品制订生产计划模式，取而代之的是以按零件组安排生产进度计划，这在一定程度上会给人工制订生产计划带来不便（相对于传统的计划方法）。这也是某些企业推行成组技术遇到的阻碍之一，而克服这种障碍的有效方法除要转变传统观念以外，采用新计划模式和计算机辅助生产管理方法已势在必行。

4.5.4　成组技术在夹具设计中的应用

零件族内诸零件的安装方式和尺寸相近，因此可设计出应用于成组工序的公用夹具——成组夹具。只要进行少量的调整或更换某些元件，成组夹具就可适用于全组零件的工序安装。成组夹具能够提高夹具使用率，减少夹具管理或分摊到单位产品制造夹具时间，同时提高生产效率。在夹具设计过程中，首先应按照零件规格尺寸及结构特征进行针对性排序，如盘类零件可按照圆形工件上下心盘、后挡及端盖排序。椭圆形的法兰、三通法兰及轴类零件中机车的车轴、Rd2车轴等可以按照外径尺寸大小进行分类，其虽外形相差很大，但它们的定位夹紧方式确是相似的，因此，在进行设计或者制造这些产品过程中，不仅应考虑其外形，还应综合考虑产品的加工余量，进而在家居设计过程中采用成组技术，从而提高产品生产率。

4.5.5　成组技术在CAPP系统中的应用

应用成组技术原理将零件进行分组，确定零件族与主样件，建立零件的模板并存于系统中。当企业有零件订单时，首先在系统中检索出该零件所属零件组的典型工艺文件，在该工艺文件基础上适当做调整与改变，得到新零件工艺文件。如不存在，工艺人员通过人机交互方式生成新零件工艺规程；对新编工艺规程进行保存，完善基础数据库，以便日后查询。

4.5.6　成组技术与FMS、CIMS的关系

成组技术是FMS、CIMS技术的基础，以零件族为加工对象建立FMS，使系统加工足够多的零件品种，又可简化系统结构。

通过考察GT单元生产、FMS的概念，发现两者目标是一致的，都对资源、人力、机床、材料进行实际和逻辑分组以生产给定的零件族。零件族体现了要由系统加工的几何形状或拓扑的项目，这些零件族也考虑了其他的重要信息，如所用的材料。使用零件族概念时，就可能根据特征范围研制一个系统，该系统与基于特殊零件系统相比较，其受产品要求差异的影响较小。如果需要定制产品或修改设计，通常不用改变制造系统设计就能完成。这两种概念都作为取得刚性自动化（自动线）多种效益的一种方法论述了批量生产的布置。FMS和GT单元依靠内部作业计划和与CIMS相吻合的材料搬运系统。主要的FMS-GT设计工作是形成零件族，协调为生产选定零件所需的机床的具体加工能力。虽然FMS设计通常倾向用于无须服侍系统，但同样的设

计逻辑将应用于GT单元原则。实质上，同样的GT信息和决策制定系统，提供设计检索、工艺过程设计、生产作业计划、单元限定及造成平均能应用于为FMS识别候选零件族、选择机床要求，并为FMS提供平面布置设计。

✎ 练习与思考题

1. 简述成组技术的概念及其经历的阶段。
2. 以家居产品、零部件、五金件、工艺等进行分析，如何对家居物料进行分类编码？
3. 成组技术在家居制造中的应用包括哪几个方面？

第 5 章　大规模定制家居技术

学习目标

了解大规模定制的基本内涵；掌握大规模定制家居产品设计、工艺规划、全生命周期管理、质量管理等关键技术；熟悉大规模定制家居基本过程。

随着生活经济水平的提高和消费水平的提升，消费者对家居产品的个性化定制需求越来越迫切，同质化严重的家居产品很难为消费者带来更多的品质感、身份感与归属感，品牌的价值在价格战中难以彰显，消费者无法从中对家居产品产生足够的情感认同。随着互联网技术、柔性制造技术、现代物流的推广和普及，个性化定制服务已经深入各行各业，未来将是消费者改变家居市场，而不仅是家居企业向用户出售家居产品。消费者可以借由互联网平台，按照自己的需求决定产品、定制产品。面对多样化的客户需求和不断细分的市场，大规模定制家居作为一种新的生产模式受到学术界和工业界越来越多的关注。大规模个性化定制家居产品是指基于新一代信息技术和柔性制造技术，以模块化设计为基础，以接近大批量生产的效率和成本提供能满足客户个性化需求的一种智能服务模式，贯穿需求交互、研发设计、计划排产、柔性制造、物流配送和售后服务的全过程。

5.1 大规模定制家居概述

5.1.1 大规模定制的由来

大规模定制（mass customization，MC）由美国著名未来学家阿文·托夫勒（Alvin Toffler）在1970年出版的《未来的冲击》（*Future Shock*）一书中首先提出，并做出预见。

1987年，Stan Davis在《未来的理想》（*Future Perfect*）一书中初次明确大规模定制这一术语，其含义是以高效和低成本为客户提供需求的定制产品。

1989年，Philip Kolter博士发表了一篇 *From mass marketing to mass customization* 论文，对大规模定制进行了系统阐述。

1993年，约瑟夫·派恩（B.Joseph Pine Ⅱ）在《大规模定制——企业竞争的新前沿》一书中，对"大规模定制"的崭新制造模式作了描述：企业正在从大批量生产标准产品转向有效地提供满足单个客户想法和需求的产品和服务。

我国大规模定制家居的理论研究从20世纪90年代末开始，最早由南京林业大学杨文嘉教授于2002年《家具》杂志中撰文《崭新的制造模式："大规模定制"》，首次提出"大规模定制"的概念，并详细解读家居行业如何实现大规模定制的关键过程。

5.1.2 大规模定制家居基本概念

大规模定制家居是一种集企业、客户、供应商、员工、环境于一体，在系统思想指导下，用整体优化的观点，充分利用家居企业现有各种资源，在标准技术、现代设计方法、信息技术和先进制造技术的支持下，根据客户个性化需求，以大批量生产的低成本、高质量和效率提供定制产品和服务的生产方式。简而言之，大规模定制家居就是根据每个客户的特殊需求以大批量生产的效率提供定制产品的一种生产模式。它把大批量与定制这两个看似矛盾的方面有机地结合起来，实现了客户的个性化需求和企业大批量生产的有机结合。

大规模定制家居是以模块化为主的标准化设计体系，以信息交互和管控技术为主的管理方式，既降低了库存成本和风险，实现了生产过程的柔性化，将定制家居产品的生产问题，又通过家居产品结构和制造过程重组，全部或部分地转化为批量生产，又能满足客户的个性化需求，实现了个性化和大批量生产的有机结合。同时，为企业提供一个快速反应、有弹性、精细化的制造环境。其过程实质是信息采集、传输、处理及应用的过程。信息采集是大规模化生产的直接基础和重要依据；如何应用信息采集和运筹来进行大规模定制家居，使其在成本、速度、差异化上取得竞争优势，将是大规模定制家居发展的方向。

5.1.3 大规模定制基本思想

大规模定制家居是在以客户为中心的基础上，对家居产品进行模块化、零部件标准化设计，并应用精益生产（LP）、计算机集成制造（CIM）、成组技术（GT）、并行工程（CE）等现代信息技术和制造技术，通过敏捷制造和全生命周期的信息化管理技术手段，从而迅速向顾客提供低成本、高质量、短交货期的定制产品。其实现的过程必须依靠三大关键技术，即标准化产品零部件、工业化生产和企业信息化管理。

在这个过程中，需要向顾客提供的是多样化产品，多样化产品包含产品内部多样化和外部多样化，产品外部多样化能为顾客提供丰富的选择，而产品内部多样化则会造成产品成本的提高、质量的不稳定和订单交付延迟。所以，减少家居产品内部多样化、增加家居产品外部多样化，这是大规模定制家居指导思想的核心。减少产品内部多样化主要是通过对产品的简化、统一化、最优化和协调化等标准化技术来实现。从产品和过程两个方面来对制造系统及产品进行优化，即产品维（空间维）和过程维（时间维）的优化。

5.1.4 大规模定制制造模式新需求

随着社会发展和人们消费水平的提升，各层次消费者观念差异越来越大，具体体现在：从消费需求方面，人们不再满足于基本的生存必需品，而是追求个性化家居产品；从消费意识方面，人们除了对家居产品的价格和质量要求越来越高，且更加看重家居产品售前、售后各项附加服务；从消费观念变化上，最终导致家居产品与服务的形态改变，并最终促使产品生命周期缩短并变得更加深不可测。

消费者需求和意识的改变使得定制化概念开始普及并深化，多元化的消费品需求替代了单一的必需品需求，用户对家居产品种类、价格、物流时间、质量等产生了越来越高的要求。全球消费者越来越渴望告诉制造商自身的确切需求，因此，制造商需要根据每个客户的需求创建定制化规格的产品与服务，产品与服务的定制因此复杂多变。

（1）产品多样化需求

20世纪中后期，随着制造业的快速发展，物质产品极大丰富，促使消费者购买理念发生了诸多变化，需求趋于多样化，从传统对家居产品功能的需求转变为个性化、体验化等更高层次的需求。最突出的变化就是消费者不再像以往那样，企业生产什么产品消费者就购买什么产品，当下，消费者有着强烈的情感需求，希望产品能够适合内心的愿望需要。多样化的家居产品应运而生，其主要是指研发和生产方面，家居企业可以从产品的款式、功能、质量、销售服务等方面入手，具体表现在技术差异化、功能差异化、文化差异化及家居产品定价差异化几个方面，以此打造产品的差异化特色，从而满足消费者消费偏好需求。

此外，以营销策略差异化为导向的制造模式也成为当下市场的发展特征，通过差异化营销战略能够给消费者提供新颖别致的产品或服务，有效地满足消费者特殊的个性需求，并在此基础上和同类企业形成较大竞争优势。传统制造模式已经不能满足这种需求形式，亟待新制造模式来解决供需之间的新矛盾。发展至今，家居产品多样化已经不仅局限于产品本身类型和功能的多样化，而且转化为产品相关服务的多样化和产品界限的多样化。

（2）客户定制化需求

移动互联网时代的来临及消费主体的改变，促使消费者购买理念发生了诸多变化，其中以个性化、多元化为主要特征。同时，在这物质产品丰富的时代，琳琅满目的商品比比皆是，消费者不仅关注商品本身的设计与质量，而且更加关注制造商如何满足自己的个性化需求。

家居产品定制化来源于客户多样化与动态化的个性化需求，家居企业必须具备提供个性化产品的能力，才能在激烈的市场竞争中生存下来。定制化以满足客户个性化需求为核心，可增加客户满意度和提高服务水平，并提升家居企业赢得市场与客户的能力。如今，许多传统企业相信，在定制与效率之间，大规模定制是一个解决方案。而大规模定制的重要一环是模块化设计，尤其是对于大规模的标准化生产。以家居业来说，通过构建模块化，开启个性化定制市场。其主要表现方式为：以构建模块化为个性化定制的基础，来调整企业生产和销售的流程，并通过对客户市场需求的细致考察，实现终端销售，从而实现大规模定制。随着大规模定制的高度多样化，制造系统需要根据不断变化的产品组合和需求响应不断变化的市场。所以，对于市场需求的考察必须细致，进而为客户提供尽可能多的个性化选择，设计尽可能多的产品模块，这样最终产品组合方式就会更丰富。因此，工厂解决大规模定制的产品生产理念是"部件即产品"，实现产品子模块尽可能多的细分和终端产品尽可能多的组合。

（3）合作全球化需求

随着全球化趋势的到来，制造行业内部竞争日趋激烈，要想在行业中生存，制造企业必须努力不断提高其竞争力。各方通过合作产生整体优势，都能从中获得较多的利益。当今社会竞争特别激烈，市场变化也非常迅速，通过合作可以加快产品开发和投入市场进程；同时，通过合作，企业间还可以联手利用各自优势，共同开拓一个市场。例如，一些家居公司没有自己的工厂，为了专注于自身更有利的活动，这些企业会与其他制造企业合作，进而在扩大其制造能力的同时进一步降低成本。研究表明，加入全球生产网络是促进本地供应商升级的关键。已形成的合作全球化形态包括外包、蓝海战略、合作调度、工厂模拟、绿色和精益技术、应用竞争力钻石模型、共享网络物理系统和云制造、合作开发下一代技术联盟。

合作全球化是保障企业竞争力与可持续制造的关键因素，而现有的一些合作实践表明，相较于过去政府牵头合作联盟的可持续性，在自由开放的合作环境下，即使合作团队中有的制造商具有较大的发展潜力，制造企业的合作也不能保持长期的竞争力。也就是说，制造企业合作全球化的形态形成还需要政府的力量支持，以保证其可持续发展。

（4）生产透明化需求

在家居制造业中，有时决策者无法对资产有效运作和使用，并形成合理的判断和结论，原因在于生产制造中存在许多决策者无法量化的不确定性。这里的不确定性可概括为工厂内部的不确定性和工厂外部的不确定性。工厂内部的不确定性来源有以下几类：一是加工过程中难以观测的细微质量变化，如机床固定的微小偏移等；二是由于加工机器零部件的逐渐老化使得设备发生故障等。而外部不确定性的主要来源为下游产能的波动性、原材料或零部件运输等供应链的不确定性、产品数量和质量不可预测性以及最终市场规模和客户需求的波动性。

制造过程中存在的问题可以概括为两类：一类是可被观测和量化的问题，称为"可见性问题"；另一类是不可被观测或量化的问题，称为"不可见问题"。一般来说，家具制造过程中的"可见性问题"较容易识别和解决，如设备停机、产品缺陷等。而"不可见问题"由于其复杂性较难解决。目前解决"不可见问题"的一种思路是变"不可见"为"可见"，即生产透明化。生产透明化的关键在于家居制造企业与设备提供商之间更加紧密的合作。将设备制造商对于设备的专业理解和家居制造企业提供的生产数据进行融合，对设备进行改进升级，既改进了设备，又提升了生产效率，从而达到双方共赢；另外，家居制造企业与设备提供商的合作可以充分利用数据和知识，对故障进行预测，例如利用故障预测与健康管理（prognostics health management，HPM）技术，使得"不可见问题"得到避免。

目前生产透明化的具体应用实践较少，一种应用实践思路就是开发预测制造系统。预测制造系统是指通过历史数据的分析建模，能够对未来可能发生的故障有一个预估，准确的预估可以使得准备时间提前，及时对设计进行维护保养，从而降低故障发生率，减少制造系统不确定性带来的负面影响，同时提升了生产的连续性，提高生产效率。预测制造系统能够利用技术对家居产品制造过程进行透明化，包括设备的退化曲线和健康程度，以及故障和失效模式等。在制造业信息化进程中，车间级信息化是薄弱环节。制造执行系统（MES）是提升车间自动化水平的有效途径。MES强调车间级的过程集成、控制和监控，以及合理配置和组织所有资源，满足车间信息化需要，提高车间对随机事件的快速响应和处理能力，有力地促进企业信息化进程向车间层拓展。MES是打造智能车间并提升企业透明化生产和管理的关键技术。MES可以实时监控生产过程的设备健康状况以及产品的生产情况，并可以将相关数据信息通过标准ISO报告和大量生动图表直观反映，使家居企业和决策者对生产系统状况与加工信息一目了然，并且可通过掌握的信息及时将管控指令下发到车间，实时反馈执行状态，形成决策闭环，提高生产系统的透明化。

另一种应用是数字孪生。2011年3月，美国空军研究实验室（air force research laboratory，AFRL）的一次演讲明确提到数字孪生。AFRL是最早提出数字孪生的机构。数字孪生是以数字化方式创建物理实体的虚拟模型，凭借数据模拟物理实体在现实环境中的行为，其概念体系架构如图5-1所示。数字孪生可以高效利用模型、数据、人工智能技术并将其融合，利用数字孪生技术可以将物理系统进行数字化建模和呈现，提供更加实时、高效、智能的服务，使得物理系统更加透明化，也使得物理系统与信息技术的交互成为可能。

图5-1　数字孪生概念体系架构

（5）能耗低碳化需求

工业4.0报告指出，智能制造的目的在于提高资源生产效率和能源利用效率，其更广泛的战略目标是在一个给定的资源和能源水平上实现最大可能的产出，以及使用最少的资源和能源以达到一个特定的产出。从这一意义上说，前者是生产效率最大化的问题，后者是资源利用效率最大化的问题。这就要求针对不同行业、不同企业提供个性化的能源管理方案，在生产过程中，持续优化资源利用，降低能源消耗，减少排放。

5.1.5　批量生产与定制之间的平衡

批量生产与定制的矛盾，可以理解为规模经济与范围经济的矛盾。规模经济是指在给定技术条件下，规模扩大、产出增加，使得家居产品的平均成本逐步下降；而范围经济是指在同一核心专长下，各项活动呈现多样化特征，导致前期各种研发费用降低和家居企业利润提高。批量化的生产模式是规模经济的体现，通过批量生产降低家居企业平均成本；而定制化模式则可以理解为范围经济，利用独特的技术优势为不同客户定制服务，进而提升家居企业利润，是客户化市场的需要。然而，在大规模生产和个性化定制之间存在天然矛盾：家居企业采取大规模生产产品或服务，则成本较低；或者小批量定制化生产，则产品或服务成本较高。

批量生产与定制的矛盾，从实施过程来看，本质上是具有多样性、敏捷性与解决手段的单一性之间的矛盾，以及个性化服务与大众化服务之间的矛盾。而解决这些矛盾的关键就是如何利用低成本为不同的需求方提供相应服务和功能，建立解决个性化客户需要和低成本高效率的集约化制造模式。具体而言，家居企业在生产决策过程中不能局限于某一环节或某种产品，而是基于新制造模式从产业链关系和多种产品关系分析问题。例如，前期设计成本增加可能导致后期制造成本大幅减少，此时设计成本的增加是合理的；或者某一定制产品的生产计划可能影响其他定制产品的生产计划等。

大规模定制概念的提出，一定程度上解决了批量与成本的矛盾，通过对家居产品和用户需求进行分解，进而通过将产品重组和过程重组并将其中部分过程转化为大批量生产问题，最终将客户的个性化需求和大批量生产有机结合。

5.1.6 产品外部多样化与产品内部多样化

大规模定制的基本内涵是基于标准化原理，以及产品族零部件和产品结构的相似性、通用性，利用标准化模块化等方法降低产品内部多样化，增加顾客可感知的外部多样化，通过产品重组和过程重组将产品定制生产转化或部分转化为零部件的批量生产，从而迅速向顾客提供低成本、高质量、短交货期的定制产品。

一般情况下，产品外部多样化能为顾客提供丰富的选择；而产品内部多样化则会造成产品成本提高、质量不稳定和订单交付延迟。因此，应尽量设法降低产品内部多样化，增加产品外部多样化，这是大规模定制的核心。例如当客户购买整体橱柜时，除了对橱柜的品牌、价格、规格尺寸以及柜体材质等方面提出基本要求以外，还会提出其他一些需求，例如门板种类（实木、防火板、烤漆、覆膜等）、颜色（木本色、蓝色、黑色、红色等）、台面板、五金配件及其他选择（厨电设备）等。为尽可能满足客户的各种个性化需求，企业应该对产品结构、功能和工艺进行优化，以便只需进行很少改动，就可达到以最少的内部多样化获得尽可能多的外部多样化的目的。

5.1.7 运用标准化技术减少产品内部多样化

家居产品内部多样化通常表现为产品及零部件、工具和夹具等工艺装备、原材料以及工艺过程等方面过多的和不必要的种类。这种客户察觉不到的内部多样化，严重影响产品的成本、质量和交货期。因此，家居大规模定制生产企业所面临的挑战是如何将产品内部多样化降低到一定程度，同时能够柔性地制造产品，不会因为加工准备而造成额外的成本和时间的延误。

实践表明，减少产品内部多样化这一目标可以通过标准化技术来完成，并可为家居企业实现大规模定制创造前提条件，在众多标准化技术中，简化、统一化、最优化和协调化是最有成效的四种标准化基本形式。其中，简化和统一化是减少产品内部多样化最基本也是最重要的标准化形式，但简化和统一化的着眼点必须建立在最优化方案上，而要达到最优化，就必须通过标准体系内外相关因素间充分地协调化。各标准化形式之间关系如图5-2所示。

（1）简化

简化是指对具有同种功能的标准化对象，当其多样性的发展规模超出必要范围时，则应取消其中多余的可替代的和低功能的环节，保证其构成的精炼、合理，使总体功能最佳。简化是标准化的重要方法，也是标准化的一种最基本的形式。它包括产品品种和规格的简化、产品零部件结构形式和尺寸的简化、管理业务方式和手续的简化等。

图5-2　减少产品内部多样化的标准化形式

❶ 简化的目的。简化是在一定条件下和一定范围内，对处于自然状态的产品品种进行科学筛选提炼，减少产品的繁杂项目，剔除其中多余的低效能的可替换的环节（或部分），精炼出高效的能满足全面需要所必要的环节（或部分），使之在既定时间内更有效地满足需要。其实质不是简单化，而是精炼化。其结果不是以少替多，而是以少胜多。

❷ 简化的要求。简化的要求主要包括简化要适度，既要控制不必要的繁杂，又要避免过分压缩而造成的比较单调；简化应以确定的时间范围和空间范围为前提，既照顾当前，又考虑发展，最大限度地保持标准化成果的生命力和系统的稳定性；简化的结果必须保证在既定的时间内足以满足消费者的一般需要，不能限制和损害消费者的需求和利益；产品简化要形成系列，其参数组合应符合数值分级制度的基本原则和要求。

❸ 简化的内容。简化的内容主要包括产品品种及规格的简化，原材料、零部件品种和规格的简化，加工工艺及装备的简化等。

a. 产品品种及规格的简化。其实质是在一定时间内，在能够满足社会需要的前提下，把产品品种、规格数目加以限制。合理简化品种及规格，可扩大生产批量，为专业化生产提供条件。简化就意味着要精减一部分，保留一部分。精减的应是那些不必要的、多余的和重复的产品品种；保留的应是能够满足需要，能取代被精减的产品品种。简化的结果应是既能满足社会需要，又能体现最佳的经济效果。

b. 原材料、零部件品种和规格的简化。这是根据企业生产产品的实际情况，对生产过程中所用的原材料和零部件的品种、规格加工限制。这样可以方便采购，减少原材料和零部件的库存量，从而达到少占用流动资金、降低成本、提高企业经济效益的目的。

c. 加工工艺及装备的简化。这是指企业根据产品的技术要求，对加工方法、工艺装备（包括加工过程所用的工具品种、规格）在优化的基础上加以限制。实行工装简化，可以缩短生产准备周期，降低生产准备费用，有利于推广先进的加工工艺，提高产品质量；减少使用的工具、量具品种，可以减少占用的流动资金，从而降低生产成本。

（2）统一化

统一是为保证事物发展所必需的秩序和效能，在一定时间内和一定条件下，使标准化对象的形式、功能或其他技术特性具有一致性，把一些分散的具有多样性、相关性和重复性特征的事物，予以科学、合理归并，从而达到统一和等效。统一化是应用统一原理的一种标准化形式，它把两种或两种以上的规格合并为一种，从而使生产出来的产品在使用中可以互换。

❶ 统一化的目的。消除由于不必要的多样化而造成的混乱，确立一致性。为正常的生产活动建立共同遵循的规范，保证事物所必需的秩序和效率。但统一的基础是被统一的对象，在其形式、特征、效能等方面必须存在着可归并性。

❷ 统一化的原则。主要需要注意四方面原则，包括适时原则、适度原则、等效原则、先进性原则。统一是相对的、确定的一致规范只适用于一定时期和一定条件，随着时间的推移和条件的改变，还须确立新的更高水平的一致性。同时，把同类对象归并统一后，被确定的"一致性"与被取代的事物之间必须具有功能上的等效性，也就是说，当从众多的标准化对象中选择一种而淘汰其余时，被选择的对象所具备的功能应包含被淘汰的对象所具备的必要功能。统一是管理水平发展到一定阶段的必然要求，它消除了由于多样化的杂乱而造成的混乱，为管理建立良好的秩序。

❸ 统一化的内容。主要表现在以下几方面：工程技术上的共同语言，如名词、术语、符号、代号和设计制图等；结构要素与公差配合，如模数、公差与配合、形位公差及表面粗糙度；数值系列和重要参数，如优先数和优先数系列、模数制等；产品性能规范，如产品主要性能标准、产品连接部位尺寸等；产品检测方法，如抽样方法、检测与试验方法、数理统计与数据处理方法等；技术档案管理，如标准代号、标准编号、各种编码规则、产品型号的编制、图样及设计文件编号以及工艺装备的编号规则及方法等。

（3）最优化

最优化是指按照特定的目标，在一定限制条件下，以科学技术和实践经验的综合成果为基础，对标准体系的构成因素及其相互关系或对一个具体标准化对象的结构、形式、规格和性能参数等，进行选择、设计或调整，使之达到最理想的效果。

❶ 最优化的目的。最优化是要达到特定的目标，因为确定目标是最优化的出发点。因此，要从整体出发提出最优化目标及效能准则。

❷ 最优化的前提。只有在条件许可的范围内和相关因素相协调的基础上最优化的结果才是现实可行的。

❸ 最优化的方法。使用数学定量分析法展开，因为最优方案的选择和设计，不是凭经验的直观判断，更不是用调和争执、折中不同意见的办法所能做到的，而是要借助于数学方法，进行定量分析。对于较为复杂的标准化课题，要应用包括计算机在内的最优化技术。对于较为简单的优选，可运用技术经济分析的方法求解。

（4）协调化

协调化是通过有效的协调方式，使标准体系内的各组成部分、各标准或各相关因素之间相互协调、相互适应，从而建立起合理的构成和相对稳定的关系，使标准体系的整体功能达到最佳并产生实际效果。

❶ 协调化的目的。使标准体系的相关因素彼此衔接的地方取得一致，使标准体系与内、外约束条件相适应，使标准系统的整体功能达到最佳并产生实际效果。

❷ 协调化的条件。使相关因素之间需要建立相互一致关系（连接尺寸）、相互适应关系（供需交换条件）、相互平衡关系（技术经济招标平衡、有关各方利益矛盾的平衡），正确处理内、外的各种纵横关系，在企业建立良好的合作工作环境和群体气氛，保证整个系统发挥理想的功能。对一个具体产品来讲，就是要求这个产品所涉及的各个标准都应相互协调，不但要协调企业内部的各个标准，还应协调企业外部的相关标准，这样才能发挥标准体系的最佳功能。例如设计家居时，要考虑到使用的人造板的规格尺寸标准、质量标准，所用紧固件与连接件的标准，油漆装饰标准，房屋建筑标准等。因此，在确定家居尺寸和结构时就须将这些有关标准中的数据进行协调。

5.1.8　大规模定制面临的挑战与发展方向

（1）产品与服务多样化

家居制造企业不仅为客户（包括生产企业）提供产品，而且提供与产品相关的覆盖产品全生命周期的服务，甚至整体解决方案，也就是产品服务系统（PSS）。产品服务系统作为一种差异化手段，将制造业更多的产品与服务进行集成，以防御来自低成本经济体的强劲竞争。随着新技术的发展，逐步产生了产品—服务—信息相融合的新型PSS，例如利用CPS技术的PSS、融合ICT技术的智能PSS。

信息与服务引入家居产品中并与产品深度融合，这给制造业带来诸多挑战与困难。首先，服务与产品组合及交融导致新产品市场的出现，在新的细分市场中，企业往往会遇到产品服务定义不明确、服务内容描述模糊、相关过程描述缺乏等问题，进而导致传统面向制造的生产管理和供应链管理理论方法不再适用。其次，随着制造服务化概念的发展，客户会误以为与产品捆绑的服务是理所当然，因而对于支付与产品相关的服务意愿趋弱。最后，随着更多企业采用服务化模式，基于服务产业化的竞争优势趋弱，企业从服务获取利润的空间逐渐变小。

解决产品多样化问题的核心，是如何在复杂多样的产品需求下进行产品价值创造，最终实现实体产品与附加服务的最优匹配。未来的产品都应该是实体价值和虚拟价值的结合，一个核心产品不仅是产品本身，而是配备有与产品相关的增值服务，而如何设计产品与增值服务的配比关系与呈现形式，将成为制造新模式下制造企业提升差异化竞争力的重要因素。

（2）客户定制化

虽然大规模定制为消费者提供多种多样选择，但多样的品种也在组装系统中引入了大量制造复杂性，进而影响系统性能，具体体现在以下几个方面：

❶ 家居企业利益和客户利益的权衡较难。家居企业希望利用智能技术满足定制化需求的同时，控制制造成本，并保证为不同需求方提供相应的功能和服务，这也是定制与批量的矛盾；客户则希望即使产品市场已经存在多样化的产品，家居企业仍能极大化地满足自身的需求。两者之间的平衡将影响制造系统的输出与稳定性，并最终决定制造新模式下的制造格局。

❷ 设备和活动的多样性造成技术的普适性与实用性难以兼顾。面对复杂多变的需求，如何建立一套自成长平台，使得其在应用过程中能实现不断的自我更新，是实现客户定制化的关

键。平台既需要基于客户偏好定制化地生产产品，也要使客户参与到产品、服务全生命周期的监控中。

❸ 定制化延迟点与定制化需求满意度的矛盾很难解决。产品差异化流程实施时间点的延迟将降低成本并提高制造系统的响应速度，例如订货型生产（make to order，MTO）的生产模式就是差异点延迟的应用。然而，不同制造系统延迟差异化策略的设计将产生不同结果，在同样的技术条件下，差异化策略选择体现了企业对定制化水平的选择，而较后的差异点将导致定制化需求的不完全满足，进而影响客户忠诚度。

家居企业智能化转型的关键在于将信息化、自动化、标准化与模块化建设相结合，打造一个自驱动、自优化的完整智能制造体系。以互联网技术为支撑的信息化、模块化建设等是智能制造的基础。以用户全流程个性化体验为中心重塑制造体系，大大增加了生产灵活性，缩短了家居产品的上市时间，并通过家居产品的持续迭代更新提升用户体验，进而提升用户满意度。具体而言，以个性化定制为主线，以产品模块化设计为基础，通过生产信息化系统改造、自动化设备改造、供应链整合优化等实现前后端制造高度协同，打造专业化的智能制造平台。而对于制造过程中如何实现自动化、数字化、网络化以及最终的智能化，一种方式是企业可以利用C2B（消费者到企业）对接个性化定制，而定制信息系统的开发、大数据分析将强力支撑个性化定制工业化生产模式。

面对多元化、个性化市场需求，一家企业很难全面满足个性化市场，这意味着不同家居企业之间的协作必不可少。因此，建造一个系统化应用环境和生态系统是共赢的前提。在国家层面，传统企业的升级转型需要政府的帮助，除此之外，行业间应形成协作机制，互为补充，扬长避短，发挥各自优势，促成产业集群提升效应，带动价值链的聚合效果，例如平台分享机制的建立、大数据共享机制等。

（3）合作全球化

合作全球化很难解决宏观与微观之间的矛盾，即合作团体内部的个体活动目标与集体活动目标之间的矛盾，以及个体利益与集体利益之间的矛盾，解决矛盾的核心办法是实现协同优化。

伴随全球化合作往往是全球多个公司的融合。从合作联盟的整体管理角度，这将减少信息成本，加快资源调度与优化决策的效率；而从员工个体角度，全球合作化可能意味着员工从母公司到子公司的转移，这可能加剧员工收入的不平等性或不稳定性，进而降低员工对家居制造企业联盟的归属感与依赖，进而加剧整个联盟内部的分散性和不稳定性。

伴随全球化合作的另一大挑战是如何配置制造商和供应商的关系，即如何通过管理方式、技术、人力的配合，将不同发展状况、不同硬件设备、不同管理方式的信息进行对接，并对资源进行快速优化配置。目前该角度还缺乏合适的理论研究与支撑，但随着制造新模式的深化，这必将成为推进合作全球化的关键问题。因此，协调联盟整体和联盟内部个体的利益，是维系合作全球化可持续性的关键一步。

（4）生产透明化

在工业4.0框架下，家居企业需要大力研发提高生产透明度的工具，开发提高生产透明度的新技术。通过对生产流程更清晰透明的认识，拆解量化可能出现的故障或缺陷，从而大大提高设备的稳定性与可靠性。为开发新的技术，家居企业需要对现有的数据采集和信息管理系统进行优化升级，合理利用现有的先进技术对家居企业生产过程中采集的大量数据进行分析，将其转化为企业固有的知识，并利用其辅助企业各个层级的决策。而通过透明化生产，家居制造企业可以通过如下手段降低成本：第一，了解生产资产的实际情况，提前对制造系统可能发生的情况做出反应，对系统进行及时维护；第二，当知道设备可能失效时，提前做出准备，提高设备的可用性和正常运行时间，进而提升运营效率；第三，通过对失效模型以及故障预测模型进行实时调整，改善与提高产品质量。

（5）能耗低碳化

能耗低碳化带来的挑战可以从以下三方面来阐述：

❶ 能耗低碳化作为一项企业战略问题面临极大的政策压力和同业竞争。一方面，家居企业的利润水平普遍呈下降趋势，企业在激烈的市场竞争中获取利润越来越难；同时，政府的节能环保政策标准却越来越高，执法越来越严。另一方面，绿色品牌创建成为时代潮流。绿色消费，作为一种新的消费理念和趋势，在全球范围内越来越受重视。当前，虽然存在以消耗大量能源、排放温室气体为代价的不良消费心理，但绝大多数人的环境意识逐渐提高，投身环保的意愿日益增强，而消费低碳产品是参与环境保护的一个重要方式。互联网公司如谷歌、苹果、阿里巴巴等都积极拥抱绿色，例如阿里巴巴通过支付宝的"蚂蚁森林"和菜鸟绿色包裹来实施其O2O（线上到线下）的绿色战略。

❷ 能耗低碳化作为IT问题具有较多的技术壁垒。能耗低碳化应该是企业IT战略中的一个重要部分，通过能源信息化来实现企业的战略目标。能耗低碳化的核心是能源数据的加工利用，需要与MES、ERP、公用能源系统、设备管理、环境等系统进行数据交互。能耗低碳化应该由IT部门牵头，能源动力、设备、财务等部门配合实施，而目前的家居企业数据是孤立的，企业没有从IT角度理解与规划能耗，因此，该方面的技术较为欠缺。

❸ 能耗低碳化的动态变化特性使得能源管理问题极其复杂。如果说产量是自变量，那么能耗就是因变量，即能源不是自动产生的，而是因为机器设备的运转而带来的，随产量的变化而变化。除此以外，影响能源性能变化的因素还有人、机、料、法、环、管理等。另一方面，互联网时代客户的个性化定制在带来生产模式巨大变化的同时，能源消耗也因之而大幅变化。种种因素交织在一起，使得能源管理变得复杂起来。

5.2 大规模定制家居产品设计技术

大规模定制家居产品设计技术包含大规模定制家居的产品开发过程、产品设计体系和数字化协同设计技术三个方面，如图5-3所示。

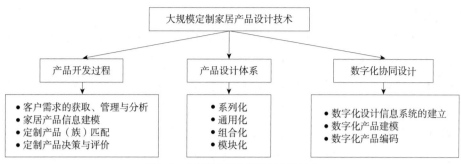

图5-3　大规模定制家居产品设计技术

5.2.1　大规模定制家居的产品开发过程

产品是家居企业一切技术经济活动的中心，产品设计则是家居制造业的灵魂，产品设计体系标准化就自然成为帮助企业实现大规模定制的标准化体系的核心要素。大规模定制家居的产品开发过程实际上就是快速响应客户订单的过程，主要包含以下几个方面。

（1）客户需求的获取、管理与分析

此过程主要是通过并行技术、系统化设计、结构模块化设计、拟实型产品设计等，获取客户需求，并进行管理和分析，从而提升客户满意度，缩短家居产品开发周期、降低开发成本。

（2）大规模定制环境下的家居产品信息建模

此过程主要是通过产品数据的交换，应用集成信息CAD系统、面向对象的建模方法和基于STEP的建模方法以及XML等，对家居产品各类信息进行获取或应用，从而加快家居产品的开发。

（3）大规模定制的产品（族）匹配

此过程主要是通过家居产品族和产品结构的相似性、通用性原理，并应用标准化、模块化等方法，建立特征相似的产品（族）及模块实例库，从而为产品开发提供可选择的方案。

（4）大规模定制家居的产品决策及评价

此过程主要是对可变形的产品模型进行评价分析，从获得客户青睐的产品中择优开发和应用。

5.2.2　大规模定制家居的产品设计体系

以大规模生产的效率和成本提供定制个性化产品为宗旨的大规模定制生产模式对家居产品的设计提出了全新的要求，即围绕并满足"减少产品内部多样化、提高产品外部多样化"这一核心。而减少产品内部多样化的重要途径是运用标准化技术建立相应的标准化体系，由此，产品设计体系标准化就成为帮助企业实现大规模定制标准化体系的核心要素，通常以系列化、通用化、组合化和模块化等所组成的标准化系统构建起家居大规模定制家居的产品设计体系。

（1）系列化

系列化是将同一品种或同一类型产品的规格按最佳数列科学地排列，以最少的品种满足最广泛的需要，是设计标准化的主要形式之一。产品系列化设计包含：制定产品系列标准（又称产品基本参数系列标准）、标准产品系列型谱（包括系列构成；按系列构成，对基型系列和变形系列的形式、用途、主要技术性能和部件的相对运动特征的说明；根据产品参数系列构成和形式等编制的产品品种表；产品及其部件间的通用化关系和产品参数表；产品系列型谱的附录等）、组织产品系列设计等过程。

（2）通用化

通用化是指同一类型不同规格或同类的产品中结构相似的零部件，经过统一以后可以彼此互换的一种标准化形式。通用化设计最关键的技术主要包括零部件的通用化设计和通用件的典型工艺设计等。

（3）组合化

组合化是指重复利用标准单元或通用单元并拼合成可满足各种不同需要的具有新功能产品的一种标准化形式。组合化主要是选择和设计标准单元和通用单元，模块化主要设计相应的模块、确立组合方式和开发独具功能的模块及由模块组成完整的产品族。

（4）模块化

模块化是解决复杂系统类型多样化、功能多变的一种标准化形式。模块化的对象是复杂系统，这个系统可以是产品、工程或一项活动，其特点是结构复杂、功能多变、类型多变。它综合了系列化、通用化和组合化的特点。在这个设计系统中，模块化是最常见的设计。究其原因，它能使产品中标准件数量最大化，模块可并行制造，从而缩短生产周期，并将定制点后移；同时，有利于生产中潜在的质量问题因模块化而得到诊断并隔离。

5.2.3 大规模定制家居的数字化协同设计技术

大规模定制家居的产品设计，要想真正满足客户的个性化需求，除了通过上述常见的系列化、通用化、组合化和模块化等所组成的标准化系统的方式实现外，通过数字化协同设计技术满足客户的个性化需求也正在迅速发展，是大规模定制家居产品设计的新方向。数字化协同制造模式的本质是利用现代计算机网络和信息化技术，将分散在各地的生产设备资源、智力资源和技术资源等，迅速地整合在一起，并通过信息网络化服务平台，实现异地资源的统一配置和协作服务。这样可以打破时间、技术、空间和地域上的约束，在更大范围内配置资源，是家居企业利益最大化驱动的最优结果。

大规模定制家居产品数字化协同设计技术，主要为客户、设计师、拆单员、管理者等提供一个协作环境，提供网络通信、数据共享、数据管理、操作协作与冲突仲裁等方面的信息采集与数据管理。其关键技术包括：数字化设计信息系统的建立、数字化产品建模、数字化产品编码等技术。

5.3　大规模定制家居工艺规划技术

5.3.1　概述

对家居车间进行合理的生产线规划和工艺流程管理，是大规模定制生产制造技术的保障。大规模定制家居工艺规划体系是通过计算机辅助技术（CAD/CAPP/CAM/CAI）、企业资源管理系统（ERP）、制造执行系统（MES）、过程控制系统、数控技术（CNC/DNC）等，构建基于复杂环境下家居产品的计算机集成制造系统（CIMS平台），通过数字化设计与制造系统、过程自动化系统、企业资源管理系统ERP、CIMS平台、制造网络系统等适配与有效整合，实现大规模定制产品的高效率、高品质和敏捷化的并行制造。

大规模定制家居车间规划主要是确定生产线系统的规模、构成和布局，对构成生产线系统的机床设备进行合理的选择和优化配置，可以减少投资费用，降低维护费用和运行成本，提高机床利用率，对生产线系统的长期高效运作具有十分重要的意义。合理的规划和管理才能使大批量生产与定制生产这两种互相对立的生产模式融合在一起，将二者的优势有机结合起来，为家居产业适应新的需求调整生产模式，提出新的技术解决方案。才能真正使个性化家居产品生产周期缩短，提高原料利用率、降低能耗，降低产品成本等。

5.3.2　生产线规划相关概念

工艺是制造技术的核心。所谓工艺有两层含义：一是指以手工方式将材料或半成品经过艺术加工制作为成品的工作、方法和技能；二是依据产品设计要求，将原材料、半成品等加工成产品的方法和技术，具体可以包括生产准备工艺、加工制造工艺、测定工艺、检查工艺、包装工艺运输或搬运工艺和储存工艺等。本质上，工艺是对物料进行增值加工或处理的方法与过程。

生产线规划是优化配置工艺资源、合理编排工艺过程的一门艺术。一般认为，规划时确定在给定约束下用有限的资源来实现理想目标，它是人的动机与行为之间的协调环节。工艺规划（或工艺过程规划）也称为工艺设计，它是连接产品设计与产品制造的桥梁，并且是企业生产技术工作的主要内容之一。工艺规划的范围很广，不同类型的企业又会有不同的重点，一般来说主要包括：采取一切技术组织措施，保证产品质量；编制并贯彻工艺方案、工艺规程、工艺守则及其他有关的工艺文件；参加产品图纸的工艺分析，审查零件加工及装配的工艺性能；设计、制造及调整工艺装备，并指导使用；编制消耗定额；设计及推行技术检查方法、生产组织、工艺路线、工作地组织方案以及工作地的工位器具等；工具管理（工具的计划、制造和技术监督）；新技术、新工艺、新材料的实验、研究和推广。可以说，工艺规划是一个包括许多任务和许多制造信息（如加工路线、加工方法、机器工具、工艺参数等）的复杂过程，它对组织生产、保证产品质量、提高生产率、降低成本、缩短生产周期及改善劳动条件等都有直接的影响，因此，工艺规划是实现大规模定制生产模式的关键性工作。

大规模定制家居的生产线规划是以系列化、通用化、组合化和模块化的家居产品设计为主要特征，由面向单一产品和零件转为面向产品族，这就要求零部件的制造和装配应努力实现工艺标准化、工艺规程典型化和典型工艺模块化等特性，用不断减少的工艺多样化满足不断增加的产品外部多样化，以适应灵活、快速的大规模定制制造环境。其中，工艺标准化主要包括：工艺文件（工艺规程、工艺守则、材料定额、工艺说明书）标准化、工艺术语与符号标准化、工艺要素（加工余量、公差、工艺规范、工艺尺寸）标准化、工艺装备（刀具、机床夹具、机床辅具、计量器具）标准化；工艺规程的典型化主要包括：相同零件组的典型工艺、某工序的典型工艺、标准件和通用件典型工艺等；典型工艺的模块化是通过分析产品族或零部件族及其典型工艺特点，提取可参数化的属性，分别建立族的残量表，然后通过参数化的方法对每个典型工艺进行参数化，并建立两者之间的参数化关系，形成参数化典型工艺，即为典型工艺模板。在此基础上，通过相应的规则就可以自动生成一份新的工艺，这些新工艺经优化后被纳入典型工艺模板库中，以备后用。

5.3.3　大规模定制家居生产线规划内容

（1）大规模定制家居生产线的布局

大规模定制家居在进行生产线规划时应考虑到家居产品的开发周期和生命周期都比较短，生产系统柔性大的特点，根据企业的经营目标、生产纲领和车间的特点，建立合理的车间物料存放区域的布局、备料车间的布局、定制产品的流水线加工区域的布局、包装区域的布局以及成品及外协件的区域布局等。最终目的是减轻人工搬运作业、减少在制品和库存，均衡设备能力和负荷的作用，将工人、机器设备和物料所需空间做最恰当分配和最有效组合，获得最大的生产经济效益。

大规模定制家居制造工艺过程一般包括自制件加工工艺和外协件的深加工，自制件的加工一般又可分为：开料、封边、钻孔、分拣包装等重要工序，在加工的过程中，质量检验始终贯穿其中，如车间生产线布局基本可以按图5-4所示区域进行规划。在每个区域中，用流水线的自动导轨设备贯通，各个工序间互相关联。

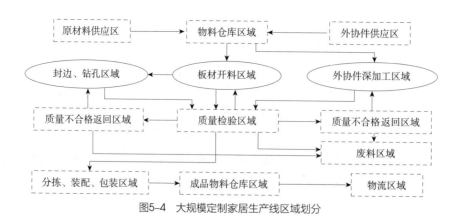

图5-4　大规模定制家居生产线区域划分

（2）大规模定制家居生产规划过程

大规模定制家居企业的生产规划过程，通常是由多部门的协同合作来制定和规划的，其流程一般是客户部接到生产订单后，转交给生产控制部门，由生产控制的计划部门进行排料，通过相关负责人审核后，形成生产指令单和物料需求计划，分别转交给车间和仓库。仓库根据物料需求计划和生产指令单进行自制件所需物料的发货和非自制件物料的采购。车间根据产品的特点进行自制件的加工，包括标准柜体加工、自制门板加工、铝材加工和精工等。自制件加工完成并检验合格后，连同非自制件（主要指外协件及配件等）一起进行包装，再交由成品仓库准备发货。整个规划过程如图5-5所示。

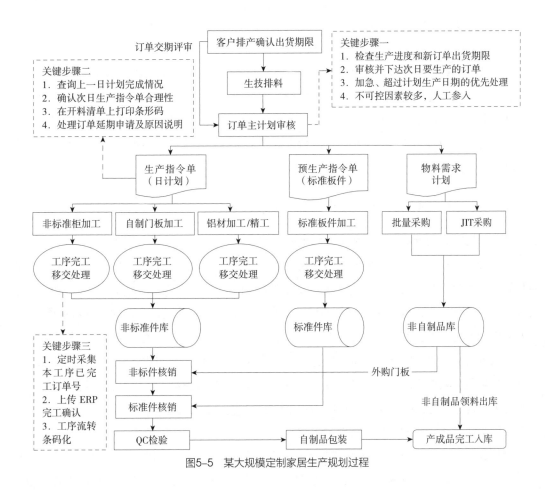

图5-5 某大规模定制家居生产规划过程

在大规模定制家居生产过程中，往往都有较多工序，不同定制产品，工序往往也有所差异，此处以某大规模橱柜生产过程为例进行说明，其基本工序主要包括：板材检验、板材开料、柜体加工、门板加工组装、包装入库等。工艺流程如图5-6所示。

实际生产过程中，所有工序应严格按照图纸尺寸及规格要求进行加工，并保证加工质量，在转入下道工序前，需进行严格的质量检验，对同一批号的产品应按下大上小原则整齐堆放。

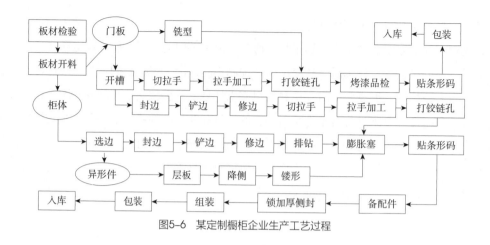

图5-6 某定制橱柜企业生产工艺过程

在所有零部件加工完成包装之前需对零部件进行条形码分类管理。组装作业时应严格依据图纸、料单进行组装。组装前产品及组装后产品按下大上小原则摆放在规定的放置区域内，每套产品之间至少有100mm以上的间隔或标示牌区分，产品之间不应有相互混放现象。同时，在同一个包装箱内的板件应避免互相间的摩擦损坏，尽量在板与板间加保护材料，如用保丽龙进行间隔。

5.3.4 大规模定制家居车间规划管理的关键技术

（1）大规模定制家居的制造和工艺规划体系建立

基于大规模定制家居生产模式下系列化、通用化、组合化和模块化的产品设计特点，产品的制造和工艺规划有面向单一的产品和零件转为面向产品族，这就要求零部件的制造和装配应实现工艺标准化、工艺规程典型化和典型工艺模块化等特性。其中，工艺的标准化主要包括：工艺文件标准化、工艺术语和符号标准化、工艺要素标准化、工艺装备标准化；工艺规程典型化是将众多的加工对象中加工要求和工艺方法相接近的加以归类，选出代表性的加工对象，编制出工艺规程；典型工艺模块化通过分析产品族或零部件族及其典型工艺特点，通过参数化的方法对每个典型工艺进行参数化，形成参数化典型工艺。

（2）车间工艺信息的优化与管理系统建立

大规模定制家居车间规划的好坏与工艺信息的管理密不可分。建立合理的工艺信息管理系统不仅是实现计算机辅助工艺设计系统的基础，同时对于大规模定制家居生产线的规划至关重要。

大规模定制家居的工艺过程设计是个性化较强的工作，不同家居企业工艺文件格式不同，其组织方式和工艺设计流程都有各自的特殊性。因此，有必要对大规模定制家居车间进行工艺信息的优化管理，如图5-7所示。模型中的工艺信息分为数据层、逻辑层和用户层。其中，数据层是完成工艺设计信息的存储、建立工艺信息的关联关系和实现工艺信息的增、删、改等操作。逻辑层是通过不同的配置来满足不同工艺设计过程的需要。用户层是系统中的最终反映形

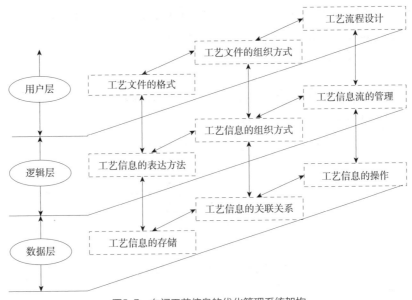

图5-7　车间工艺信息的优化管理系统架构

式，如将工艺信息的表达方式最终反映为工艺文件格式，而工艺信息在逻辑层组织方式体现为工艺文件的组织方式，并且通过工艺设计流程实现对工艺信息流的管理。

在此系统管理过程中，数据层管理主要包括：工艺信息存储、工艺信息关联关系和工艺信息操作。建立工艺信息模型的数据层，往往需要利用数据库管理系统（DBMS）提供开发工具，在产品数据管理系统PDM平台下，建立相互关联的实体对象。对工艺信息的增加、删除和更改操作是通过数据库应用程序或者PDM中的对象管理器来完成。逻辑层管理主要包括：工艺信息的表达方法、工艺信息的组织方式和工艺信息流的管理，是建立用户层和数据层关系的桥梁。工艺信息表达方法是描述每一类工艺信息；工艺信息的组织方式是建立从工艺文件组织方式到工艺数据之间的关联关系，包括：工艺信息分类、工艺信息最小单位和工艺信息组织结构。工艺信息中资源信息和知识信息往往独立于各个模块单独存在，而工艺文件和MBOM则按一定结构进行组织。组织方式主要包括两种：一种是按产品结构进行组织，另一种则是按工艺信息分类进行组织；工艺信息流的管理是将工艺设计流程转换为对工艺信息的操作和控制，例如工艺信息的复制、移动、增加、删除和更改操作及相应的权限限制等。

（3）车间信息采集监控系统的建立

在进行大规模定制家居车间规划的过程中，必须考虑到车间信息采集监控系统的建立，该系统应直接面向家居生产设备，依靠对设备的各项运行参数进行实时监控，并进行相应的交互处理，然后通过各种方式，从生产现场反馈各类处理结果，从而实现生产效率的提高，降低能耗，确保产品品质，最终达到降低生产成本、增加企业效益和市场竞争力的目的。对大规模定制橱柜而言，家居生产车间的信息采集与监控系统，其特征是多功能机器数据采集器的信号输出端与家居制造执行和信息处理系统的信号输入端相接，摄像机的信号输出端与家居制造执行和信息处理系统的信号输入端相接，家居制造执行和信息处理系统的信号输出端与现场LED显示屏、现场广播音箱的信号输入端相接，总体结构如图5-8所示。

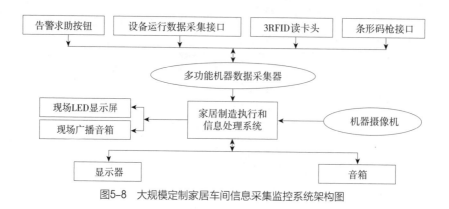

图5-8 大规模定制家居车间信息采集监控系统架构图

其主要结构分为：数据采集系统、数据处理与调度系统、现场信息反馈系统。数据采集系统包括：生产数据采集（包括机器运行时间、机器型号、运行速度、停机时间、停机次数、累计停机时间、累计停机次数、开机效率、班产、总产、操作工人信息等）、视频型号采集（是将视频监控的信号直接传输至数据处理与调度系统的显示器上，方便管理人员实时监控）和其他信号（如报警信号系统）等。信息采集时主要靠数据采集器完成，同时，采集器还可主动提供求助按钮、ID读卡、条形码枪的PS接口等；数据处理与调度系统包括：订单管理、工艺管理、排产管理子系统、生产现场可视化图文管理等；现场信息反馈系统包括：主动求助广播、机器运行不正常广播、电话拨入广播和电子显示屏信息发布等。

与传统家居生产车间相比，大规模定制家居生产线规划和流程管理更应直接面向生产设备，是对企业整个物料生产过程进行管理。同时，应对生产车间生产设备的各项运行参数进行实时监控，并对各项运行参数作相应的交互处理，从而直接提高生产效率，降低能耗，保证产品品质。并通过车间工艺信息优化管理系统和车间信息采集监控系统的建立，使大规模定制家居生产线规划和流程管理体现出以下几个方面的优势：

❶ 对整个车间制造过程的优化，解决现有家居企业生产制造过程中存在的问题和不足，利用信息化管理的手段制定新的生产线规划管理模式。以提高材料的利用率，消耗更少的材料，减少浪费，降低成本，也符合低碳生活的要求。

❷ 得出家居企业制造执行系统多点信息采集技术的方法，提供实时收集生产过程中数据的功能，并作出相应的分析和处理。

❸ 通过对家居企业制造执行系统的多点信息采集和管理技术研究，为家居制造企业提供一个快速反应、有弹性、精细化的制造环境。

❹ 解决制造执行系统需要与计划层和控制层进行信息交互，通过家居企业的连续信息流来实现企业信息全集成。

5.4 大规模定制家居信息化管理技术

5.4.1 搭建大规模定制家居信息化管理技术平台

面向大规模定制家居全生命周期的信息化管理，是以客户为中心，目前应用于企业信息化管理系统主要有：客户关系管理、供应链管理、产品数据管理、生产计划管理、企业协同管理等，如图5-9所示。在这个管理过程中，需要三种关键能力：一是客户需求采集（Elicitation），包括客户确定需求信息的种类、信息采集渠道及方式的设计；二是生产流程的柔性（Process Flexibility），包括模块化设计、精益生产、信息技术以及数控制造设备等的使用；三是物流（Logistics）的支持，包括互联网、自动库存系统以及包裹送递服务等的使用。信息管理系统不是依靠上述的某一单独功能，而是将三者整合形成一个整体的能力。

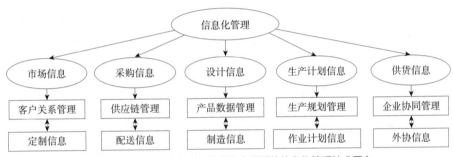

图5-9　面向大规模定制家居全生命周期的信息化管理技术平台

各种管理技术都要信息化管理技术的支持，其关键技术包括：条形码技术、无线射频识别（RFID）技术、高速数据通信5G技术（信息系统GIS、定位系统GPS、无线通信GSM）、巨量数据并行处理技术等应用。通过该技术的应用，使大规模定制家居产品的每个零件产生唯一条形码，在整个家居产品生产制造、运输、安装、服务等各环节采取条形码扫描、无线5G数据采集对过程进行校验，以保证每套形状与结构都有不同个性化产品，几十个至上百个零部件在制造、运输、安装、服务等各环节不出差错。

5.4.2 客户关系管理

家居制造企业如何快速、准确和低成本地获取客户个性化需求，是实现大规模定制家居效果的一个关键问题。大规模定制家居获取客户个性化需求的有效途径便是进行客户关系管理（customer relationship management，CRM）。其核心是以客户为中心，在实施过程中，为提供客户满意度和忠诚度，需通过系统的客户研究和管理，从而指导家居产品族的开发，改进定制家居产品的形式和服务质量。同时，对家居企业业务过程进行重组和优化，以提高企业的运营效率和利润。它可以帮助大规模定制家居企业最大限度地利用以客户为中心的资源（人员和资产），并将这些资源集中应用于客户和潜在客户身上。突出表现在供应链管理上，更注重客户端的资源。其目标是缩短销售周期和销售成本，通过寻求扩展业务所需的新市场和新渠道，并通过改进客户价值、满意度、盈利能力及客户的忠实度来改善企业的有效性。

（1）大规模定制家居客户关系管理的内涵

CRM首先是一种管理理念，其核心思想是将家居企业客户看作最重要的资源，通过完善的客户服务和深入的客户分析来满足客户需求。CRM也是一种管理软件和技术，它将最佳商业实践与数据挖掘、数据仓库、一对一营销、销售自动化及其他信息技术紧密结合在一起，为家居企业的营销、销售、客户服务和决策支持等领域提供业务自动化的解决方案。CRM又是一种旨在改善家居企业和客户之间关系的新型管理机制，是一种企业战略，它实施于企业的市场营销、销售、客户服务与技术支持等领域，使家居企业更好地围绕客户行为来有效管理自己的经营活动。

大规模定制家居客户关系管理其关键技术是将现代计算机技术、网络技术、信息技术、经营理念和管理思想相结合，以"客户为中心"的理念对家居企业原有的产品结构、业务流程结构、文化观念等进行重构，并合理地配置企业定制资源，为客户提供短周期和低成本的定制家居产品。具体而言，先通过人工或自动采集技术对客户定制家居需求信息进行采集，将采集信息通过管理软件（如ERP）进行处理与集成，使得信息在企业内部进行共享，在人工及使用其他分析软件进行分析和对产品预测的基础上，通过设计软件（如2020、SolidWorks、TopSolid）开发并构建家居产品或零部件标准化、模块化数据库，并通过先进制造技术软件（如IMOS）结合先进设备进行快速和低成本的生产，实现客户满意度的最大化，从而提升企业的核心竞争力。

❶ 大规模定制家居CRM运作特点。大规模定制家居客户关系管理是建立在以"客户为中心"的基础上，与传统批量化生产和小批量的定制生产模式相比，其特点有很大不同，体现在以下几个方面：

a. 改变家居销售模式。实施大规模定制家居客户关系管理，将客户需求放在首位，将每个客户视为一个独立的市场，即"一对一营销"模式，通过对客户需求信息的采集与反馈互动，企业将根据其需求，并将客户设计作为重要依据的基础上，为其提供定制化家居产品和服务，从而真正实现服务型制造销售模式的转变。

b. 进行定制家居产品设计开发基础信息采集。实施大规模定制家居客户关系管理，能为大规模定制家居产品设计开发提供大量基础信息，在客户参与设计的过程中，能将其对产品的需求信息（如物理信息、产品造型信息、产品质量信息等）进行自动采集，并将该信息在企业内共享，使得企业在产品开发及制造过程中进行合理的优化配置。

c. 是实施家居信息化制造的关键所在。通过大规模定制家居客户关系管理系统提供产品基础信息，在家居企业产品研发、生产制造、仓储、销售、客户服务及物流等部门的快速传递与共享，形成信息流，并与企业的后台支持系统ERP更加紧密结合，从而实现家居企业信息的全集成，为家居企业实现信息化制造提供保障。

d. 对信息技术依赖程度增强。信息技术与制造技术不断融合，使家居制造过程不断走向数字化、信息化。大规模定制家居客户关系管理更是依靠网络技术、自动采集技术等信息技术整合客户信息，使企业获取客户需求信息更全面，并加速客户定制信息流共享，从而实现大规模定制家居的敏捷生产。

❷ 构建大规模定制家居CRM的必要性。大规模定制家居最大特点是在满足客户个性化需求的同时兼顾企业敏捷制造，对企业来说既要提供高质量产品，同时需满足客户短周期加工、低成本产品服务。因此，无论产品开发设计还是生产过程，都必须将从客户关系管理中获取的客户需求信息放在首位。实施大规模定制家居客户关系管理的必要性主要体现在以下两个方面：

a. 通过客户关系管理，对网络、自动采集等信息技术的利用，使客户个性化需求信息更快捷、更全面，并通过其他设计软件、管理软件整合，使信息流的流通和共享更顺畅，从而提升企业对此快速反应的能力，解决定制个性化产品与短交货期因信息不能快速传递造成的矛盾。

b. 通过客户关系管理，将采集的客户需求信息作为家居企业产品研发和企业资源配置的基础，企业在新产品开发、物流配送、生产过程管理、战略发展都将有据可依，真正实现大规模定制家居"以客户为中心"的思想，以客户个性化需求为前提的产品和服务，以低成本、短周期和高质量的生产模式为目标，从而真正实现大规模定制家居的服务型制造模式。

❸ 大规模定制CRM在家居企业管理中的作用。

a. 防止客户严重流失。CRM能够实现客户有效细分，对客户有充分的了解，投其所好，找出相应对策。通过与客户长期互动，及时提升整改，增强客户满意度，防止客户严重流失。

b. 促进管理模式创新。CRM有助于家居企业从上至下意识到客户满意对于企业的重要性，能将"以客户为中心"的思想融入企业文化当中，能促使企业内部业务流程的变革，创新企业管理模式，降低企业运营成本。

c. 实现企业内部协作及信息共享。CRM通过对客户生命周期产生和发展信息的归集及企业与客户的个性化沟通渠道构建，实现企业内部各部门间的信息共享，降低企业内损。

d. 企业提升核心竞争力的关键。现代企业竞争的实质是客户资源的竞争，CRM的目的就是通过对客户价值的判断，保留有价值客户，保证企业维持较高的客户份额。CRM强调"一对一"的客户服务，企业从每一次的客户接触中，增加对客户的了解，根据客户的需求不断改善，提高企业不断满足客户的能力。实现企业"以产品为中心"向"以客户为中心"的模式转变，从而提升企业核心竞争力。

（2）大规模定制家居CRM应用技术

❶ 大规模定制CRM技术架构。大规模定制家居客户关系管理架构主要是通过网络由企业提供给客户进行个性化设计的平台，如图5-10所示。

依据该平台，客户关系管理在运行过程中，首先，通过对客户资料信息、交流互动信息和个性化定制家居信息等的采集与处理，形成客户关系管理数据库，数据中心经处理后将部分信息传递给家居设计部门，由设计部门通过对家居产品模块化的设计形成家居产品族，供客户自定制设计时提取，另一部分信息传递给家居生产及各职能部门根据客户需求进行定制生产和服务。其次，通过家居产品定制中心，在家居产品族的支持下进行个性化产品定制，满足客户多样化的需求，并根据客户多样化需求由家居生产各部门组织生产的过程。最后，通过客户关系

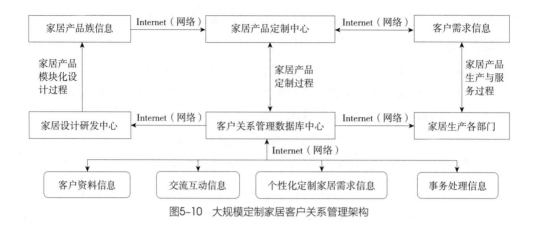

图5-10　大规模定制家居客户关系管理架构

管理数据库中心提供的信息，在利用数据挖掘技术及其他分析软件进行分析和对产品预测的基础上，进行家居产品标准化、模块化设计，不断开发并形成新的产品族模块库，并根据产品结构特点改进生产流程，形成柔性化加工技术。

❷大规模定制家居CRM应用技术。依据上述大规模定制家居客户关系管理基础研究，总结出其应用关键技术主要包括三个方面，即信息流的流程管理技术、进行CRM管理过程中的信息采集与处理技术及企业资源计划（enterprise resource planning，ERP）与客户关系管理（CRM）的集成技术，如图5-11所示。其中，信息流的流程管理技术包括：营销自动化（MA）或销售过程自动化（SFA）和客户服务流程；信息采集与处理技术包含客户档案管理、销售自动化、客服管理和事物管理四个方面内容，是在建立客户资料信息、交流互动信息和个性化定制家居信息等客户信息数据库的基础上，采用数据挖掘技术建立CRM系统；ERP与CRM的集成技术主要包括信息流的共享集成、重组业务流程的集成和企业信息化管理与智能集成三大部分。

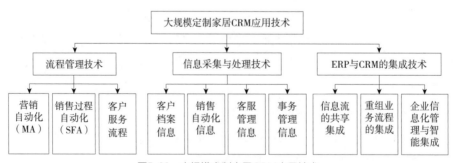

图5-11　大规模定制家居CRM应用技术

❸流程管理技术。CRM流程管理技术要求系统能够提供对客户进行全面的信息与档案跟踪管理，提供客户档案管理、客户全貌查询等方面实用的工具来有效管理和快速获取客户档案信息和发生的所有相关活动，把从客户一踏入销售展厅大门开始到后续签单、交付、售后、客户回访、客户关爱、客户投诉等所有与该客户有关的信息全部集中管理。

营销自动化（MA）或销售过程自动化（SFA）技术要对销售过程进行全面的信息跟踪管理，

帮助销售一线人员有效管理和追踪落实销售机会，帮助企业高层全面了解一线销售现状和阶段进程，为公司决策层有价值的数据分析，以便对将来的市场销售策略和运营思路做出快速调整与重新部署。某大规模定制家居的客户管理与销售过程自动化流程管理如图5-12所示。

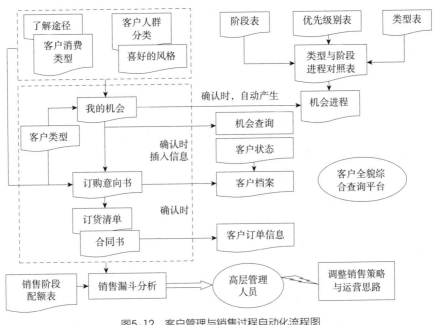

图5-12　客户管理与销售过程自动化流程图

❹ 信息采集与处理技术。客户关系管理中客户需求采集在企业信息化集成的过程中起着极其重要的作用。只有对多样化客户需求进行采集、整理和在设计过程中与客户及时交流，做到设计师与客户的协同设计，才能真正满足客户的需求，才能使得大规模定制家居企业在客户支持的条件下高效运行。

客户档案信息采集与处理包括：客户档案、客户类型、客户状态、客户管理中心、客户订单信息五方面内容。其中，客户档案是为每个大规模定制客户建立详细的档案记录；客户类型主要是为某一品牌客户进行分类管理；客户状态是为客户进行阶段状态管理；客户管理中心主要是对每个客户进行各类信息分类管理；客户订单信息是记录客户每个订单详细信息并保存。

销售自动化信息采集与处理主要包括：客户消费类型、了解途径、客户人群分类、喜好风格、我的机会、订购意向书、机会查询、机会单进程、优先级别表、销售阶段配额表、销售漏斗分析表等。

客户服务信息采集与处理主要包括：对各种需要进程管理的处理类型和方式进行定义分类，对所有处理类型的处理阶段进行定义分类管理，对处理类型和处理阶段对照进行定义分类管理，对电话问题进行定义分类，对售后的各类工作进行分类定量管理，对售后工程师的工作量进行工作量统计查询与调配管理，对所有的来电咨询进行分类记录管理，对需要预约派工的来电咨询单进行派工处理，对所有的来电咨询单进行分类进程跟踪管理，对客诉类型进行定义分类，对售后处理类型进行用户自定义管理，为每个区域的售后进程处理指定专门的责任人，售后报修（客户投诉）处理单据，售后单派生内部五金领用单据，售后单派生的自制加工处理单，售后单派生的电器维修单处理单等。

事物管理信息采集与处理主要包括：对事务提醒的条件进行分类设置，对事务提醒名称进行分类管理，对事务提醒进行设置定义，事务提醒管理平台，活动策划发起单，对所有活动策划做进程跟踪管理。

（3）构建大规模定制家居CRM面临的挑战

在实施大规模定制家居客户关系管理时，由于企业的重心由内向外转移在发生变化，即以客户为中心逐渐取代生产中心，因此产品结构、业务流程、生产模式及企业文化等都将进行变革。家居企业实施客户关系管理时面临的问题主要有以下几个方面：

第一，家居结构的调整问题。大规模定制家居的核心是根据客户需求提供个性化的产品和服务，这就要求企业的产品模型库中具备多样化的定制产品。由于家居产品的特殊性，其多样化包括内部多样化和外部多样化，其中，家居内部多样化则会造成家居质量的不稳定、高成本和交货周期延迟，而外部多样化能为顾客提供丰富的选择，是客户所希望的。因此，客户关系管理面临的一大挑战，便是调整家居结构，即增加家居外部多样化，减少家居内部多样化。减少家居内部多样化是通过对家居内部的标准化（简化、统一、最优和协调）技术来实现的，但对目前家居企业而言，给客户关系管理带来一定困难的是家居自身结构复杂、种类繁多及生命周期的日益缩短情况，家居产品及零部件产品族模块化（标准化、规格化和系列化）的缺少，同时，受到大规模定制家居敏捷制造的影响，家居结构的调整将是实施客户关系管理时的首要问题，也是必须解决的问题。

第二，业务流程的重组问题。大规模定制家居往往需要合作方式进行，即企业各部门间是相互联系的，过去各部门间独立的业务流程已不能适应以客户为中心的生产特点。因此，实施客户关系管理，必须对企业的业务流程进行分析后进行重组，即以客户需求为中心，以生产过程的柔性为基本条件，以物流的支持为保证，在对相关信息进行分析和处理后，将其整合形成一个整体业务流程改造。

第三，企业文化观念的改变问题。大规模定制家居直接面对客户，是一种重视客户利益和个性化需求的服务型制造模式，要求以客户资源为主的企业外部资源的充分利用，改变过去只重视企业内部资源及能力，追求企业利润，忽视客户利益，忽视企业与客户、员工之间、员工上下级之间的交流。因此，客户关系管理面临的另一大挑战便是企业文化观念的改变。

5.4.3 供应链管理

大规模定制家居生产的供应链管理是对家居产品整个供应链系统中的信息流、物流和资金流进行计划、协调、执行和控制的各种活动及过程。大规模定制的供应链管理更加注重快速把握客户需求，更加注重企业内部资源的有效整合，更加注重建立战略合作的外部协作关系。异构环境下大规模定制家居产品供应链管理平台，如图5-13所示。

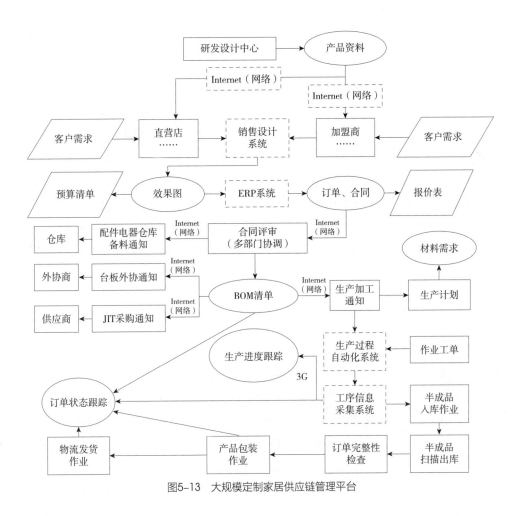

图5-13 大规模定制家居供应链管理平台

其关键技术包括原辅材料与外购件的采购管理和定制产品的配送管理两大方面。通过对供应链上节点企业的历史信息，进行标准化和规范化管理，一般在构建供应链时要选择信息化水平高的节点企业及建立供应链管理系统。

5.4.4 产品数据管理

产品数据管理（product data management，PDM）是对产品开发、设计、销售、工艺规划、采购、加工装配和售后服务等有关的产品全生命周期的信息和过程信息进行管理。它将所有与产品有关的过程集成在一起。与产品有关的信息包括任何属于产品的数据，如CAD/CAE/CAM的文件、物料清单（BOM）、产品配置、事物文件、产品订单、电子表格、生产成本、供应商状况等。与产品有关的过程包括加工工序、加工指南和有关批准、使用权、安全、工作标准和方法、工作流程、机构关系等所有过程处理的程序，包括产品生命周期的各个方面。

其关键技术是通过对家居产品及其零部件进行标准件和非标准件分析并分类，建立完整的物料编码体系，进行零部件名称分析、规范零部件的命名，并进行零部件参数分析，减少零部件参数的多样化，产品的信息的标准化和规范化管理等。

5.4.5 生产规划管理

大规模定制家居企业的生产规划过程，通常是由多部门的协同合作来制定和规划的，其流程一般是客户部接到生产订单后转交给生产控制部门，由生产计划部门进行排料，通过相关负责人审核后，形成生产指令单和物料需求计划，分别转交给车间和仓库。仓库根据物料需求计划和生产指令单进行自制件所需物料的发货和非自制件物料的采购。车间根据产品特点进行自制件的加工，包括标准柜体加工、自制门板加工、铝材加工和精工等。自制件加工完成并检验合格后，连同非自制件（主要指外协件及配件等）一起进行包装，再交由成品仓库准备发货。

关键技术是：建立客户订单管理系统，实现客户订单管理系统与生产计划管理系统的集成，编制原材料和外购件的采购计划，编制产品定制的生产计划、生产作业计划，编制自制零部件的预制生产计划等。

5.4.6 企业管理过程中的信息采集与处理

大规模定制过程实质上是信息采集、传输、处理及应用的过程。信息采集是指为生产在信息资源方面做准备的工作，包括对信息的收集和处理。它是生产的直接基础和重要依据。大规模定制家居是以市场为导向的创造性活动，它要求创造消费市场满足大众需求，同时又能大规模定制生产、便于制造，更重要的是为企业创造效益，这是一个产品开发与设计必须真正把握和解决的系统化问题。只有从最广泛的各个层面搜集信息进行调查，才能保证一个具体的大规模定制家居产品不至于产生"空中楼阁"的现象，信息采集是大规模定制家居的基础所在。

整个大规模定制产品全生命周期的信息化管理流程如图5-14所示，整个信息采集与处理过程也是围绕此流程进行。

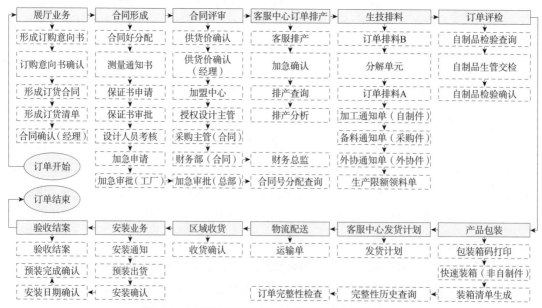

图5-14　大规模定制家居全生命周期的信息化管理流程

5.5 大规模定制家居标准化体系

5.5.1 标准化管理体系

标准化管理是指以制定、贯彻管理标准为主要内容的全部活动过程。它是企业标准化的一个有机组成部分。推行企业标准化管理是适应大规模定制模式的客观需要，同时也是企业管理逐步走向科学化的必然结果。

实施标准化管理，一般应同企业现存的管理系统相对应，即首先明确企业管理系统中的各管理部门（如计划、技术、生产、销售、财务、设备等部门）；再考查各部门内部的业务分工（有的部门业务内容较多、范围较广还可能再设一个管理层次，如技术管理部门下设：技术发展、产品设计、科技情报科技档案、工艺等低层次的部门）；最后弄清每个管理部门（或层次）内部的各个管理环节（如设备管理部门可分设备购置、设备安装调试、设备使用、设备检查、设备维护保养、设备修理和设备改造等管理环节）。企业管理系统在被分析、细分和调整优化后，便可成为实施企业标准化管理的依据。

目前，家居企业标准化管理体系主要由以下几部分组成（图5-15）：标准化生产管理、标准化技术管理、标准化质量管理、标准化物资管理、标准化设备管理、标准化财务管理、标准化销售管理等。

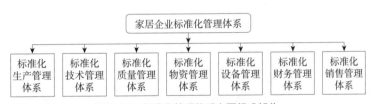

图5-15　标准化管理体系主要组成部分

5.5.2 实现标准化管理的信息化系统及工具

由于产品品种多，加之客户和供应商数目巨大，大规模定制面对的是海量的数据，这给标准化管理带来较大困难和挑战，只有将计算机技术和网络技术紧密结合，方能有利于保持信息流的畅通，才能将正确的信息在正确的时间送到正确的地方，唯有如此，标准化管理才能得以实现。目前，应用于大规模定制企业的信息化管理系统及工具，如图5-16所示。

图5-16　应用于大规模定制企业的信息化管理系统及工具

（1）客户关系管理

客户关系管理是企业为全方面了解客户需求而开发出的以满足客户个性化需求的产品或服务为目标的一种管理模式，是企业在"以客户为中心"的发展战略基础上开展的包括判断、选择、争取、发展和保持客户所实施的全部商业过程。针对产品的生命周期更短、客户需求更加个性化的现状，基于大规模定制的客户关系管理，更注重与客户"一对一"的交互方式，更注重对客户需求的快速反应，更注重分析和挖掘客户定制行为与规律。

（2）供应链管理

供应链管理是对整个供应链系统中的信息流、物流和资金流进行计划、协调、执行和控制的各种活动和过程。针对大规模定制所特有的集成性和敏捷性，基于大规模定制的供应链管理更加注重快速，把握客户需求，更注重企业内部资源的有效整合，更注重建立战略合作的外部协作关系。

（3）产品数据管理

产品数据管理是指对产品开发、产品设计、销售、工艺过程规划、采购、加工装配和售后服务等过程中有关的产品信息和过程信息进行管理。在大规模定制生产模式下，对产品的管理已不再局限于对产品设计的图纸管理，而扩大为包括用户定制、产品开发、设计、制造及销售、使用维护等在内的产品全生命周期管理。基于大规模定制的产品数据管理应具有良好的开放性、扩展性和高效的产品配置，注重和用户的交互性互动，强调用户参与产品设计，能迅速、安全地处理用户订单和产品信息。

（4）计算机辅助工艺规划

计算机辅助工艺规划是将被加工零件的原始数据、加工条件和加工要求等输入信息经由计算机系统自动进行编码和编程，从而将工艺规程进行优化的过程。因为大规模定制产品的系列化特点及面向产品族的生产模式，基于大规模定制的计算机辅助工艺规划更注重产品工艺配置，更注重产品快速工艺设计，更注重参数化工艺设计。

推行企业标准化管理并建立标准化管理体系是适应大规模定制模式所带来的从经营理念到业务流程的系统化革命的客观需要，而革新经营理念、转变经营模式、改善管理制度并借助计算机和信息化技术才是实现标准化管理必由之路。

5.6 大规模定制家居质量保证技术

5.6.1 大规模定制家居质量保证技术的内涵

质量是以一组固有特性满足顾客明示的、通常隐含的或必须履行的需求或期望的程度，而质量保证体系是企业为保证产品质量能够满足顾客的需求，将组织职责、过程活动、方法和资源等要素构成有机整体来解决现代质量保证问题的一种系统方法。建立面向大规模定制生产模式的质量保证体系就是在设计、制造、销售等全过程循环进行建立标准、实施标准、按标准检验和肯定或修订标准的过程，这也是一个持续改善的动态过程。

被世界上110多个发达国家和发展中国家所广泛采用的ISO9000系列族标准，通过排除和预防错误或修改不恰当的设计等措施使产品和服务质量得到日益提升，已成为包括家居企业在内的众多企业所认可的质量保证体系。ISO9000标准将复杂的质量体系细分为若干过程和要素，并对每一过程和要素进行详细的规定，其中ISO9001《质量管理体系要求》概括出管理职责、设计控制、客户提供产品的控制、过程控制、检验和试验等20个独立的质量体系要素，这些要素随后被"以客户为中心"的ISO9000、ISO2000按过程模式重新组建为"管理职责""资源管理""产品实现"及"测量分析和改进"四大管理过程。以下将围绕"测量分析和改进"过程探讨建立大规模定制的质量保证体系的要点。

5.6.2　测量分析和改进

"测量分析和改进"过程要求生产企业策划和确实执行质量管理体系所需的测量分析和改进过程，确定过程和产品的监视、测量，证实产品的符合性，保持质量管理体系的有效性。具体包括顾客满意度、内部审核、过程监视和测量、产品监视和测量不合格品控制、数据分析、改进、纠正措施和预防措施9项条款。以下仅就与之密切相关的检验和试验要素进行分析。

（1）检验

检验是通过观察和判断，适时结合测量、试验或估量所进行的符合性评价，即借助某种手段或方法，对成品、半成品或原材料的质地特性进行测定，并将测定结果同规定质量标准作比较，从而判断其是否合格的过程。ISO9001标准则具体要求企业制订全套检验标准，包括各类原材料的进货检验标准、各类工序检验标准、最终成品检验标准；品管员应严格依照标准执行检验，并进行记录，记录应妥善保存。

❶ 企业检验方式。企业里的检验方式随企业的生产类型不同而不同，根据不同的分类原则可划分如下。

按检验主体，分为自检、互检和专检的"三检制"。

a. 自检是指操作者对其所加工的制品（或零件），按图纸、工艺或标准进行的检查。经检验确认合格后送交下一工序或专职检查人员检查。自检虽然是初步的检验，但很重要，通过操作工人的自检，不仅可以把不合格品挑出来防止流入下一道工序，且有利于操作者及时调整工装和设备，防止再次出现不合格品。这对提高工人的质量意识有很大作用。

b. 互检是生产工人之间相互进行的检验。如下道工序的工人对上道工序的检验；同工序工人的互检；班组质量管理员对本组工人生产的产品的抽验；下一班工人对上一班工作的检验等。

c. 专检即企业专职检验机构的检验。如企业的技术检验科或检查科所进行的检验，这种方式的检验，不仅具有确保产品质量的作用，且具有代表企业对产品进行验收的意义，因为既要防止不合格产品流入下一道工序或流出厂外，又要防止不合格的原材料和零配件等流入厂内。

按检验特征分为以下几种方式：

a. 按工作过程的次序可分为预先检验（加工装配前对原材料、半成品、外购件等的检验）、中间检验（加工过程中前后工序间的检验）和最后检验（完成全部加工或装配程序后对半成品或成品的检验）。

　　b. 按检验数量可分为全数检验（对检验对象逐一进行检验）、抽样检验（对检验对象按抽样方案规定的数量检验）。

　　c. 按预防性可分为首件检验（对改变加工对象或改变生产条件后生产的第一件或头几件产品进行的检验）和统计检验（运用概率论和数理统计原理，借助统计检查图表进行的检验）。

　　这几种检验方式各有不同的适用条件，企业应根据本单位生产过程的具体情况和特点合理选择可以正确反映产品品质状况的检验方式。

　　按检验目的分为出厂检验和型式检验。

　　a. 型式检验，又叫例行检验。其目的是通过对产品各项质量指标的全面检验，以评定产品质量是否全面符合标准，是否达到全部设计质量要求。它主要用于新产品投产前的定型鉴定。但正式投产后，如果结构、材料等有重大改变及转厂生产或长期停产后重新投产，也需进行型式检验。在工艺较为稳定的情况下，可重点选若干项目，包括某些过载试验、寿命试验和破坏性试验，进行周期性复查考核。型式检验，除用于新产品鉴定之外，通常属于制造厂的内部检验，工厂应根据试验结果在必要时调整工艺过程，以保证产品品质达到较高水平。

　　b. 出厂检验，又叫验收检验。它是对正式生产的产品在交货时必须进行的最终检验。其目的是评定已通过型式检验的产品在交货时是否具有型式检验时确认的质量，是否达到良好的品质特性要求。产品经出厂检验合格，才能作为合格品交付。用户认为必要时也可按出厂检验的项目进行接收检验。出厂检验项目是型式检验项目中的一部分，有的项目可以全检，有的项目可以抽检。对于平时已做过周期性检查的一些试验（如过载试验、破坏性试验、寿命试验），根据检验记录，如可证明生产过程稳定，则可以不再重复进行型式检验（用户提出要求时例外）。对于列入产品标准中的质量检验，根据国家标准规定，一般采取这两种检验方式。它实际上是对产品实行最后检验的两种方式。

　　❷ 企业检验标准。企业的检验工作是生产过程的一个工序，贯穿生产的全过程，几乎在各个部门、各个加工车间、工艺环节和生产班组都有检验工序。为保证检验工作的严肃性和科学性，应制定相应的检验标准，作为操作工人自检、互检及专职检验的共同依据。

　　企业检验不仅形式多样，且对象多种多样。检验标准的种类也较多，不同行业又有所不同。就工业产品加工企业来说，如果按生产过程的次序划分，主要有如下一些检验工作及相应的检验标准：

　　a. 接收检验标准，又叫入厂检验标准。主要是对进厂的原材料、外购件、外协件、外购工具、量刃具、仪表和设备等所规定的检验标准。其目的是保证不合格的原材料及工装设备不进厂。

　　b. 中间检验标准，主要是生产过程中的检验标准。其目的是保证不合格的零部件、半成品不交给下一道工序。

　　c. 成品检验标准，检验制成品的质量是否达到产品标准的要求。对成品进行检验，还可按不同时期分为最终产品检验、在制品出入库检验、长期库存品的在库检验、出厂时的出厂检验等，目的是保证不合格产品不出厂。

（2）试验

按照程序，对产品的一个或多个质量特性进行试验、测定、检查的确定方法统称为试验。它是对具体产品实现技术要求规定程度的定量鉴定方法。

从概念上来说，试验和检验都属于检查的范畴，但判定产品是否合格，必须通过检验，而对产品进行检验又必须以试验所得结果作为判定的依据，且必须统一试验方法，才能保证试验结果的可靠性和可比性。所以检验与试验在概念上既有区别又有联系，如图5-17所示。

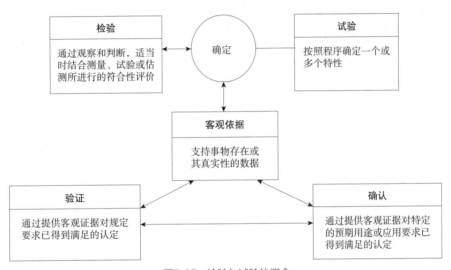

图5-17 检验与试验的概念

试验结果只能作为判定产品合格的依据，并不对产品合格与否作出判定，如何判定产品是否合格是检验规则的任务，所谓检验规则是产品制造部门和用户判定产品合格与否所共同遵守的基本准则。检验规则部分不包括具体的试验方法，检验中所用的试验方法可在标准中单独规定，也可制定通用的试验方法标准。

任何一个企业从原材料入厂到零部件和半成品往下道工序转移，至产品完工入库或出厂，都要经过严格的检验。只有严格的检验，产品质量才会有可靠的保证；当然，对保证产品质量来说，检查只能起到辅助作用，关键措施是把企业各部门、各环节的生产经营活动严密地组织起来，用现代化手段进行产品质量控制，确保产品质量稳定可靠，真正建立起面向大规模定制生产模式的质量保证体系，向着"零缺陷"和"零废品"的目标而持续努力。

大规模定制家居的核心主要包括家居生产过程中的数字化设计、集成生产、信息化敏捷供应链管理等技术，其本质就是家居信息化生产过程中信息资源的建设和开发利用，如何通过大规模定制提升我国家居制造技术，加快信息化步伐，达到控制企业的设计、生产、销售、物流和资金流及与客户、供应商等成员协同运作的目标，形成企业内部、企业与客户、企业与供应商之间信息的良性反馈，从而使大规模定制家居在成本、速度、差异化上取得竞争优势，对整个家居企业的生存和发展都具有至关重要的作用。

练习与思考题

1. 简述家具设计的基本思路。
2. 大规模定制家具的设计体系包括哪些？
3. 简述系列化、通用化、组合化、模块化的基本概念。
4. 大规模定制家居的工艺规划体系有哪些？
5. 大规模定制家居的全生命周期管理技术包括哪几个方面？
6. 大规模定制家居的质量管理体系包括哪几个方面？

第6章　家居柔性制造技术

学习目标

　　了解柔性制造技术的基本内涵和原理；掌握柔性制造技术的类型和方法；熟悉大规模定制家居FMS关键技术和柔性制造技术的发展方向。

柔性制造是针对大规模生产的弊端而提出的新型制造模式。该模式一方面能对市场需求变化做出快速响应，消除冗余无用的损耗，力求企业获得更大效益；另一方面，有助于实现多企业组织协同，让技术要素、市场要素等协同配置更便捷，从而提升产品质量和服务水平。由于柔性制造能更好地满足大规模定制家居客户和生产需求，因此，已经成为大规模定制家居生产转型升级的优选方案。

6.1 柔性制造技术的产生

6.1.1 柔性制造技术的产生背景

第二次世界大战后，由于先进科学技术的不断进步并转化成生产力，社会需求和市场产生巨大变化，使传统制造方式不断受到挑战。新型先进的制造技术和系统得到广泛重视和积极推动，也得到了飞速发展。20世纪90年代，制造业内、外部环境和条件都发生深刻变化，其主要有以下三个方面原因。

（1）计算机控制技术日臻成熟

计算机在制造业中的应用，已从制造产品市场的调查研究、新产品的开发和研制、产品的工程设计、生产的规划与设计，融入生产制造、生产物流控制过程中，并不断向更高深的领域发展。构建先进制造系统各单元技术的时机已初见端倪，集成的条件已经具备。

（2）市场规模已从局部市场转化为国际市场

市场需求，不仅使产品多样化和型号规格日益增加、批量减少，且由相对稳定的市场转变成动态多变市场。市场在质量、价格、交货期方面的竞争空前激烈。

（3）科学技术的进步推动了自动化程度和制造水平的提高

传统的自动化生产技术可以显著提高生产效率，但有一定的局限性，无法很好地适应中小批量生产的要求。随着制造技术的发展，特别是自动控制技术、数控加工技术、3D打印技术、工业机器人技术等的迅猛发展，柔性制造技术（FMT）应运而生。

上述变化促使制造业需要一种新的策略，寻求一种在信息技术主导下将技术、管理、经济结合的新型生产方式，以便增强自身竞争力。柔性制造系统就是在这种背景下产生的新型、先进的制造系统。

6.1.2 柔性制造技术的产生与发展

随着经济发展和消费水平的提高，人们对商品需求不断增长，更注重产品不断更新和多样化。中小批量、多品种生产已成为当今机械制造业的一个重要特征。同时，科学技术的迅猛发展推动了自动化程度和制造水平的提高。20世纪50年代，在美国麻省理工学院诞生了第一台三坐标数控铣床以后，机电一体化及数控（NC）的概念出现了。随着机电一体化技术的进一步发展，出现了计算机数控（CN）、计算机在直接控制（又称群控）（DNC）、计算机辅助制造

（CAM）、计算机辅助设计（CAD）、成组技术（GT）、计算机辅助工艺规程（CAPP）、工业机器人技术（ROBOT）等。

在这些新技术的基础上，为多品种、小批量生产的需求而兴起的柔性自动化制造技术得到了迅速发展，作为这种技术具体应用的柔性制造系统（FMS）、柔性制造单元（FMC）和柔性制造自动线（FML）等柔性制造设备纷纷问世，其中柔性制造系统最具代表性。

20世纪60年代，柔性制造系统概念首先由英国莫林斯公司的研发工程师西奥·威廉森提出。1967年，莫林斯公司创建了世界上第一套柔性制造系统——Molins System-24，该系统可以实现加工设备的自动化控制，且保持24h不间断工作。特别值得一提的是，在整个制造过程中几乎很少需要人工介入。可以说，Molins System-24的出现成为柔性制造系统思想形成的开端。同一时期，美国也研发出由多个加工中心和设备组成的Omniline-1制造系统。在之后的十几年里，德国、法国、苏联、意大利和日本等科技发达国家也相继开发出其国家的第一代柔性制造系统。据统计，1985年世界各国已投入运行的FMS有500多套，1988年近800套，1990年超过1000套，目前约共3000多套FMS正在运行。我国1984年开始研制FMS，1986年从日本引进第一套FMS。

20世纪80年代后，经过各国学者的不断探索和努力，柔性制造系统进入商品化和实用化阶段。有数据表明，如果将数控加工设备都联结起来组成柔性制造系统，则可以减少52.6%的加工设备和人力资源投入，减少45%~72%的生产占地面积，提高制造资源利用率1.5~3.2倍，降低生产成本50%左右，缩短生产周期45%~90%。

目前，随着全球化市场的形成和发展，无论是发达国家还是发展中国家，都越来越重视柔性制造技术的发展，FMS已成为当今乃至今后若干年机械制造自动化发展的重要方向。而家居柔性化生产与机械行业柔性化生产不同，家居企业的资金有限，家居柔性化生产强调的是保持现有的生产条件，在"软件"上加强柔性，即在设计、管理、工艺等方面采用适当的方式方法来达到灵活机动的要求。具体是指通过生产管理、成组技术、零件标准化设计、模块化生产、零件编码系统、模具柔性化设计来实现整个系统的柔性，对于现有的家居企业设备只需要进行布局调整，不需要添加大型、昂贵的设备。家居柔性化生产满足家具产品多样化、小规模、周期可控，成为现代制造企业的一种全新竞争模式，也是促进木材资源可持续发展，推进家具制造业的工业化进程，是我国家具生产形成专业化、规模化、集约化生产方式的必由之路。

6.2 柔性制造的基本内涵

6.2.1 柔性制造技术的概念

在制造业中，柔性是指企业制造系统变换产品种类或数量的适应能力和便捷程度。柔性制造技术（flexible manufacturing technology，FMT）是集计算机技术、自动化技术、人工智能技术和企业管理技术于一体的现代化制造技术，其主要应用表现形式为柔性制造系统（flexible manufacturing system，FMS）。

在我国有关标准中，柔性制造系统是由数控加工设备、物流储运装置和计算机控制系统组成的自动化制造系统。它包括多个柔性制造单元，能根据制造任务或生产环境的变化迅速进行调整，适用于多品种、中小批量生产。

美国国家标准局（Unitde States Bureau of Standards）把柔性制造系统定义为：由一个传输系统联系起来的一些设备，传输装置把工件放在其他联结装置上送到各个加工设备上，使工件加工准确、迅速、自动化。中央计算机控制机床和传输系统、柔性制造系统有时可同时加工几种不同的零件。

国际生产工程研究协会对柔性制造系统的定义：柔性制造系统是一个自动化的生产制造系统，在最少人干预下，能够生产任何范围的产品族；系统的柔性通常受到系统设计时所考虑的产品族限制。

虽然描述各异，但我们可以将FMS理解为由自动物料储运系统连接起来的一组加工设备，统一由系统软件控制，可以在无停机换线情况下实现多品种、小批量工件加工，并具有一定的生产计划排产管理功能。

柔性是一种灵活应变的能力或快速响应的能力，同时，柔性应贯穿整个生产过程的各个方面及各阶段，如工艺、设备、管理、刀具等。柔性制造可表述为两个方面。

一方面，指生产能力的柔性反应能力，也就是机器设备的小批量生产能力。柔性制造系统是由若干数控设备、物料储运装置和计算机控制系统组成的并能根据制造任务和生产品种变化而迅速进行调整的自动化制造系统。另一方面，指供应链的敏捷和精确的反应能力。随着批量生产时代正逐渐被适应市场动态变化的生产所替代，系统从传统"以产定销"的"产—供—销—人—财—物"模式转变成"以销定产"，其价值链为"人—财—产—物—销"。如定制，以消费者为导向，以需定产的方式，考验的是生产线和供应链的反应速度，如电子商务领域的"C2B""C2P2B"等正是柔性制造的精髓。

下面是几个比较典型的柔性制造的定义。

1967年，Rophl给出的定义：集成化地设计和连接系统中的元素，使得生产设备能满足不同的生产任务，称为柔性制造。1985年，Kickert将柔性制造定义为一种控制方法，通过增加可控制对象的类型，提高控制速度等，达到快速响应外界不可预测性变化的目的。1989年，Gupta和Buzacom将制造系统的柔性描述为系统适应变化的能力，且该能力是由制造系统的灵敏性和稳定性决定的。灵敏性决定系统是否能响应外界的生产需求变化，稳定性则决定当需要响应生产变化需求时，系统响应外界变化的能力如何。1990年，Sethi等人将制造柔性分成11种：机器、物流、操作、工艺、产品、路径、数量、可扩充性、程序、生产和市场。其中，前3种是制造系统的重要组成部分，后面几种则贯穿于制造过程始终。

6.2.2 柔性制造技术的基本特征

柔性与系统方案、人员和设备有关。柔性制造技术的特征包括以下几方面：

（1）**机器柔性**

当要求生产一系列不同类型产品时，机器随产品变化而加工不同零件的难易程度。这类柔性由机器本身的特性决定，与计划决策问题无关。不同操作间进行切换所需要的时间越短，设备安装成本越低，机器的灵活性越强。机器柔性有利于实现小批量生产、降低库存费用、提高机器利用率和缩短加工周期。

（2）**工艺柔性**

一是工艺流程不变时自身适应产品或原材料变化的能力；二是制造系统内为适应产品或原材料变化而改变相应工艺的难易程度。

（3）**产品柔性**

一是产品更新或完全转向后，系统能够非常经济和迅速地生产出新产品的能力；二是产品更新后，对老产品有用特性的继承能力和兼容能力。产品柔性是企业的关键竞争因素之一，它的实现不仅需要包括营销、产品设计等环节的有效协作，还与机器柔性、物料运输方式柔性、零部件操作柔性、CAD/CAPP/CAM等方面有关。产品柔性可以使企业通过快速设计新产品来响应市场需求的变化，提高企业的竞争能力。既可以用新产品的开发时间和成本，也可以用一年中新产品的开发数目来衡量产品柔性。

（4）**维护柔性**

采用多种方式查询、处理故障，保障生产正常进行的能力。

（5）**生产能力柔性**

当产量发生改变，系统也能经济地运行的能力。对于根据订货而组织生产的制造系统，这一点尤为重要。

（6）**扩展柔性**

当生产需要的时候，可以很容易地扩展系统结构，增加模块，构成一个更大系统的能力。

（7）**运行柔性**

利用不同的机器、材料、工艺流程来生产一系列产品的能力和同样的产品换用不同工序加工的能力。

柔性制造技术是对各种不同形状加工对象实现程序化柔性制造加工的各种技术的总和。柔性制造技术是技术密集型的技术群，凡是侧重于柔性制造，适应于多品种、中小批量（包括单件产品）的加工技术都属于柔性制造技术。

6.2.3 柔性制造技术的基本功能

柔性制造技术常见的功能主要体现在以下几个方面：

第一，能自动控制和管理零件的加工过程（质量控制、故障自动诊断和处理、信息的自动采集与处理）。

第二，通过简单软件系统的变更，制造出某一零件族的多种零件。

第三，自动控制和管理物料（包括工件和刀具）运输和存储过程。

第四，解决多机床下零件的混流加工，且无须增加额外费用。

第五，优化的调度管理功能，无须过多人工介入，做到无人加工。

柔性制造系统的上述功能，是在计算机系统的控制下，协调一致地、连续地、有序地实现的。制造系统运行所必需的作业计划及加工或装配信息，预先存放在计算机系统中，根据作业计划，物流系统从仓库中调出相应的毛坯、工夹具，并将它们交换到对应的机床上。在计算机系统的控制下，机床依据已经传送来的程序，执行预定的制造任务。柔性制造系统的"柔性"就是计算机系统赋予的，被加工的零件种类变更时只需变换其"程序"，不必改动设备。

6.3 柔性制造系统的组成与工作原理

6.3.1 柔性制造系统的组成

柔性制造系统是由一组自动化机床或制造设备与一个自动化物料处理系统相结合，由一个公共的多层的数字化可编程计算机进行控制，可对事先确定类别的零件进行自由加工或装配的系统。简单地说，FMS是由若干数控设备、物料储运装置和计算机控制系统组成，并能根据制造任务和生产品种变化而迅速进行调整的自动化制造系统。FMS可以简单地用以下公式来概括：FMS=DNC+AGV+AS/RS+计算机控制室。

典型的FMS通常由三个子系统构成：加工系统、物流系统和控制与管理系统，每个子系统的组成部分和其功能作用如图6-1所示。三个子系统的相互结合，构成了FMS的能量流、物料流和信息流。

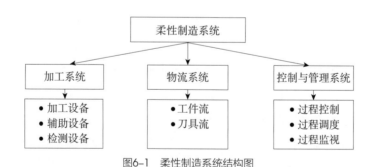

图6-1　柔性制造系统结构图

（1）加工系统

加工系统一般由两台以上的数控车床、加工中心和其他数控机床或柔性制造单元（FMC）及加工设备构成（有的还带有工件清洗、在线检测等辅助与检测设备）。它能按照主控计算机的指令自动加工各种零件，并能自动实现零件、工装夹具和刀具的交换。

加工系统中多工位数控加工系统或机床通常采用强功能的多主轴加工中心，并配以可适用于不同类型机床的模块化及计算机软件，通过软件（控制软件、加工软件）来提高FMS的柔性。

可变模块化机床的加工系统由标准模块（各类工作台、床身、立柱、主轴、加工头、卡盘、刀库等）装配而成，并可根据不同加工要求进行改装，系统的柔性程度主要取决于硬件。

按加工工件类别划分，加工系统的主要类型包括：以加工箱体类零件为主的FMS（主要配备数控加工中心）；以加工回转体零件为主的FMS（配备有CNC车削中心和CNC车床或CNC磨床）；适合混合零件加工的FMS，即能加工箱体类零件和回转体类零件的FMS（既配备有CNC加工中心，又配备有CNC车削中心或CNC车床）；用于专门零件加工的FMS，如加工齿轮等零件的FMS（除了CNC车床外，还需配备CNC齿轮加工机床）。

（2）物流系统

在FMS中，需要经常将工件装夹在托盘（或随行夹具）上进行输送和搬运。通过物流输送系统可以实现工件、刀具、夹具等在机床之间、加工单元之间、自动仓库与机床或加工单元之间及托盘存放站与机床之间的输送和搬运，有时还涉及刀具和夹具的运输。例如，刀具传送主要是从系统外将经过对刀仪检测、相关刀具数据预调好的刀具送入系统内的中央刀库，或从中央刀库将刀具送到机床的局部刀库；或者从局部刀库将刀具换入中央刀库，从中央刀库或局部刀库中将磨损或破损的刀具送出系统。

FMS物流系统是物料流动的总称，FMS中的物流系统和传统的流水线有很大的差别。物流系统包括输送装置（输送带、有轨小车、无轨小车）、交换装置、缓冲装置和存储装置。FMS可以随机调节工件输送系统的工作状态，而且均设置有储料库以调节各工位上加工时间的差异，即可以不按固定节拍运送工件，工件的传输也没有固定的顺序，甚至是几种零件混杂在一起输送。

物流系统一般包括工件的输送和储存两个方面。

❶ 工件的输送。工件输送系统是指在各机床、装卸站、缓冲站之间运送零件和刀具的传送系统。可以由运输带、托盘、AGV、RGV、机器人等单项或多项装置组成。按物料输送的路线分类可分为直线式、环形封闭式、网状和直线随机式4类。按所用的运输工具分类可分为自动输送车、轨道传送系统、带式传送系统和机器人传送系统4类。FMS跟踪工件路径方法有直接跟踪（根据固定在工件上的编码介质或形状、颜色等）和间接跟踪［编码被固定在运载工件的装置（小车）上，然后识别跟踪］。

❷ 工件的存储。工件的存储包括物品在仓库中的保管和生产过程中在制品的临时性停放。要求FMS的物料系统中设置适当的中央料库和托盘库以及各种形式的缓冲储区，以保证系统的柔性。在FMS中，中央料库和托盘库往往采用自动化立体仓库。

自动化立体仓库又称高层货架仓库，是由计算机系统控制进行作业和管理的仓库系统，主要由高层货架、堆垛机、输送小车、控制计算机、状态检测器、条形码扫描器等设备组成。在该系统中，物料存放在标准的货箱或托盘内，堆垛机将根据主计算机的控制指令从高层货架的货位上存取料箱或托盘，主计算机和各物料搬运装置的计算机联机并负责进行数据处理和物料管理动作。自动化立体仓库在实现物料的自动化管理、加速资金周转、保证生产均衡及柔性生产等方面所带来的效益是巨大的，是目前仓储设施的发展趋势。

（3）控制与管理系统

控制与管理系统是用以处理FMS的各种信息，包括过程控制、过程调度、过程监视三个子系统。其功能分别是过程控制系统进行加工系统及物流系统的自动控制；过程调度为协调系统内各加工机器及作业的有序工序，保证系统工作效率；过程监控进行在线状态数据自动采集和处理。机床、料库等生产设备以及加工程序、切屑参数都由计算机控制。控制与管理系统主要完成以下几个功能：

❶ 工作站控制。在全自动化的FMS中，各个工作站通常在计算机控制下运转，对于机械加工系统，采用CNC控制各个机床。

❷ 把控制指令分散给各工作站。在机械加工的FMS中，零件程序必须直接下达给加工机床，以便按程序完成规定的加工。

❸ 生产控制。包括对零件和各种工件进入制造系统的输入率的决策。决策的基础是进入计算机的数据，如要求每天各种零件的生产率、毛坯件的数量与相应的托盘数。计算机完成托盘流动顺序、装卸工件的生产控制功能，并向操作者提供指令进行坯件的装载。数据进入单元在装卸区提供操作者与计算机的通信。

❹ 传输控制。由计算机决定零件从一个工作站到下一个工作站的时间、速度和位置。

❺ 往返控制。它负责完成第二物料传输系统对各工作站上下料和与第一物料传输往返交换的控制，为工作站服务。

❻ 工件传输与装卸系统的监视。对第一与第二物料传输系统的运输装置与托盘及在FMS中的各种工件状态进行监视。

❼ 刀具控制。FMS中的计算机系统，其中一个重要的功能是监视与控制刀具的状态。它包括两个含义，即对FMS加工用的每种刀具的定位、安装、更换和对刀具的使用寿命与破损状况进行监视，同时，包括刀具的管理、换刀和刀具识别。

❽ 对FMS系统性能的监视控制及报告。计算机控制系统在性能监视传感系统的支撑下，可对FMS的工作性能进行监视控制，同时，可按管理要求提供各种报告与数据。

❾ 数据传输。FMS控制系统通过分布式处理单元的通信系统进行通信，实现多级计算机体系的管理与数据共享。

FMS控制系统是FMS的核心，既完成生产管理，又完成加工过程和设备的控制，多采用多级（递阶）控制方案，各级都有PC系统。由于FMS是一个复杂的自动化集成体，其控制系统的结构和性能直接影响整个FMS的柔性、可靠性和自动化程度。

FMS的控制系统通常采用递阶控制的结构形式，即通过对系统的控制功能进行正确、合理分解，划分成若干层次，各层次分别进行独立处理，完成各自的功能，层与层之间在网络和数据库的支持下，保持信息交换，上层向下层发送命令，下层向上层回送命令的执行结果。通过信息联系，构成完整的系统，以减少全局控制的难度和控制软件开发的难度。FMS的递阶控制结构一般采用三层，如图6-2所示。

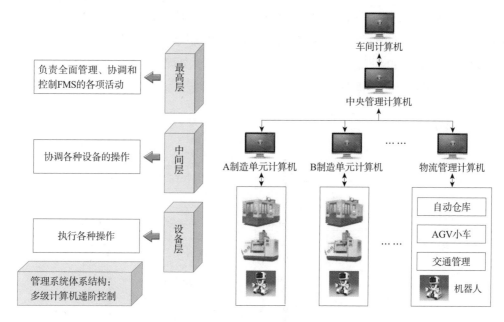

图6-2　FMS控制管理系统流程图

第一层即最高层，为系统管理与控制层（中央管理计算机），这是FMS的全部生产活动的总体控制系统。它完成按上级下达的计划制订系统内的作业计划，实时分配作业任务到各工作站点，监控作业任务的执行状况，协调各部门与FMS的工作及相互支援等，承上启下，与上级（车间级）控制系统联系的桥梁作用。

第二层即中间层，是过程协调与监控层，它将来自中央管理计算机的数据和任务分送到底层的各个CNC装置和其他控制装置上，并协调底层的工作。完成各设备间的交换和系统运行状态的监视与控制、加工程序的分配及工况和设备运行数据的采集和向上级控制器的报告等。现场操作人员主要通过该层界面实现整个系统的实时运控与现场调度。

第三层是设备控制层。它由加工机床、机器人、自动导引运输车（AGV）、立体仓库等设备的CNC装置和PLC逻辑控制装置组成。它直接控制各类加工设备和物料系统的自动工作循环，接受和执行上级系统的控制指令，并向上级系统反馈现场数据和控制信息。

在这三层递阶控制结构中，每层的信息流都是双向流动的：向下可下达控制指令、分配控制任务，监控下层的作业过程；向上可反馈控制状态，报告现场生产数据。然而，在控制的实时性和处理信息量方面，各层控制计算机是有所区别的：越往底层，其控制的实时性要求越高，而处理的信息量则越小；越往上层，其处理信息量越大，而对实时性要求则越小。

6.3.2　柔性制造系统的工作原理

柔性制造技术是在自动化技术、信息技术及制造技术的基础上，将以往企业中相互独立的工程设计、生产制造及经营管理等过程，在计算机及其软件的支撑下，构成一个覆盖整个企业的完整而有机的系统，以实现全局动态最优化，总体高效益、高柔性，进而赢得竞争全胜的智能制造技术。其工作过程可以这样来描述：柔性制造系统接到上一级控制系统的有关生产计划信息和技术信息后，由其信息系统进行数据信息的处理、分配，并按照所给的程序对物流系统进行控制。FMS的工作原理如图6-3所示。

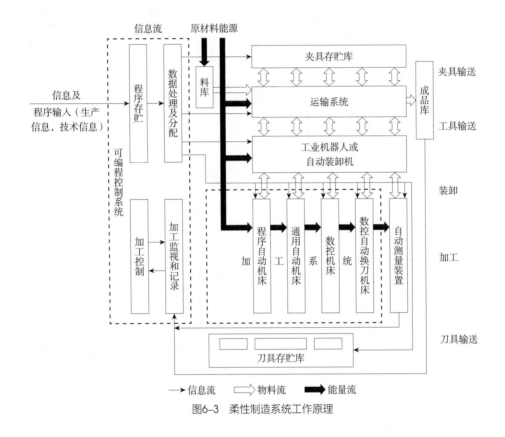

图6-3　柔性制造系统工作原理

物料库和夹具库根据生产的品种及调度计划信息提供相应品种的毛坯，选出加工所需的夹具。毛坯的随行夹具由输送系统送出。工业机器人或自动装卸机按照信息系统的指令和工件及夹具的编码信息，自动识别和选择所装卸的工件及夹具，并将其安装到相应机床上。

机床的加工程序识别装置根据送来的工件及加工程序编码，选择加工所需的加工程序，并进行检验。全部加工完毕后，由装卸及运输系统送入成品库，同时把加工质量、数量信息送到监视和记录装置，随行夹具被送回夹具库。

当需要改变加工产品时，只要改变传输给信息系统的生产计划信息、技术信息和加工程序，整个系统即能迅速、自动地按照新要求来完成新产品的加工。

中央计算机控制着系统中的物料循环，执行进度安排、调度和传送协调等功能。它不断收集每个工位上的统计数据和其他制造信息，以便做出系统的控制决策。FMS是在加工自动化的基础上实现物流和信息流的自动化。

6.4 柔性制造的类型与方法

6.4.1 柔性制造的类型

对于FMS进行分类有助于了解柔性制造系统的规模、柔性水平及自动化程度。FMS按其规模大小分为：柔性制造模块、柔性制造单元、柔性制造生产线、柔性制造系统和柔性制造工厂。

（1）柔性制造模块（FMM）

柔性制造模块（flexible manufacturing module，FMM）由单台CNC机床配以工件自动装卸装置组成，并能进一步组成柔性制造单元和柔性制造系统。它可以有各种不同的组合，例如加工箱体零件的加工中心配以托板交换器（APC）或多托板库运载交换器（APM）；也有的加工中心配以工件托板存放站，中间通过机器人传递、装卸工件。FMM本身可以独立运行，但不具备工件、刀具的供应管理功能，没有生产调度功能。

柔性制造模块是最简单的制造系统，是一台扩充了许多可任选的自动化功能［刀具库（TM），随行托架交换装置（PC）等］的数控机床。

（2）柔性制造单元FMC

柔性制造单元（flexible manufacturing cell，FMC）是由单台计算机控制的数控机床或加工中心、环形托盘输送装置或工业机器人组成。FMC问世并在生产中正式投入使用比FMS晚6~8年，可以将FMC看成一个规模最小的FMS，FMC是FMS向廉价化及小型化方向发展的一种产物，它主要由1~2台加工中心和其他数控机床、工业机器人、物料运送存储设备构成，其特点是实现单机柔性化及自动化，具有适应加工多品种产品的灵活性。由于FMC投入资金需求少，目前已逐步进入普及应用阶段。它可以自动加工一组工件，适用于小批量、多品种加工。FMC通常包含可互替的机床，其优点是大大减少在瓶颈情况下两台机床都出故障的危险，且这种情况下，每台机床的利用率都很高。

一般FMC的构成分为两大类：一类是加工中心配上自动托盘交换系统（APC）。这类FMC以托盘交换系统为特征，一般具备5个以上的托盘，组成环形回转式托盘库。这样的托盘系统具有存储、运送功能，具有自动检测功能、工件和刀具的归类功能、切削状态监视功能等。如果在托盘系统的另一端再设置一个托盘工作站，则这种托盘系统可以通过该工作站与其他系统发生联系，若干个FMC可以通过这种方式组成一条FMS线。另一类是数控机床配机器人（Robot）。这种FMC的一般形式是由两台数控机床配上机器人（或机械手），加上工件传输系统组成。

采用柔性制造单元，FMC比采用若干单台的数控机床有更显著的技术经济效益。体现在：增加了柔性；可实现24h连续运转；便于实现计算机集成制造系统。

（3）柔性制造生产线（FML）

柔性制造生产线（flexible manufacturing line，FML）又称为柔性自动线（FTL）或可变自动线，是将FMS中的各机床按工艺过程布局，可以有生产节拍，但是是可变的加工生产线，是刚性自动线与柔性制造系统的一种结合。它与传统刚性自动线的区别在于它能同时或依次加工少量不同的工件。FML是介于单一或少品种、大批量非柔性自动线与中小批量、多品种FMS之间的生产线。FML柔性制造线的加工设备可以是通用的加工中心、其他数控机床，也可以采用专用机床或专用数控机床，对物料搬运系统柔性的要求低于FMS，但生产率相对更高。FML柔性制造线以离散型生产中的柔性制造系统和连续生产过程中的分散型控制系统（DCS）为代表，其特点是实现生产线柔性化及自动化。目前，FML技术日益成熟，已进入实用化阶段。

FML是在已有的传统组合机床及其自动线基础上发展起来的。基本结构、形式无大变化，只是对各类工艺功能的组合机床进行了数控化。用计算机控制和管理，保留了组合机床的模块结构和高效等特点，又加入了数控技术的有限柔性。

工件在FML中按一定的生产节拍按既定的方向和顺序输送。在需要变换工件时，因各机床的主轴箱能做相应的自动更换，同时，调入相应的数控程序并调整生产节拍。为了节省初始投资，FML也可以采用人工调整批量的方式，即在一批工件生产结束需要更换加工对象时，则停机手工更换主轴箱，并进行批量处理。

（4）柔性制造系统（FMS）

柔性制造系统（flexible manufacturing system，FMS）是由两台或两台以上数控机床或加工中心或柔性制造单元，配有工件自动上下料装置（如托盘输送装置或机器人）、自动输送装置、自动化仓库等，由计算机控制系统进行加工控制、计划调度安排及工况检测。FMS是制造业更完善、更高级的发展阶段，它是适用于中小批量、较多品种加工的高柔性、高智能的制造系统。在柔性制造系统中，综合应用了GT、CAD、CAPP、CAM、自动化编程、生产预测、库存控制、生产规划与调度，以及计算机控制等多项技术，为提高系统，适应多品种、中小批量生产，挖掘生产潜力，提高生产率和机床利用率，压缩单件生产时间和成本，提供技术上的支持，并使这一系统具有广阔的发展前景。

可见，FMC、FMS、FML之间的划分并不很严格。一般认为，FMC可以作为FMS中的基本单元，FMS可由若干个FMC发展组成。而FMS与FML的区别在于FML中的工件输送必须沿着一定的路线，而不像FMS那样可随机输送。FML更适用于中批和大批量生产。

FMS作为一种先进制造技术的代表，它适用于中小批量的生产，既要兼顾对生产率和柔性的要求，也要考虑系统的可靠性和机床的负荷率。因此，就产生了三种类型的FMS，分别是：配备互补机床的FMS、配备可互相替换机床的FMS和混合式的FMS。

❶ 配备互补机床的FMS。在这类FMS中，通过物料储运系统将数台NC机床连接起来，不同机床的工艺能力可以互补，工件通过安装站进入系统，然后在计算机控制下从一台机床到另一台机床，按顺序加工，如图6-4所示。工件通过系统的路径是固定的，这种类型的FMS是非常经济的，生产率较高，能充分发挥机床的性能。从系统的输入和输出的角度看，互补机床是串联环节，它减少了系统的可靠性，即当一台机床发生故障时，全系统将瘫痪。

图6-4　配备互补机床的FMS

❷配备可互相替换机床的FMS。这种类型的FMS，系统中的机床是可以互相代替的，工件可以被送到适合加工它的任一台加工中心上。计算机的存储器存有每台机床的工作情况，可以对机床分配加工零件、一台加工中心可以完成部分或全部加工工序，如图6-5所示。从系统的输出和输入看，它们是并联环节，因而增加了系统的可靠性，即当某一台机床发生故障时，系统仍能正常工作，同时，这种配置形式具有较大的柔性和较宽的工艺范围，可以达到较高的机床利用率。

❸混合式的FMS。这类FMS是互补式FMS和替换式FMS的综合，即FMS中有些机床按替换式布置，而另一些机床按互补式安排，以发挥各自的优点。大多数FMS采用这种形式，如图6-6所示。

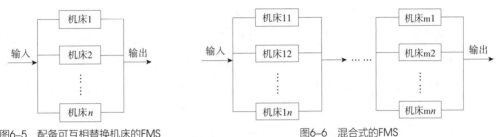

图6-5 配备可互相替换机床的FMS　　　　　　图6-6 混合式的FMS

FMS是一个集物流、信息流、能量流为一体的系统，其显著特点就是技术密集、物理硬件复杂。单纯将硬件设备合理地组成一个系统，往往不能取得很好的效果。在实践中，还必须用软件实现系统调度。调度的任务就是在企业有限的资源约束下，确定相关资源在相关设备上的加工顺序和加工时间，以保证所选定的生产目标最优。

（5）柔性制造工厂（FMF）

柔性制造工厂（flexible manufacturing factory，FMF），又称自动化工厂，是由FMS扩大到全厂范围。FMF是将多条FMS连接起来，配以自动化立体储运仓库，用计算机管理系统进行管理，能实现从订货、设计、加工、装配、检验、运送至发货的一系列过程。柔性制造工厂包括计算机辅助设计（CAD）、计算机辅助制造（CAM），并使计算机集成制造系统（CIMS）投入实际，实现生产系统柔性化和自动化，进而实现全厂范围的设计与生产管理、产品加工及物料储运进程的全盘化。FMF是自动化生产的最高水平，是世界上最先进的自动化应用技术。它是将产品开发、设计、制造及经营管理的自动化连成一个整体，以信息流控制物质流的智能制造系统（IMS）为代表，以实现工厂全盘柔性化及自动化。

FMF主要有以下特点：

❶分布式多级计算机系统必须包括制订生产计划和日生产进度计划的生产管理级主计算机，以它作为最高一级计算机，它往往与CAD/CAM系统相连，以取得自动编程零件加工用的数控程序数据。

❷FMF全部日程计划进度和作业可由主计算机和各级计算机通过在线控制系统进行调整。并可在中、夜班进行无人化加工，只要一个人在中央控制室监视全厂各制造单元的运转状况即可。

❸ CNC机床数量一般在十几台以上，甚至几十台，可以是各种形式的加工中心、车削中心、CNC车床、CNC磨床等。

❹ 系统可以自动加工各种形状、尺寸和材料的工件。全部刀具可以自动交换和更换废旧刀具。

❺ 物料储运系统必须包括自动仓库，以满足存取数量较多的工件和刀具。系统可从自动仓库提取所需坯料，并以最有效的途径进行物流与加工。

6.4.2　FMC与FMS的区别

作为被广泛使用的名词术语，FMS并没有权威的统一定义。产生这一现象的原因是FMS的生产背景太复杂，且发展速度太快，使欧美国家与日本的学校和工厂对FMS的涵义不能也不可能取得一致的认识。例如：在日本的工厂，一台机床组成的系统也被称为FMS；意大利制造厂商把两台加工中心、有轨小车（RGV）、托盘缓冲站构成的系统也称为FMC。那么，FMC与FMS到底有什么区别？从广义上讲，FMC与典型FMS都属于柔性制造系统，它们之间有以下几方面的区别：

❶ FMC是由单台（或少数几台）制造设备构成的小系统，而FMS可以是由很多设备构成的大系统。

❷ FMC只具有某一种制造功能，而典型FMS应该有多种制造功能，例如加工、检测、装配等。

❸ FMC是自动化制造孤岛，而典型FMS应该与上位计算机系统联网并交换信息。

❹ 一个很小的FMS的功能也比复杂的FMC强大得多。

6.5　柔性制造技术在家居中的应用

柔性制造是针对大规模生产的弊端而提出的新型制造模式。该模式一方面能对市场需求变化做出快速响应，消除冗余无用的损耗，力求企业获得更大效益；另一方面，有助于实现多企业组织协同，让技术要素、市场要素等协同配置更便捷，从而提升产品的质量和服务水平。作为传统制造产业的家居生产，当前大规模定制模式已经蜂拥而至，如何在新的模式中摸索一套合适的解决方案，是企业转型过程中面临的首要问题。由于柔性制造能更好地满足大规模定制家居客户和生产需求，因此，其已经成为大规模定制家居生产转型升级的优选方案。

6.5.1　家居企业生产过程面临的问题

中国家居大规模定制生产自2000年前后被提出，至今已有20余年时间，企业利用工业化和信息化的融合，制造模式的改变已经有了初步成效，但成熟度还不够。表现在：制造过程的关键技术手段还有待解决、企业竞争和市场快速响应的能力还有待加强、消除或减少各种不确定性因素变化对企业产生的影响有待提高。在此情况下，应该利用生产线的改造、数字化转型和变"信息孤岛"为信息集成与共享才是解决问题的根本。

（1）生产线的重组

大规模定制家居企业制造过程要解决的核心问题，主要是如何将大批量生产与个性化定制这两种互相对立的生产模式融合在一起，在考虑产品短交货周期的同时，提高机床利用率，并将工人、机器设备和物料所需的空间做最恰当的分配和最有效的组合。因此，重新构建生产线规划和工艺流程管理方案、更加合理地布置流水线机加工区域，使得设备贯通、工序互联、均衡设备能力和负荷、扩大生产系统的柔性，才是解决上述问题的关键所在。

（2）生产过程的数字化转型

大规模定制家居改变的是整个客户的消费模式、市场的经营方式和生产运作模式。在此过程中，数字技术正逐渐融入家居产品制造、服务与流程当中，企业逐渐通过现代信息技术、通信手段（ICT）和数字化技术的改变，为客户创造价值。因此，在生产端需要不断用信息化手段改造常规的大批量生产设备，如给常规的电子开料锯加装电子看板、给加工中心加装CAD/CAM直通接口、给普通的加工设备加装数据存取和读图看板等，一切从压缩准备时间出发，形成一个个低成本、高产出的制造单元，逐步实现了全流程的数字化和柔性化改造，才能最终实现企业的数字化转型。

（3）管控过程的信息集成与共享

大规模定制家居企业面临的另外一个问题是制造过程的快速响应，即从获取客户需求信息、研发设计、产品生产及物流配送等整个过程中如何能快速获取、传递、分析和共享信息。设备再先进，但指挥的大脑不够强，信息不畅通，生产效率同样低，企业同样处于落后状态。因此，如何连接信息孤岛、确保信息规范、使整个定制过程共享数据资源，才是提高效率、实现客户需求快速响应和大规模定制生产的关键。而解决此问题的核心就是制造模式的改变。

6.5.2 家居行业实施FMS的必要性

实施"柔性化制造"符合大规模定制家居实际情况，更进一步有效推动行业转型升级。在面对市场快速变化时，不用浪费或增添大量企业资源，就能在大规模定制下实现家居生产和智能制造。

当前，在学者和企业的共同努力下，已经对大规模定制家居产品的标准化设计、工业化生产方式和信息化管控方式等理论依据取得重大突破；同时，软、硬件的开发、信息交互与管控技术的原理与方法、智能制造集成系统的模型架构等方面都有了长足的进步，为实施"柔性制造"提供理论依据。在技术上，中国家居发展至今天，在充分发挥各个企业优势、维持现有条件的同时，已经逐渐将高度自动化的配置方式、大批量的自动生产线模式及小规模的灵活性加工模式结合起来，分层次、分阶段地建立不同效率水平的制造系统，在理解"柔性制造"本质的同时，更加灵活地利用企业现有资源。因此，无论是从理论依据还是技术上，大规模定制家居从产品标准化设计、工艺过程成组、数控设备研发以及信息化管控等技术水平，都有很大程度的提升，这些都为大规模定制家居行业实施FMS提供了较好的基础，已经具备了"柔性化生产"的条件，但其关键技术还有待进一步探索。

6.5.3 家居FMS的关键技术

（1）家居FMS关键技术架构

结合FMS的基本理论，在生产实践的基础上，考虑如何对某一类产品或某些关键零部件实现柔性加工，包括对工件、原材料、刀具和辅料的无障碍、零距离配送及信息化的管控过程。搭建大规模定制家居FMS系统，关键技术架构如图6-7所示。主要包括：标准化产品设计与工艺规范技术、模块化柔性生产技术和信息化动态管控技术。主要从产品设计过程的标准化入手，考虑在不同设备的加工基础上，形成多个产品族，并结合工艺规范技术和管控过程标准化流程，形成FMS的标准化技术；以零部件加工过程为中心、以产品族的形式建立相应模块，采用灵活多变的加工模式，实现模块化的柔性化生产技术；依据信息技术和数字化技术对各类信息进行集成，实现FMS的动态管控技术。

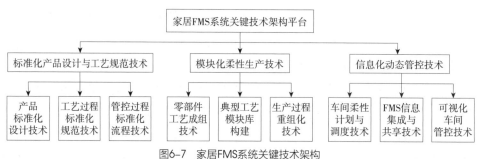

图6-7　家居FMS系统关键技术架构

（2）标准化产品设计与工艺规范技术

标准化产品设计与工艺规范技术主要从三个方面考虑：一方面，从产品设计的角度可使得通用零部件的规格和数量大幅度提高，从而提高提高生产设备的利用率，并通过新产品开发来继承和兼容标准零部件，体现产品设计柔性；另一方面，通过制定标准的工艺过程规范，由面向单一产品和零件转为面向产品族，实现零部件的制造和装配工艺标准化，减少工艺多样化，通过工艺过程快速变化体现工艺柔性；第三方面，通过管控过程规范化技术，实现家居产品质量、性能和技术要求的保证。

❶ 产品标准化设计技术。开发和建立定制家居产品的三维参数化零部件数据库，是实施大规模定制家居FMS的基础。产品标准化设计是通过简化设计对家居产品族进行规划与标准模块数字化的建立，并依据成组分类与信息编码技术，制定家居编码的档案管理体系，形成产品和零部件的标准化管理，才能够解决大规模定制家居FMS技术与资源的重用及FMS效率的发挥。

❷ 工艺过程标准化规范技术。工艺标准化技术是实施大规模定制家居FMS的重要保证，其规范化技术主要包括：工艺术语与符号标准化，加工余量、公差、工艺规范、工艺尺寸等工艺要素标准化；刀具、机床夹具、机床辅具、计量器具等工艺装备标准化；工艺规程、工艺守则、材料定额、工艺说明书等工艺文件标准化。

❸ 管控过程标准化流程技术。标准化管控过程是实施大规模定制家居FMS的保障，其关键是依据信息化管理手段，将相同零件组的典型工艺、某工序的典型工艺、标准件和通用件典型工艺等通过数字化进行典型化处理，从而形成标准化的数字化工艺过程；并将家居生产过程中各环节及相关因素，如工艺流程、刀具、模具、生产及技术人员配置等，进行整合，形成统一的标准，实时收集生产过程中数据，并做出相应的分析和处理，从而在柔性制造过程中为企业提供快速反应及有弹性、精细化的环境。

（3）模块化柔性生产技术

模块化生产工艺是依据大规模定制家居的内涵，通过分析产品族或零部件族及其典型工艺特点，提取共同属性，并通过参数化的方法对每个典型工艺进行数字化描述，形成参数化典型工艺和典型工艺模板，并通过相应的参量驱动规则使新的工艺不断扩展，构成典型工艺模板库，从而形成柔性生产的工艺模块。与此同时，应采用零件生产过程分析对产品族零件生产过程进行重组，这样既可减少换刀和调刀时间及设备调整时间，也可缩短被加工零件的首件确认时间及零件流动距离。

❶ 零部件工艺成组技术。对定制家居产品结构、功能和工艺相似的产品进行分类，依据成组技术模型分析，形成成组技术方案，通过工艺路线匹配与分组，实现从订单式生产方式向揉单式生产方式的转变，从而完成自动揉单与零部件制造过程流转。零部件在分类流转过程中，应通过标签扫描，控制车间内零件的物流方式，将相似零件在每个工序的加工效率均发挥至最大。在此过程中，应规范所有零部件的加工路线，将加工任务细化至具体的工序位置，才能提高零件的生产效率与出材率。

❷ 典型工艺模块库构建。依据大规模定制家居产品结构特征和工艺特征，可将典型工艺模块分为零部件族的典型工艺、工序的典型工艺、标准件和通用件的典型工艺三大部分，其中部件族的典型工艺是利用成组技术对揉单的若干零件按结构相似、尺寸相近且具有类似工艺特征进行分类归组；某工序的典型工艺是以工序为对象，对该工序所有零件中的同一工艺要素的制造工艺进行典型化；标准件和通用件典型工艺由于零件结构相同，尺寸不同，因此，无须分类分组便可直接编成供操作者使用的典型工艺过程卡。将上述三种典型工艺模块通过典型工艺规程，以数字化的形式进行建模，形成典型工艺模块库。通过典型工艺模块库便可使用参数化的方式派生出各种不同零部件的工艺规划体系，从而形成柔性生产的工艺模块。

❸ 生产过程重组技术。依据上述成组技术对零部件的工艺过程进行重组，并构建典型工艺模块库后，如何组织生产并最大限度地实现高效生产和降低成本，是模块化柔性生产的核心。实际生产过程中，应通过生产过程重组技术，在减少辅助加工时间的同时，尽可能将揉单过程中尺寸和形状相同零件进行集中备料、将功能和工艺相似的零件集中生产，在加工方式上尽量采用通过式加工和工序分化的形式来实现。

（4）信息化动态管控技术

❶ 车间柔性计划与调度技术。实际生产过程中，当个性化订单计划完成后，FMS可依据NPLODOP技术，对零部件、产品、工艺路线、加工、分拣及加工状态等信息进行分析，实

现车间的柔性计划与调度。其关键技术是结合标签技术，即通过零件标签（条形码、二维码）的现场扫描进行识别和流转，实现零部件在车间的计划加工和管控，并通过扫描标签的方式实现设计数据与数控设备的对接、包装完整性检查等。另外，FMS还可实现对车间产量、加工数据的实时收集，从而降低人工统计的工作量与错误率，从根本上杜绝了错件、漏件、补件问题。

❷ FMS信息集成与共享技术。大规模定制家居实施柔性制造时，如何发挥FMS系统的最大功能和作用，还需要发挥企业其他功能软件及数控设备的作用。FMS的数据来源往往由其他功能软件（ERP、MES）提供，并实现数据在功能软件和设备间共享与传递。因此，大规模定制家居FMS系统信息集成与共享技术应分两个部分，如图6-8所示。

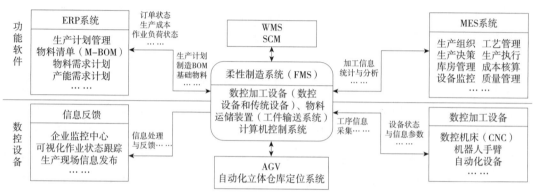

图6-8　家居FMS信息集成与共享

a. 与相关功能软件的集成。实际应用过程中，FMS系统与功能软件的集成，主要使用数据库技术实现生产信息在ERP、MES、SCM等系统中共享。ERP为FMS提供物料、采购、销售等基础数据；MES为FMS提供物料需求计划、产成品产出计划、成本计划、成本分摊数据、工序作业计划、设备管理、质量管理等。ERP和MES往往只是提供简单的基础数据，但在FMS生产过程中为ERP和MES提供的却是关键数据，对设备、质量等多模块具有很大的改建作用。同时，FMS与自动仓储系统间的集成，可实时统计生产订单的配套表、生产领料单和生产退料单的物料净出库量信息。根据生产订单工艺定义的工序模块，做出生产过程的及时调整，达到柔性的目的。另外，FMS还可结合MES系统进行零部件标签扫描的方式，记录工序加工情况，使得门店与客户通过电脑或手机等移动终端进行订单跟踪查询。

b. 与外围设备间的集成。FMS系统与外围设备的集成，包括加工信息与数控设备的对接、工件在车间的流转和现场信息反馈等方面。其中，加工信息与数控设备的对接，主要是依据企业的设计软件（如2020、TopSolid）、优化软件（如CUTRITE）、数据机床加工软件（如IMOS）等之间的数据进行对接。在这个过程中，数控机床加工软件将图纸文件信息进行译码，形成加工代码，并依据加工代码进行零部件的各个工序加工，结合二维码技术，将生产过程中所有信息通过连续信息流实现全集成；工件在车间的流转是利用智能物流技术，通过AGV进行车间加工过程中的物件自动定位转移或配送到相应的工序流转技术；现场信息反馈，是柔性制造过程中，通过MES系统中的数据，进行实时显示加工数据、各工段的计划完成情况、订单下单情况等，在生产车间构建可视化信息监控系统。

（5）可视化车间管控技术

柔性制造可视化车间管控技术，依托ERP系统、MES系统、数据采集设备、监控和反馈设备等组成的实时动态监控，由现场数据采集、数据处理与分析、现场信息反馈和企业MES监控等模块构成。实现大规模定制家居制造车间工序过程中的所有数字化信息进行实时交互与管控。主要通过车间各岗位标签（条形码、二维码）扫描，实现加工时间、加工进度、设备产能的数据实时采集，通过车间LED看板进行实时展示，车间管控过程如图6-9所示。

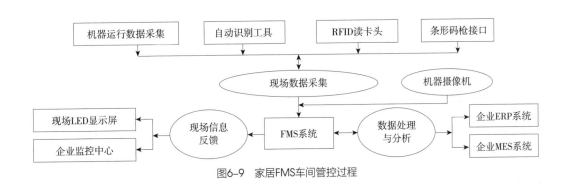

图6-9　家居FMS车间管控过程

实施大规模定制家居柔性制造的优势体现在充分考虑到企业订单中产品的种类、数量、样式、交货日期等不确定因素，使得企业的生产系统应具有动态响应能力。同时，以模块化为主的标准化设计体系，以信息交互与管控技术为主的管理方式，不仅可以降低库存成本和风险，更重要的是实现生产过程的柔性化，将定制产品的生产问题，通过产品结构和制造过程的重组，全部或部分地转化为批量生产，既能满足客户的个性化需求，又能将个性化和大批量生产有机结合起来。

6.5.4 家居FMS的适用范围

柔性化生产可以通过效率与柔性两方面指标来进行评价，具体分解见表6-1。可以看出实现柔性需要多方面因素的有机配合才能实现，各因素之间是相互影响、相互制约的。效率则取决于设备的利用率、可靠性及生产效率，同时也是一个多因素相互配合、相互影响的结果。

结合表6-1中的各影响因素，可以看出柔性与效率也会存在一定矛盾。生产工艺柔性的增加，势必影响效率中设备间的运输性能，当然，设备间的运输性能提高，势必会对柔性中若干因素提出更高的要求，否则就会以影响效率或降低效率来满足柔性。

如果用FMS进行单件生产，则其柔性比不上数控机床单件加工，且设备资源得不到充分利用；如果用FMS大批量加工单一品种，则其效率比不上刚性自动生产线。而FMS的优越性，则

表6-1　柔性化生产影响因素

基本指标		指标组成项目		影响因素
效率	加工设备利用率	生产率	单机生产率	切削速度 切削功率
			生产辅助时间	空载运动速度 设备之间的运输性能 设备的抗震性和刚性 智能化和适应控制技术 其他技术和设计进步
		生产稳定性	连续生产的能力	
柔性	产品生产周期	多品种生产变换时间	调机、调刀和首件确认时间 零件加工族的范围 技术准备和生产安排及时性 车间重构成本	品种变换所需调整时间和试运行时间 工夹、模具及刀具的准备和调整时间 制造装备及系统的重构难易程度及时间和成本 大批量定制生产模式的适应性 工艺、物流及信息流的优化程度
		投资承受能力		

是以多品种、中小批量生产和快速市场响应能力为前提的。如图6-10所示为制造技术的柔性和生产率。

　　FMS是一项耗资巨大的工程，是否选用FMS、选用何种规模的FMS，应根据各企业的产品种类、经营状况、技术水平、发展目标和市场前景等具体要求，切实地加以认真分析，确保其必要性和合理性，切不可盲目实施。

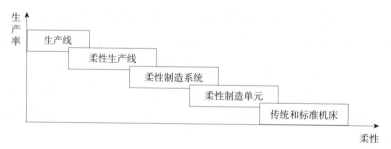

图6-10　制造技术的柔性和生产率

6.6 定制家居快速响应机制

6.6.1 快速响应机制的内涵

　　在学术界，对于快速响应理论和方法比较全面的研究是Bob Lowson，RussellKing，Alan Hunter，在其代表作*Quick Response: Managing the Supply Chainto Meet Consumer Demand*（《快速响应：供应链满足客户需求之道》）中，对快速响应的起源、概念、现状和展望展开了系统介绍，另外，还对快速响应方法在各个领域的应用进行了深入分析。快速响应机制（quick response，

QR）是指供应链管理者所采取的一系列降低补给产品交货期的措施；是一种很好响应和灵活性的状态，组织追求的是按实时客户要求，以恰当的时间、地点和价格，为客户提供好数量、种类和质量的大范围产品和服务；是通过极大地提高灵活性和不断地缩短创新的周期增强响应性，以为具有世界级别的质量和服务的新产品和成熟产品创新市场为目标。

6.6.2 实现定制家居快速响应的关键技术

面向大规模定制生产的家居企业快速响应技术是保证生产有效运作的关键因素之一。一方面，市场环境不可预测、持续变化，企业需采用一系列快速响应技术以对客户的需求做出快速响应才能获取竞争优势；另一方面，大规模定制与大批量生产相比，时间上存在滞后性，而企业必须采用快速响应技术来缩短落后的时间。因此，大规模定制家居快速响应机制的关键技术主要包括客户需求信息的采集与处理技术、产品开发设计与快速配置技术、生产线优化与柔性制造技术、供应链协作与运转技术及企业信息共享与管控技术，如图6-11所示。

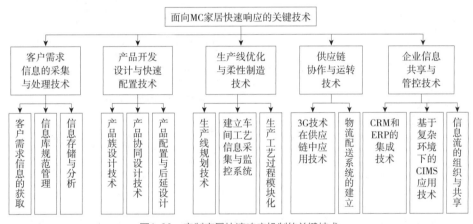

图6-11 定制家居快速响应机制的关键技术

6.6.3 家居快速响应机制的实施过程

（1）基本流程

大规模定制家居客户需求快速响应的基本流程是对家居产品整个运行过程中的信息流、物流和资金流进行计划、协调、执行和控制的各项活动和过程的快速响应。更加注重快速把握客户需求，注重企业内部资源的有效整合，注重建立合作的外部协作关系。结合上述大规模定制家居快速响应关键技术，实现家居行业客户需求的快速响应机制的基本流程，如图6-12所示。

（2）实施过程

❶ 客户需求快速采集与处理过程。满足客户需求是大规模定制家居进行产品生产的目的，也是企业在市场中得以生存和发展的前提。家居企业要想能够快速响应客户需求，必须建立良好的客户沟通途径。客户需求千变万化，只有主动并积极地获取客户的需求信息，并对此进行

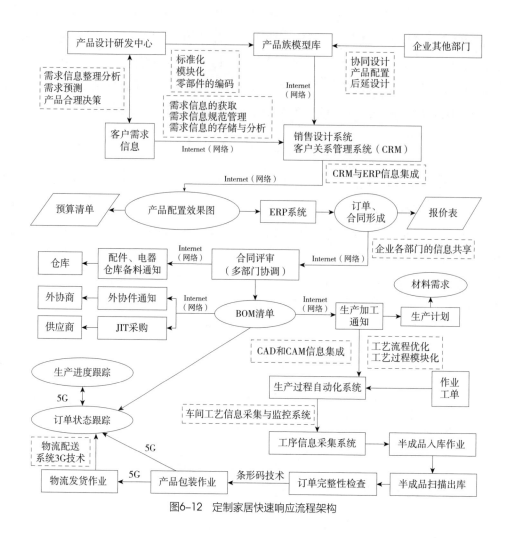

图6-12　定制家居快速响应流程架构

分析预测，企业才能准备好各类产品要素，并及时地回馈给客户。客户从被动选择向主动选择过渡，才能带动家居制造业的稳定发展，并最终实现需求的快速响应。客户需求快速采集与处理过程主要从客户需求信息的获取、客户需求信息库的规范管理和客户需求信息存储与分析三方面进行。

a. 客户需求信息的获取。在家居企业中，有效获取客户需求是企业实现快速响应的基础，也是企业能否提供满足客户个性化需求产品的前提。在客户需求信息获取前，先是客户基本信息的收集并进行分类整理，其目的是及时发现客户的基本需求并挖掘其潜在的需求信息。然后是确定客户需求获取的基本步骤，如图6-13所示为客户需求信息获取的一般过程和相关信息内容。

b. 客户需求信息库的规范管理。获取客户需求信息是以客户自身感性认识为依据的模数描述，客户对其需求的描述往往不够规范。因此，有必要对客户需求信息进行规范管理并建立信息库。其建库的过程是对获取原始客户需求信息进行抽取分解为子需求或更具体的需求，采用聚类法将客户需求进行需求聚类，从而进行客户需求的结构分析与规范，并赋予一定的需求

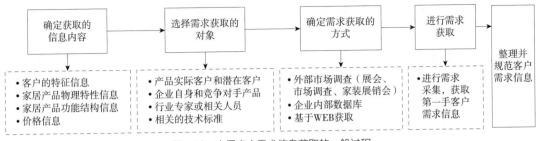

图6-13　家居客户需求信息获取的一般过程

描述规范。客户需求结构包含自身的体征、产品物理性能需求和外延需求信息。其中，自身的体征信息如客户类型、对家居产品的偏好、对产品的使用环境要求、客户的特殊需求信息、产品的价格信息等；产品物理性能信息如产品性能、外观、结构、材料及产品的基本功能等；外延需求信息如对产品的运送、安装和维修等附加要求等。对客户需求结构分解后的具体描述可用适当的语言、文字、CAD图、家居效果图及相关表格表达，以此建立客户需求信息库资源。这样既能进行企业各个部门间的信息传递，又有利于企业实现客户需求信息的存储、管理及应用。

　　c. 客户需求信息存储与分析。家居企业所获取的客户需求信息经规范后，需进行有效存储，以实现家居产品全生命周期客户需求各信息的规范化管理与维护。同时，采用数据挖掘技术分析客户需求的规则和模式，发现潜在客户的需求，指导企业产品研究及经营决策。同时，企业需对信息进行及时反馈，才能确保信息资料的新鲜度，从而快速实现对客户需求的快速响应，企业才能因此保持核心竞争力。

　　❷ 产品开发设计与快速配置技术。从客户需求的获取、整合处理到家居产品正式投入生产，涉及很多方面，这一阶段的快速响应力对整个家居企业的运营效率有着很大的影响。其最为关键的产品设计研发环节衔接整个过程。如何保证设计环节快速反应和快速执行的能力，是实现大规模定制家居生产的一项重要核心技术。主要包括：产品族设计技术、产品协同设计技术和产品配置与后延设计。

　　a. 产品族设计技术。在分析和量化用户需求的基础上，建立定制家居产品族设计与配置体系结构，开发和建立家居产品的三维参数化零部件数据库，进行定制产品族规划与标准模块数字化技术的建立，并通过定制产品成组分类与信息编码技术，构建家居产品网络数据存取交换与产品数据管理（PDM）系统和大规模定制家居产品复杂信息的编码规则，从而创建家居企业自己的设计模型库，实现设计过程对客户的快速响应。

　　b. 产品协同设计技术。在对定制家居产品协同定制设计需求分析的基础上，建立协同环境下实现大规模定制家居产品数字化设计所涉及的基于模块化和基于可调节因子的产品数据模型，开发支持产品数字化协同设计的协同推理与模糊综合评价工具，同时，需开发网上虚拟展示与协同定制设计系统。

　　c. 产品配置与后延设计。能否对客户的需求迅速做出响应，快速配置出客户定制的产品的结构，计算出产品的成本和报价并提供给客户，是决定企业能否获得响应订单的第一步，也是企业敏捷性的重要体现。

❸ 生产线优化与柔性制造技术。大规模定制家居生产过程的合理规划与管理，将会直接影响对客户需求快速反应的能力，通过对家居生产的管理优化，能够整体提高产品生产流水线的运作效率，缩短生产周期，还可以减少生产过程中的失误和浪费情况，使生产过程中使用材料的利用率达到最大化，均衡生产。主要包括：生产线规划、建立车间工艺信息采集与监控系统、生产工艺过程模块化。

a. 生产线规划。是以系列化、通用化、组合化和模块化的家居产品设计特点，由面向单一产品和零件转为面向产品族，这就要求零部件的制造和装配应努力实现工艺标准化、工艺规程典型化和典型工艺模块化等特性，用不断减少的工艺多样化满足不断增加的产品外部多样化，以适应灵活、快速的大规模定制制造环境。生产系统柔性是生产线规划的一大特点，结合定制家居产品开发周期和生命周期短的要求，大规模定制家居生产线规划应对车间物料存放区域、备料车间、定制产品的流水线机加工区域、包装区域、成品及外协件区域等进行合理布局，将工人、机器设备和物料所需的空间做最恰当的分配和最有效的组合，获得最大的生产经济效益，其目的是减轻人工搬运作业、减少在制品和库存，均衡设备能力和负荷的作用，从而为客户需求提供快速反应的产品。

b. 建立车间工艺信息采集与监控系统。大规模定制家居车间信息采集监控系统的建立，利用信息化管理手段制定新的家居机加工车间生产和管理模式，对整个家居制造过程的环境参数、基材基础参数、机器运行过程的技术参数及工人规范化操作的监控和优化管理，解决家居机加工过程中存在的质量问题和不足。同时，实时收集家居机加工过程中数据，并做出相应的分析，及时反馈到现场，对出现的环境参数和物料基础信息及机器运行参数的变化所带来的负面问题进行及时处理，为家居制造车间提供一个快速反应、有弹性、精细化的制造环境，以提高材料的利用率，降低成本。解决家居机加工过程中的信息交互，并通过连续信息流来实现企业信息全集成，从而实现生产与客户需求的快速反应。

c. 生产工艺过程模块化。根据加工相似性原理，依据成组技术的理念与要求，将大规模定制家居的零部件依据加工特性相似、工艺相近、结构相同进行分区域进行加工，从而满足物料的运输距离最短、设备布局稳定、保证零部件加工精度高，并能实现工人最易掌握加工技术、设备调整和换刀时间少等优势。生产工艺过程模块化首先是零件生产模块的确定，如板件类、框架类、抽盒类、柱形零件、条块零件等；然后是模块内依据工艺过程进行生产设备的布局，如直线布局、区块布局等；最后是根据零部件的标准化及相关的命名定义（编码技术）进行模块内工序的合理组织，常采用工艺集中或工序分化的方式进行。

❹ 供应链协作与运转技术。大规模定制的供应链管理更加注重快速把握客户需求、企业内部资源的有效整合、建立战略合作的外部协作关系，是对整个供应链系统中的信息流、物流、资金流进行计划、协调、执行及控制的各种活动和过程。实现大规模定制家居客户需求的快速

响应，其供应链协作与运转技术应包含两方面，即物流配送系统的建立和5G技术在供应链中应用技术。

a．物流配送过程的建立。通过对大规模定制家居客户需求分析和实证研究，家居企业物流配送系统的建立应包含：配送及订单收集、货运量统计分析、客户信息的订单信息处理过程；货物跟踪、轨迹回放、位置显示、定位信息接收处理的货物跟踪过程；车辆调度、配送路线图表的GIS管理过程；电子地图维护、更新、管理的配送路线优化过程及对系统数据库和车辆轨迹进行管理、维护的数据维护过程。物流配送过程建立，根据客户需求，对家居进行设计、生产加工、包装、运输等作业，并按时送达指定地点，在很大程度上提高了客户需求的快速响应，增强了企业的竞争能力。

b．5G技术在供应链中应用技术。5G技术将为大规模定制家居提供超聚点复杂信息收发和处理，不仅扩大了大规模定制家居移动办公范围和远程管控水平，实现制造过程中的多点信息采集，拓展了家居产品的销售渠道，更为重要的是提高了家居物流运输效率和客户服务水平。解决了各种家居物流过程中产生的问题，提高了运输效率和客户需求的快速响应，并为家居物流行业起到指导作用。

❺ 企业信息共享与管控技术。大规模定制家居企业客户需求快速响应机制的实施运用，必须建立在信息流通和共享的基础上，从获取客户需求信息、研发设计、生产出产品及物流配送等整个过程都离不开信息的快速流通和共享。如何获取、传递、分析信息和共享信息，是企业实现大规模定制快速响应的重要因素。企业信息共享与管控技术主要包括ERP与CRM的集成技术、基于复杂环境下的CIMS应用技术、信息流的组织与共享。

a．ERP与CRM的集成技术。ERP是对整个家居资源的规划与管理，它能够有效提高企业对客户的响应能力，提高企业运作费用，优化企业内部资源配置。与CRM相比，可以理解为CRM在前端，ERP在后端，都是围绕客户订单进行。但二者间存在业务交叉和信息共享，只有将二者进行集成，才能使得市场与客户信息、订单信息、产品和服务反馈信息及时处理，使得企业内外部数据库资源最大限度地共享，从而提高企业效率和降低管理者的决策出错率。二者集成的关键技术主要有以下几个方面。第一，信息流的集成与共享技术。信息流主要包括家居的基本物理信息、家居的客户化配置、家居的BOM信息、定制家居客户服务信息等。因此，二者必须围绕客户进行信息整合，并具备互相支持和管理功能，从而提高生产制造能力、物流供应的响应速度与质量、企业内部相关部门的工作效率等。第二，业务流程集成技术。围绕企业从订单开始到订单结束的大规模定制家居产品全生命周期的信息的交流和共享，使销售、设计和生产制造及整个物流供应系统实现无缝接口。第三，企业信息化管理与智能集成技术。数据库、数据挖掘等对数据进行分析的技术在ERP和CRM中都是基础信息，只有实现信息共享，才能提高管理效率，减少重复劳动，才能提高大规模定制家居企业对市场的快速响应能力和满足客户个性化需求的能力，从而实现商业智能和决策支持。

b．基于复杂环境下的CIMS应用技术。计算机集成制造系统（computer integratad manufacturing system，CIMS）是计算机应用技术在工业生产领域的主要分支技术之一，是大规模定制家居实现设计和制造一体化的基础。CIMS通过计算机、网络、数据库等硬、软件，将企业的产品设计、加工制造、经营管理等方面的所有活动有效地集成起来，有利于信息及时、准确地交换，从而缩短产品开发周期，保证质量，降低成本，实现客户需求快速响应。

c. 信息流的组织与共享。大规模定制家居企业信息流是企业物流、资金流和工作流的反映，企业管理工作正是通过信息流得到反映，且企业管理者通过信息流实现对生产的管理和控制。具体实施应用过程中市场终端生成订单并通过网络传递给研发部和财务部，财务部生成合同并传递给生产规划部和原材料库，研发部将产品设计图纸传递给生产控制部，生产规划部生成生产指令传递给生产控制部，同时将所需原材料信息传递给原材料库，原材料库生成该合同缺少的清单并反馈给采购部，采购部生成购买记录传递给财务部和原材料库，生产控制部进行生产排料，将所需物料信息与原材料库进行核对，并将加工成本信息反馈给财务部，产品生产完成后，向成品库发送该合同完成信息，成品库通知顾客接收产品。通过信息流的组织与共享，可自动地准确传递和保存相关信息，且有助于提高生产效率，满足大规模家居生产的要求和客户的快速响应。

6.7 柔性制造系统的发展趋势

近年来，随着信息化技术的高速发展，尤其是网络技术的快速发展，柔性制造技术已经发展为集信息技术、自动化控制技术、制造技术与现代管理技术为一体的先进生产模式，并在计算机及其软件的支持下，构建一个覆盖整个企业的完整且有机的系统，以实现全局动态最优化、总体高效益、高柔性，进而赢得竞争全胜的智能制造技术。目前，柔性制造系统的发展日趋成熟，但是随着现代科技的不断进步，用户对产品的需求也不断发生变化，这促使柔性制造系统一直保持着持续发展的态势。

（1）向小规模的柔性制造单元发展

FMC的规模小、投资少、技术综合性和复杂性低，规划、设计、论证和运行相对简单，易于实现，风险小且易于扩展。因此，采用由FMC到FMS的规划，既可以减少一次性投入的资金，使企业易于承受，又可以降低风险，一旦运用成功就可以获得一定的经济效益，为下一步扩展提供资金和经验积累，便于掌握FMS的复杂技术，使FMS的实施更加稳妥。另外，现在的FMC已经具有FMS所具有的加工、制造、储运、控制及协调功能，还具有监控、通信、仿真、生产调度管理乃至人工智能等功能，在某一具体类型的加工中可获得更大的柔性，提高生产率，增加产量，改进产品质量。目前国内外众多厂商将FMC列为发展的重点之一。

（2）朝多功能方向发展

真正完善新一代FMS将是智能化机械与人之间相互融合、柔性地全面协调从接受订单至生产、销售这一企业生产经营的全部活动。由单纯加工型FMS进一步开发以焊接、装配、检验及板材加工等制造工序兼具的多种功能FMS。FMS是实现未来企业新颖概念模式和新的发展趋势，是决定制造企业未来发展前途具有战略意义的举措。FMS是在自动化技术、信息技术及制造技术的基础上，将以往企业中相互独立的工程设计、生产制造及经营管理等过程，在计算机及其软件的支撑下，构成一个覆盖整个企业完整而有机的系统，以实现全局动态最优化，总体高效益、高柔性，进而赢得竞争全胜的智能制造系统。例如，柔性制造系统应用人工智能技术、故障诊断技术来提高其自学习、自诊断、自修复的能力；采用计算机辅助设计、计算机辅助制造、数控以及调度技术为系统集成提供技术支持。

（3）从计算机集成制造系统的高度考虑FMS规划设计

FMS是把加工、储运、控制、检测等硬件集成在一起，构成一个完整的系统。以加工企业的角度来看，目前它还只是一部分，既不能设计出新的产品，设计速度也慢，再强的加工能力也不能包罗万象。

柔性制造总的发展趋势是生产线越来越短、越来越简，资金投入越来越少，中间库存越来越少，这就意味着资金利用率提高；场地利用率越来越高，各类损耗越来越少，成本越来越低，企业利润率增加；效率越来越高，生产周期越来越短，交货速度越来越快，有利于抢先占领市场。由此可见，实现柔性制造可以大大降低生产成本，提升企业市场竞争力，从而提高企业核心竞争力。

无论从理论上还是实践中都可以清楚地看到，FMS是CIMS的重要组成部分，FMS必须集成到CIMS大家庭，从整个企业优化的角度来考虑FMS才能获得预期的效果。因此，FMS的设计应通过计算机技术把分散在产品设计制造过程中各种孤立的自动化子系统有机地集成起来，实现企业对生产制造全过程的控制。

（4）FMS的实施会越来越重视组织、管理和人的因素

除现代化的软硬件外，人在自动化中的作用已变得很重要，因为人的创造性、主观能动性是任何机器所无法代替的，所以要想成功实施FMS，必须通过管理把技术、组织、人和策略集成在一起。FMS需要整个企业统一思想、协同运作；需要深入调研企业各部门的业务流程，重新审视和评估现有工作方法，并在此基础上进行优化重组。因此，企业应尽可能解放人力资源，柔性制造系统的研究致力于将人与制造技术、加工设备相集成，最终实现"人机一体化"目标。

（5）柔性加工原理在其他制造方法的应用

柔性制造的最大优点是合理安排机床、人员，快速适应市场，这种思想对于改造传统企业的生产方式也同样有作用。企业不可能一步到位地全部采用CNC机床，传统的普通机床还要使用。可以运用柔性化原理加以改造，使之适合飞速发展的动态市场需求。实际上这个任务很重，是转变生产方式时不可不考虑的一个大问题。从目前来看，设备更新不适合我国的国情，而现代化改装无疑是一种切合实际的可以缓解企业资金不足且能提高企业市场的适应能力的简单易行的重要手段。

✎ 练习与思考题

1. 什么是柔性制造？它有哪些基本特征和基本功能？

2. 柔性制造技术包含哪些方面？柔性制造方法有哪些特点？

3. 家居行业的柔性制造技术主要从哪几个方面考虑？

4. 如何理解家居快速响应机制的实施过程？

5. 柔性制造技术的未来发展趋势有哪些？

第7章 家居企业信息化管控技术

学习目标

了解企业信息化的内涵和建设的内容；掌握FPDM、ERP系统、MES系统和SCM系统的内涵、特征和在家居企业中的应用。

随着现代化计算机信息技术与制造技术的融合发展，大规模定制已成为家居制造行业未来的主要发展模式。由于定制家居产品的多样性与随意性，其产品的生产原材料、加工工艺、产品结构等基础信息将会不断增多与更新，加大了企业基础数据管理与生产加工的难度，导致企业生产信息管理困难、决策效率低、产品生产周期长、产品质量难以保证，给家居企业发展带来一定的阻碍。因此，定制家居企业依托计算机网络技术与现代化信息管理平台整合企业内外资源，实现企业数字化、信息化管控已是企业发展的必由之路。

7.1 家居企业信息化管控概述

我国家居信息化建设是从20世纪90年代后期开始，提出发展方向——大规模定制生产。由于我国家居信息化基础较为薄弱，通过多年的努力，从大规模定制柜类家居产品入手，逐渐形成了一套比较成熟的信息化管控技术和方法，重点从产品及零部件的标准化、规格化和系列化进行设计优化，对信息采集与信息处理、信息流的组织等进行改进和研发，在重视国外先进的管理思想、管理手段和管理工具的同时，有针对性地自主研发各类信息化管控软件，从而逐渐缩小了企业之间的管理水平和信息化水平。逐渐涌现出了一些明星企业，如借助《国家中长期科学与技术发展规划纲要（2006—2020年）》提出的"用高新技术改造和提升传统制造业"和"大力推进制造业信息化"，2006年，维尚工厂和圆方软件公司合作进行国内第一个家居信息化改造，是国内目前最为成功的家居信息化企业，2016年被授予家居行业的唯一智能制造示范基地；2010年，厦门金牌厨柜联合南京林业大学通过申报国家863计划，在木竹制造品规模化定制敏捷制造技术方面取得重大突破，同时，各类信息化管控软件在家居企业广泛实施，如ERP、2020、IMOS、TopSolid、SolidWorks等；2015年，在"中国制造2025"和"互联网+"的大背景下，信息化技术逐渐在橱柜、衣柜、全屋定制等企业中蔓延开来。

随着工业4.0的到来，工业生产逐渐从集中向分散转变，产品从趋同向个性转变，用户的参与程度提高，柔性、智能制造得到大力发展，定制家具的市场逐步扩大。现有的分散式生产多以制造协作联盟（manufacturing collaborative alliances，MCA）的模式运行，进行生产方案的制订，但在具体产线层面，产线信息化调度和管理较为落后，部分低数字化设备无法联动，智能设备缺乏规范统一的协作指挥平台，使得整个协作是静态的，生产指令时效滞后，体系抗风险能力较差，人员波动和个别产线故障会大大影响整体生产计划和合作信任。随着5G技术与宽带技术的发展，移动宽带与WiFi 6E标准为各环节互联提供了技术支持。

7.1.1 企业信息化管控的概念

信息化的概念起源于20世纪60年代的日本，最初由日本学者从社会产业机构演进的角度提出，实质上是一种社会发展阶段的新学说。我国对于信息化的普遍定义为：信息化是指在经济、科技、国防及社会生活的各个方面，广泛应用信息技术，深入开发、有效利用信息资源，促进经济发展并使信息产业在国民经济中占据主导地位，促进社会进步，提高人们生活质量的过程。简单来说，信息化就是把一切变成信息，即把一切日常生活、生产经营活动中有用的资料变成可储存、传递、调用、共享的信息。信息化实质是一个数字化、网络化的进程。

信息化是现代制造企业的特征。企业信息化并不等于计算机和企业网络的简单相加。企业是否实现信息化，可从管理思想、管理手段是否现代化，资源是否全面集成并能有效利用，信息数据是否共享，经营决策是否智能化，商务运作是否电子化五个方面评判。

制造业信息化不仅是计算机化，计算机和软件是信息化的基本工具和助手；制造业信息化不仅是网络化，网络是信息化跨越时空障碍的基础设施和环境；制造业信息化不仅是集成化，集成是实现信息化的措施和方法。信息化工程绝不是软件工程。

制造业信息化的实质是把正确的信息迅速及时送达到需要的人和地点，提高信息流的速度和质量；是在全球化环境下利用信息技术实现物质和知识资源利用的最大化；是企业架构重建和经营过程重组的战略决策和实施过程；是新的生产模式和企业经营管理的新观念。

企业信息化管控通俗解释是指在企业管理各环节（订单、采购、库存、计划、生产计划、质量控制、运输、销售、服务、财务管理、人事管理、办公管理、后勤管理）中充分应用现代信息技术，对企业生产、经营和管理流程进行全方位改造，以实现资源的优化配置，不断提高企业管理效率和水平，进而提高企业经济效益和竞争能力的过程。

企业信息化管控的核心是实现企业原材料的采购、生产调度、市场分析、计划安排、库存处理、成本核算、劳动工资、产品营销等管理全过程的数字化、电子化，其目的是"不断提高企业管理的效率和水平，进而提高企业经济效益和竞争能力"，而实现的工具就是信息技术。

企业信息化管控的实质就是建立起用计算机硬件和软件支撑的包括原材料的采购、生产调度、市场分析、计划安排、库存处理、成本核算、劳动工资、产品营销等管理全过程的管理信息系统，通过这些管理信息系统实现对企业的现代化管理。

企业信息化管控方法是一个从无到有、从局部应用到全局应用、从简单到复杂的过程。伴随着这个过程，不同时期在企业管理的各环节生产过不同的管理软件，从早期单项管理的财务软件到进、销、存管理软件，以及人力资源管理软件等，到现在全面管理企业的企业资源计划管理软件。可以说，计算机在企业管理中的应用基本已经覆盖企业的方方面面。

7.1.2　企业实施信息化管控的原因

从国家的角度讲，为了提高国家的实力，缩短与工业发达国家的差距，实现资源的有效利用，通过信息化，可以以较少的资源和生产能力满足市场需求。从企业的角度讲，为了适应企业生存环境的变化，是企业生存与发展的重要手段，还可以为企业经营战略服务，帮助企业实现规范化管理。

（1）适应企业生存环境的变化

市场上的产品生命周期缩短，产品交货（上市）期成为主要竞争因素；用户需求个性化，多品种、小批量生产比例增大；中国加入WTO后，全球化大市场和大竞争使企业面临实力强大的跨国公司的巨大压力。

（2）企业生存与发展的重要手段

企业的决策依据准确及时的集成信息，处理问题也需要准确及时的集成信息。"快鱼吃慢鱼""速度胜规模"，时间成为第一位竞争要素。"变是永恒的"，信息化可以响应瞬息万变的环境。同时，经济全球化导致信息量猛增，中国加入世界贸易组织导致竞争强手众多，在全球市场竞争的环境下，在生死关头，企业信息化可以在"变、快、多"的动态环境下，比对手更快地做出正确的决策。信息化能够使企业内部效率高、外部信息灵、决策科学迅速，在激烈的市场竞争中始终处于有利的地位。

（3）为企业经营战略服务

企业经营战略确定企业的发展方向与目标，要适应加入WTO和全球竞争形势。企业信息化是为企业经营战略服务的，需要根据企业的经营战略需求确定信息化的目标，没有经营战略的企业信息化会迷失方向。企业信息化不是万能的，但企业不实现信息化则是万万不能的。因为，与其他企业，特别是掌握信息化武器的国际竞争对手无法在同一水平上竞争，也无法实现企业经营战略。

（4）帮助企业实现规范化管理

信息化后数据来源唯一，任何数据只由一个部门、一位员工负责输入，可以减少重复劳动，提高效率，避免差错，责任明确。信息化可以实现数据实时共享，企业建立统一数据库和统一处理规则，授权相关人员共享信息，应对环境变化时可以实现实时响应，决策一致可以减少矛盾，还可以实现多路径查询。

7.1.3 企业信息化建设的内容

企业信息化是现代信息技术、制造技术与先进管理思想、方法等结合而成的内涵十分丰富的集成系统，见表7-1。所谓企业信息化是指运用现代信息技术，以企业过程再造为基础，实现企业全部生产经营活动的经营自动化、管理网络化、决策智能化，不断提高信息资源开发效率，以提高企业信息经济效益和市场竞争力的过程。这一概念包括以下三层含义。

表7-1　企业信息化的应用系统和技术

信息系统与技术	内容
技术系统	CAD、CAE、CAPP、CAM、CE（并行设计技术）、VR（虚拟现实技术）、IRPM（一次成功设计及快速产品制造集成系统）、PDM（产品数据管理）
制造系统	GT、数控技术、普通NC、CNC、MC、DNC、工业机器人、物流系统、检验/测试/监控/诊断系统、FMS（柔性制造系统）
管理系统	AM（敏捷制造）、JIT、TOC（约束理论）、OA、MRPⅡ、BRP、ERP、SCM、E-commerce、DSS、GDSS、CSCW（计算机支持的系统工作）、EIS（经理信息系统）、EMS（电子会议系统）、CRM（客户关系管理）
集成系统和技术	CIMS、CALS（计算机辅助后勤系统）
基础技术	EDI、条形码技术、多媒体技术、虚拟现实技术、安全保密技术、中文平台技术、网终技术等

　　企业信息化建设是以IT与先进管理思想的结合应用为基础；企业信息化是一个长期持续改进的动态过程；企业信息化的最终目的是提高企业的经济效益和市场竞争力。

　　从应用范围看，可分为企业信息化的前端办公系统（frontoffice）和后端办公系统（backoffice）。其中，前端办公系统是以CRM（客户关系管理）为核心的信息资源管理系统，如SCM、E-commerce、CSCW、EMS、CIMS、CDSS等；后端办公系统是以企业运作机制为核心的信息管理系统，如MIS、MPRⅡ、DSS、JIT、ERP、OA、OLAP、数据仓库、数据挖掘和嵌入式软件技术的应用等。这两个系统相互制约，前端系统依赖于后端系统而存在，后端系统由于前端系统的存在而更有价值。从发展的角度看，企业信息化又可分为三个不同发展水平层面。一是利用计算机实现对产品生产制造过程的自动控制，应用电子信息技术改造传统产业；二是利用计算机系统实现企业内部管理的系统化，提高信息资源的开发和利用效率；三是利用互联网发展电子商务，在虚拟化的市场空间中推进电子商务的应用。因此，企业信息化的纵向是国民经济信息化的重要层面，横向则是向利用Internet/Extranet（企业外部网）开展E-commerce的延长。根据信息化的含义与特征，对一个工业企业而言，企业信息化的主要内容包括以下几点。

　　第一，充分考虑信息技术的应用及企业外部的环境变化对企业生产经营活动模式及其相应的管理模式的影响，尽可能合理地构建起企业的业务流程和管理流程。在此基础上，结合企业发展规划，完善企业组织结构、管理制度等。

　　第二，以上述基本的管理模式为依据，建立企业的总体数据库。该总体数据库分为两个基本部分：一个基本部分是用来描述企业日常生产经营活动和管理活动中的实际数据及其关系；另一个基本部分则是用来描述高层决策者的决策信息。

　　第三，建立相关的各种自动化及管理系统。主要有产品设计信息化、产品生产过程信息化和管理信息化。产品设计信息化，在新产品设计和试制过程中，广泛应用计算机辅助设计（CAD）技术，缩短产品的开发和试制周期，实现产品设计自动化。产品生产过程信息化，在生产过程中应用计算机辅助制造（CAM）技术，利用智能化仪表进行控制、监测、处理，以确保产品质量，降低成本，提高生产效率，实现产品生产过程自动化。实现生产过程自动化的关键是生产、检测设备智能化，要在各种机电设备上广泛应用微处理器和数字化仪表，这样可以降低能源及原材料消耗，提高经济效益。管理信息化，在产品设计、生产信息化的基础上，建立企业的计算机管理信息系统，在市场分析、计划安排、原料采购、生产调度、库存处理、成本核算、劳动工资、产品营销等管理全过程中采用计算机管理信息系统（MIS），实现企业管理的现代化和决策的科学化。

　　第四，建立企业内部网，提供企业内部信息查询的通用平台，并利用这一网络结构将企业的各个自动化与管理系统及数据库以网络的方式进行重新整合，从而达到企业内部信息的最佳配置，形成企业内一个统一的信息系统。这样可以打破部门界限，做出快速反应，使企业中的人流、物流、资金流，在信息流的科学管理之下，实现合理有序地流动。

　　第五，建立企业外部网，使企业与合作伙伴、供应商以及顾客或消费者之间达成相应的信息共享。

第六，接通互联网，实现与部门、专门领域的网络和地区、地域网络的互联，加强与企业外部的信息交流。企业可通过网络快速地宣传自己的产品，树立企业形象，实现对市场的预测和市场对企业的信息反馈，为企业的经营决策提供信息支持。

第七，开发利用信息资源，主要指企业内、外部信息，包括政策法规信息、市场行情信息、客户信息、行业信息等。企业要依靠信息网络、信息系统加工和传递企业内部信息，以便合理配置企业各种资源，杜绝浪费，节约资金，减少消耗，降低生产成本。企业需借助信息技术手段，建立高速大容量的外部信息采集、加工和传输系统，制定合理的产品价格，缩短产品设计、生产、流通周期，调整生产任务和产品结构，开发新产品，以适应市场需求的变化。对企业采集的各种信息应及时进行存储、加工、分析、预测，以提高企业管理者的决策水平，提高企业的竞争能力。

第八，培育和引进人才，提高员工信息素质。随着企业信息化的发展和电子商务的深入，企业的生产、管理都将紧密围绕信息流来组织实施。面对这种局面，企业需要一批高素质的数据处理人才、信息技术人才和信息管理人才，以帮助企业决策者筛选、分析信息，支持竞争战略的制定，保证战略管理的实施，有效进行信息战略控制。同时，提高企业员工信息素质，培养企业员工具备开发和利用信息资源的意识和能力，掌握必要的信息处理手段，树立良好的信息道德，并最终形成企业信息文化氛围，提高企业创新能力，这是企业决策者实施企业信息化过程中必须重点考虑的问题。

7.1.4 产线信息化改进

（1）生产设备信息化改进

❶ 先进传感技术。生产信息获取是智能化制造的第一步。先进的传感技术能提供更多的设计生产信息，实现精密的生产管理。复合视觉传感器能够获得生产过程中的光电属性，直观地展现生产信息。应用范围最广的为基于CCD电荷耦合器的传感器与基于CMOS互补金属氧化物半导体传感器，配合各线型激光与多相机的协同成像组成各式传感摄像机，如RGB摄像机、多光谱摄像机和深度摄像机等，能够实现综合视觉信息的获取，如快速3D建模、快速检验、快速分拣及自动校准等，配合智能编码系统进行物料跟踪，实现车间的无人精确控制，提高生产效率；实感触觉传感器是一种能够获取被接触物体属性的设备，从而搭建反馈网络，保证物料控制的精准性。触觉传感器配合温度传感与液态基质实现多信息的获取，现有传感器精度已达5mN，能够感知压力、温度与震动等信息来控制抓握姿势和进给速度；微机电系统（micro-electro-mechanical system，MEMS）传感是采用微机械加工技术制造的新型传感器，复合各式传感器实现综合传感功能，可根据不同传感需求进行定制集成，综合处理信息建立运动模型，便于进行模拟仿真分析，体积小，功能全，功耗小，是未来智能传感器的发展方向。

❷ 远程控制技术。远程控制技术是通过配置软件对设备计算机桌面进行映射，将数据传输至本地并进行操控的网络技术，使用NAT网络地址转换方式接入互联网，通过创建非对称密钥进行加密传输，保证数据的安全可靠。随着5G基站的普及和WiFi 6E协议的诞生，带宽增加与延

时的减少使远程统一管理各产线设备成为可能。工厂大部分设备系统为Windows或Linux，基于此类平台可以为设备安装远程控制软件实现，对于不能直接安装的设备，也可以通过加装智能远控路由进行信息化改造，如国外的TeamViewer、国内的向日葵等。TeamViewer的智能压缩算法能够保证低带宽的环境下进行自适性压缩，保证复杂网络环境下的稳定连接；向日葵系列产品中的控控系列智能远控路由则可通过各接口对低信息化设备进行改造，通过连接控制各传感器实现设备的远程管理；对于端口不适配、需要人员值守的设备，通过各类传感器采集必要的生产信息后通过无线传感器网络（wireless sensor networks，WSN）进行传感器的连接，通过监控和键位映射对设备进行简单的信息化联动，从而减少人工管理成本，如图7-1所示。

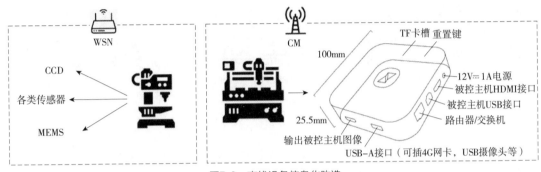

图7-1　产线设备信息化改造

（2）仓储信息化改进

　　企业仓储管理系统是实现远程智能仓储管理的基础。现有技术通过对条形码识别、射频识别技术（RFID）和紫蜂协议（ZigBee）运用于仓储智能管理，对出库、入库、检验和保管等仓储业务提供了高效率解决方案。随着企业规模的扩大，更大的仓储空间对远程控制技术的范围、能耗和效率有了更高的要求。新兴窄带物联网（narrow band internet of things，NB-IoT），其覆盖面广、连接设备多、低功耗、低成本的特点，能够更好地实现信息感知和远程仓储控制。NB-Based WMS可以通过物资类型进行分类，并进行基本信息的完善，借助蜂窝网络进行现有基站部署和广覆盖，利用lot平台实现更加灵活的连接管理，从而实现仓储管理中的出库、检查、运输、入库等业务全流程管理；通过模糊算法的仓储库存管理远程自动控制系统将具体的算法与硬件结合，大大缩减仓储货物库存表单的建立时间。综上，将现有仓储网络进行改造，建立物联网，从指挥终端获取物流信息，从而实现分散制造的统一物流调配。

（3）工厂联动网络建设

　　对产线信息化改造完毕后，便可通过统一的信息化网络进行信息传输。基于厂房内信号频段较为复杂的情况，在进行各网络布置时需要将各频段错开，以保证各信道相互独立。基于前述的信息化理论，本文提出以下网络构建思路，如图7-2所示；分别选用180kHz的NB-IoT、2.4GHz的有线高速宽带、5GHz的移动宽带和6GHz的Wifi 6E无线传感器网络，以设备信息化程度为分类标准，为各设备配置网络并通过相应网络进行数据统一管理。将各地各产线生产数据

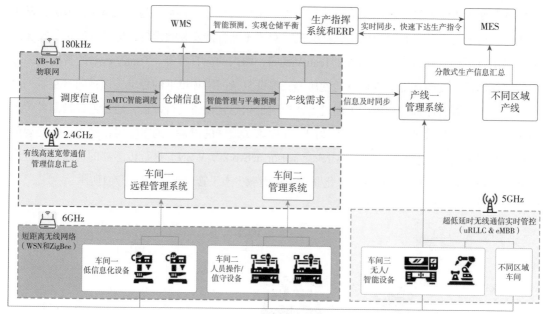

图7-2 智能工厂网络联动模式

上传至统一的生产指挥平台后，通过WebSocket协议与SSM架构实现产线数据可视化，进行统一的大数据管理，从而实现分散生产的统一管理，为联动提供软硬件基础。

7.1.5 产线管理与联动

（1）产线管理

多企业多产线的联动对生产管理的要求更加严格。目前，流程工业普遍采用ERP、MES与PCS三层结构。ERP保证供应链管理与流程优化，实时监控各生产流程，进行工厂与设备管理；MES着眼于整个生产链与设计方案的传递优化，通过对生产数据的实时收集与分析对产线进行实时监控和管理，通过信息化标签管理实现设备运行的维护与生产进度的追踪。PCS实现工业过程各回路的闭环控制，以及对各装备的逻辑控制和过程监控。流程工业生产过程目前普遍采用PID算法（proportion integral differential，PID），实现回路控制，采用实时优化、模型预测和智能运行反馈控制技术进行运行优化控制，实现回路设定值自动决策。综合以上系统对整个生产流程进行数字化精细管理，实现智能调控，灵活生产。

（2）工厂互联的应用与构建

对于定制家具的工厂产线，产线订单的模块化拆分能够降低对产线的柔性需求。以生产信息的时效性为前提，针对家具的模块化设计生产进行流程优化，通过模块化产品系统总体设计、系统设计与产品设计预先设计出各家具模块，再通过前期市场调研与大数据分析对各模块的产量进行预测，数据同步至各工厂产线后，通过ERP与MES统筹各区域工厂产线，实现分散生产；客户进行客制化后，工厂根据存量进行资源调配及补充生产，最后打包出库，完成定制，根据售后信息对设计进行优化并更新产量预测数学模型，以便进行下一轮设计生产。相较于一般的定制设计，模块化设计生产通过快速数据同步保证信息时效、信息共享与信息保密，从而实现全制造链协同。CAPP、CAM与智能机床、智能数控的软硬件结合实现软硬一体化，从而实现制造智能化。但对模块的设计要求和产量预测模型要求较高，数据需求量较大，适合有一定数据积累和工厂布局的规模以上企业进行升级改造，如图7-3所示。

图7-3　工厂互联模式各环节架构

7.2 家居产品数据管理

7.2.1 产品数据管理的概念

家居产品数据管理（furniture production data management，FPDM）是指家居企业内分布于各种系统和介质中，关于家居产品及产品数据信息和应用的集成与管理，是家居企业实施信息化管理的基础。FPDM系统确保跟踪设计、制造所需的大量数据和信息，并由此支持和维护产品。从FPDM管理的对象、管理的目标、实现的手段、产品与过程四个方面入手，可以全面理解FPDM基本概念。

第一，从管理对象角度来看，FPDM是一个系统，管理、存取和控制家居企业产品相关的所有数据和相关过程。管理的是整个家居产品生命周期的产品信息，不仅是设计阶段的数据。FPDM应用面向的对象是数据库，它不仅可以管理大量繁杂的数据信息，同时也可以管理产品开发的全过程，如过程图纸信息、设计、审核、批准的过程，产品的零部件结构和材料标准等。在FPDM中通过面向对象技术对上述信息进行管理。例如，CAD系统产生的文件可被表示一个对象，在FPDM中打开对象，可以自动启动原CAD软件，将对象装入软件中。为用户在一个有多厂商提供的硬件平台和应用软件的混杂网络环境中高效地工作提供了可能。

第二，从管理目标角度来看，家居产品数据管理是帮助企业、工程师和其他有关人员管理数据并支持产品开发过程的有力工具，是依托IT技术实现家居企业最优化管理的有效方法，是科学的管理框架与企业现实问题相结合的产物，也是计算机技术与企业文化相结合的一种产品。家居产品数据管理系统保存和提供产品设计、制造所需要的数据信息，并提供对产品维护的支持，即进行产品全生命周期的管理。家居产品数据管理集成了所有与产品相关的信息。有助于企业有序和高效地设计、制造产品。

第三，从实现手段角度来看，FPDM是以软件为基础的技术，它将所有与产品相关的信息和所有与产品有关的过程集成在一起。FPDM系统利用电子数据库实现对产品相关信息的生成、存储、查询、控制存取、恢复、编辑、电子检查和追溯。FPDM系统通过对过程对象的定义、检查、查询、存取控制、恢复和编辑，实现对工作流的控制。要成功实施FPDM系统，往往需要改变企业的传统管理模式，形成新的信息组织方式，而FPDM系统通过用户接口的应用，能够有效减少这些改变和新的信息组织方式对企业所造成的不利影响。另外，FPDM系统涉及的大量原始信息来源于不同的应用系统，因此，FPDM系统通过应用集成的方式，对家居企业使用各种软件产生的数据和文档进行有效地管理，实现应用软件之间的信息共享，建立企业全局信息集成平台。

第四，从产品来看，FPDM系统可帮助家居企业组织产品设计（包括需求分析、设计规划、产品建模）、完善结构修改（包括产品结构管理与配置、产品版本控制）、跟踪进展中的设计概念、及时方便地查找想存档数据及相关产品信息。从过程看，FPDM系统可协调组织和规范化管理，诸如设计、审查、批准、制造、数据变更、工作流优化，以及产品发布等过程事件。

总之，FPDM是一个软件框架，以此框架为基础，高度集成各种应用软件而组成的系统，其目的是在正确的时间把正确的信息以正确的形式传递给正确的人，完成正确的任务。通过FPDM系统，设计者、制造者和管理者可以对产品设计、开发的相关数据与过程实现全面管理，并可以对相关数据与过程进行实时查看、紧密跟踪和适度控制等操作。

7.2.2 FPDM的基本功能

FPDM系统覆盖家居产品生命周期内的全部信息，为企业提供一种宏观管理和控制所有与产品相关信息的机制，并从全局共享的角度，为不同地点、不同部门的人员营造了一个虚拟协同的工作环境，使其可以在同一数字化的产品模型上一起协同工作。一个完善的FPDM系统应包括以下基本功能模块，如图7-4所示。

（1）电子仓库与文档管理

电子仓库与文档管理是FPDM最核心的模块。对于大多数家居企业来说，一般都需要使用许多不同的计算机系统（主机、工作站、PC等）和不同的计算机软件来产

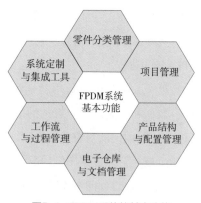

图7-4　FPDM系统的基本功能

生产品整个生命周期内所需的各种数据，而这些计算机系统和软件还可能建立在不同的网络体系上。在这种情况下，如何确保这些数据总是保持最新的和正确的，且使这些数据能在整个企业范围内得到充分共享，同时还要保证数据免遭有意或无意的破坏，这些都是迫切需要解决的问题。FPDM的电子资料库和文档管理提供了对分布式异构数据的存储、检索和管理功能。在

FPDM中，数据的访问对用户来说是完全透明的，用户无须关心电子数据存放的具体位置及自己得到的是否为最新版本，这些工作均由FPDM系统的电子仓库与文档管理功能来完成。另外，电子仓库与文档管理通过角色权限控制来保证家居产品数据的安全性，在FPDM中电子数据的发布和变更必须经过事先定义的审批流程后才能生效，这样就使用户得到的总是经过审批的正确信息。

电子仓库与文档管理是FPDM中最基本、最核心的功能，它保存了管理数据的数据（元数据）及指向描述家居产品相关信息的物理数据和文件的指针，它为用户存取数据提供一种安全的控制机制，并允许用户透明地访问全企业的产品信息，而不用考虑用户或数据的物理位置。其主要功能可以归纳为文件的输入和输出、按属性搜索的机制、动态浏览/导航能力、分布式文件管理和分布式仓库管理、安全机制等。

（2）工作流与过程管理

为达到一定的目标，工作组中的成员按照一定顺序动态完成任务的过程称为工作流程。工作流与过程管理用来定义和控制流程数据操作的基本过程，帮助家居企业协调组织任务和工作过程，以获得最大生产效率。

工作流与过程管理主要控制用户之间的数据流向及在一个项目的生命周期内跟踪所有事务和数据的活动，其中包括宏观过程（产品生命周期）和各种微观过程（如图样的审批流程），是支持工程更改必不可少的工具。由于产品数据管理过程的复杂性和多样性，目前一般FPDM的过程与工作流管理是在对家居企业中各种业务流程进行详细分析的基础上，通过系统的模板定制与二次开发来实现的。

（3）产品结构与配置管理

产品结构与配置管理是FPDM系统核心功能之一。以电子仓库为底层支持，以物料清单（BOM）为其组织核心，把定义最终产品的所有工程数据和文档联系起来，对家居产品对象及其相互之间的联系进行维护和管理，实现产品数据的组织、控制和管理，并在一定目标或规则约束下向用户或应用系统提供产品结构的不同视图和描述。产品结构与配置管理能够建立完善的BOM表，并实现其版本控制，高效、灵活地检索与查询最新的产品数据，实现产品数据的安全性与完整性控制。

在家居企业中，不同的部门（如设计部、工艺部和生产计划部）或在不同阶段，对同一产品的结构形式的要求并不相同，因此，产品结构与配置管理是按产品视图来组织产品结构的功能。通过建立相应的产品视图，企业的不同部门可按其需要的形式来对产品结构进行组织。而当产品结构发生更改时，可以通过网络化的产品结构视图来分析和控制更改对整个企业的影响。

（4）项目管理

在FPDM系统中，项目是指家居企业围绕设计、生产和制造进行的所有活动的总称。所有设计、生产的相关活动都是以项目为单位进行组织管理的，例如航空制造厂按飞机型号与批次组织生产、汽车厂按汽车的型号组织生产等。项目管理是在项目实施过程中实现其计划、组织、人员及相关数据的管理与配置，对项目的进度情况进行监控与反馈。

项目管理是建立在工作流程管理基础上的，其管理内容应包括项目和任务的描述，项目成员组成与角色分配、项目工作流程、时间与费用管理、项目资源管理等，为控制项目开发时间和费用、协调项目开发活动、保证项目正常运行提供一个可视化工具。

（5）零件分类管理

零件分类管理是将具有相似特性（结构相似性和工艺相似性）的零件分为一类，并赋予一定的属性和方法，形成一组具有相似零件特性的零件集合，即零件族。

一般采用编码的方式进行零件分类管理，零件编码一般分为标识码和分类码两部分。标识码用来唯一标识零件；分类码标识零件的功能、形状、生产工艺等信息。通过对零件编码，简化了零件描述，便于利用计算机实现分类处理，便于信息的传输、存储和检索，实现零件及其相关信息的快速检索。

（6）系统定制与集成工具

FPDM系统可以按照用户的需求合理配置所需功能模块，并提供面向对象的定制工具，定制工具中提供有专门的数据模型定义语言，能实现对企业模型全方位的再定义，包括软件系统界面的专门改造及系统的功能扩展等。为使不同应用系统间能够共享信息，对应用系统所产生的数据进行统一管理，还可将外部应用系统"封装"或集成到FPDM系统中，实现应用系统与FPDM之间的信息集成。

7.2.3 FPDM在家居企业中的作用

为确保产品数据的安全性和信息的保密性及为FPDM系统用户设定不同操作权利的权限管理功能等。随着计算机技术应用的继续发展和深入，FPDM还在逐渐扩展到整个家居企业产品生命周期的管理领域发挥着重要的作用。

（1）FPDM是CAD、CAPP、CAM、CAE的集成平台

目前，已有许多性能优良的独立CAD、CAM、CAPP、CAE（简称CAX，统称4C）系统。这些独立的CAX系统，分别在产品设计自动化、工艺过程设计自动化、数控编程自动化和工程分析方面起到重要的作用。但采用这些各自独立的CAX系统，不能实现系统间信息的自动传递和交换。比如，用CAD系统进行产品设计的结果，只能输出图纸和有关技术文档，这些信息不能直接为CAPP系统所接收，进行工艺过程设计时，还需由人工将这些图样、文档等纸面上的文件转换成CAPP系统所需的输入数据，并通过人机交互方式输入CAPP系统进行处理，处理后的结果输出是零件加工工艺规程。而当使用CAM系统进行计算机辅助数控编程时，同样需要人工将CAPP系统输出的文件转换成CAM系统所需的输入文件和数据，再输入CAM系统中。由于各独立系统所产生的信息需经人工转换，这不但影响工程设计效率的进一步提高，且在人工转换过程中，难免发生错误，这将给生产带来很大的危害。即使采用IGES或STEP标准进行数据交换，依然无法自动从CAD中抽取CAPP所必需的全部信息，对于不同的CAM系统，也很难实现从CAPP到CAM的通用的信息传递。

CAD系统无法把产品加工信息传递到后续环节，阻碍了计算机应用技术的进一步发展。目前，只有把CAD和生产制造结合成一体，才能进一步提高生产力和加工精度。随着计算机应用的日益广泛和深入，人们很快发现，只有当CAD系统一次性输入的信息能在后续环节（如CAPP、CAM中）一再被应用才是最经济的。自20世纪70年代起，人们就开始研究CAX之间数据和信息的自动化传递与转换问题，即4C集成技术。为实现设计生产自动化，人们首先致力于实现CAD、CAM、CAPP（统称3C）的集成。目前，通过工程数据库及有关应用接口的开发，FPDM系统是3C最好的集成平台，如图7-5所示。它可以把与产品有关的信息统一管理起来，并将信息按不同用途分门别类地进行有条不紊的管理，而不同的CAX系统都可从FPDM中提取各自所需的信息，再把结果放回FPDM中，从而实现与3C、4C的真正集成。

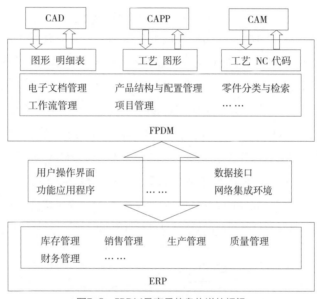

图7-5　FPDM是产品信息传递的桥梁

（2）FPDM是产品信息传递的桥梁

人、财、物、产、供、销六大部门是企业的经营管理与决策部门。信息管理系统（MIS）和制造资源规划（MRPⅡ）集成在一起，成为企业资源计划管理系统（ERP）。FPDM作为3C最好的集成平台，用计算机技术完整地描述产品整个生命周期的数据和模型，是ERP中有关产品全部数据的来源。因此，FPDM是沟通产品设计工艺部门和管理信息系统及制造资源系统之间信息传递的桥梁，使MIS和MRPⅡ、ERP从FPDM集成平台自动得到所需的产品信息，如物料清单BOM等，而无须人工从键盘——敲入。ERP也可通过FPDM这一桥梁将有关信息自动传递或交换给3C系统。

（3）FPDM支持并行工程

并行工程是以缩短产品开发周期、降低成本、提高质量为目标，把先进管理思想和先进自动化技术结合起来，采用集成化和并行化的思想设计产品及其相关过程，在产品开发早期就充分考虑产品生命周期中相关环节的影响，力争设计一次完成，且将产品开发过程的其他阶段尽量往前提。在原有信息集成的基础上，更强调功能上和过程上的集成，并在优化和重组产品开发过程的同时，不仅要实现多学科领域专家群体协同工作，而且要求把产品信息和开发过程有机集成起来。做到把正确的信息在正确的时间以正确的方式传递给正确的人，这是目前最高层次的信息管理要求。

（4）FPDM是CIMS的集成框架

所谓"集成框架"，是在异构、分布式计算机环境中能使企业内各类应用系统实现信息集成、功能集成和过程集成的软件系统。

信息集成平台发展经历了计算机通信、局域网络、集中式数据库、分布式数据库等阶段。随着CIMS技术的不断深入发展和应用规模的不断扩大，企业集成信息模型越来越复杂，对信息控制和维护的有效性、可靠性和实时性要求越来越高，迫切需要寻求更高层次的集成技术，能够提供高层次的信息集成管理机制，从而提高CIMS的运作效率。

目前，国内外技术人员对新一代信息集成平台做了大量研究开发工作，也推出了多种平台，典型的是面向对象数据库及面向对象工程数据库管理系统，虽然这些面向对象技术部分已商品化，但还没有在企业中得到全面应用和成功实施，技术仍不成熟。具有对象特性的数据库二次开发环境，由于其开放性、可靠性等方面的明显不足，无法胜任CIMS大规模实时应用需求。而在关系型数据库基础上开发的具有对象特性的FPDM系统，由于其技术的先进性和合理性，近年来得到了飞速发展和应用，成为新一代信息集成平台中最为成熟的技术。

FPDM不仅向ERP自动传递所需的全部产品信息，而且ERP中生成的与产品有关的生产计划、材料、维修服务等信息，也可由FPDM系统统一管理和传递。因此，作为4C的集成平台又支持并行工程领域的FPDM，将是企业CIMS的最佳集成框架。

7.2.4 家居企业应用FPDM的意义

家居企业已普遍采用计算机辅助技术，甚至引进信息管理技术。详细记录设计、工艺过程中的产品数据，确保企业各类人员获得正确的信息，成为当前产品数据管理的主要目标。面对家居业当前设计、生产中正在使用的CAD、CAM、ERP等先进技术状态和管理状况，研究如何运用FPDM技术把企业资源有效地管理利用起来，充分发挥产品数据管理的作用，在家居企业具有如下的重要意义。

（1）提高设计效率，缩短产品上市时间

影响产品进入市场的时间包括设计工作所花费的时间，用于审校上述工作成果所花费的时间或任务交接间的时间浪费和设计过程中修改错误所花费的时间。根据主要致力于FPDM技术和计算机集成技术研究与咨询的国际咨询公司CIMdata的调查统计显示，在新产品的开发设计中相当一部分属于原型改造创新，设计人员在信息查找、检索、等待图样、新数据的存档等方面花费的时间约占设计开发时间的25%～30%。FPDM避免了这种时间的浪费，它能确保数据访问更加合理有效，设计人员可以把更多的时间和精力用于创造性设计和开发，从而提高设计效率。另外，在FPDM的支持下，进行并行设计与制造，可以减少设计和生产过程中发生的修改和重复次数，缩短设计与制造周期，提高设计和生产效率。

（2）提供并行工程的环境，促进企业流程的不断改善

FPDM系统由于对所有的使用者具备广泛的流程控制与信息集成的能力，因此，FPDM系统提供了并行工程的最佳环境。实施并行工程，除在工程设计上可以缩短时间之外，还进一步在制造、缩短交货期及产量提高方面提供具体的效益。同时，在并行工程环境下进行并行设计与制造，有利于家居企业对整个业务流程进行重组（BPR），促进企业整体运作方式的不断完善。

（3）更好管理工程变更，更好地控制项目

FPDM系统的版本管理允许在数据库里保存任一设计的修改版本和原型，使用户可以生成一个设计的多个替代方案。而加强工程变更管理保证完整的变更审查规范，有利于产品设计变更的数据管理，对产品的形成及配置等数据信息一致性提供更安全的保障，且在管理上具有可跟踪性，从而更好地控制生产进展和项目管理。

（4）改善产品与服务质量，便于实施全面质量管理

FPDM系统中相关的管理功能有效地保证所有参加同一项目的员工采用同一数据来工作，并及时更新最新数据，确保在设计与生产过程中数据的一致性，减少产品相关信息的重复和随意更改，有利于提高设计与制造的准确性。通过FPDM的产品结构管理与配置管理，有利于促进标准零件和标准设计的再利用，便于家居产品的模块化、标准化、专业化生产，以减少零件的种类数量，简化产品的制造与维护过程，从而也有利于产品与服务质量的提高。另外，通过对产品开发周期内引入与质量相关的审查过程，FPDM系统还有助于家居企业质量体系的完善，可以建立适应ISO9000系列验证和全面质量管理的环境。

FPDM的实施将为企业节约成本，缩短产品开发周期，缩短产品上市时间，提高订单的反应速度，减少开发过程的修改，且利用当今高速发达的网络技术，开发及开放FPDM与不同系统间的接口，加强信息集成，对家居企业的异地设计、异地制造及异地销售、电子商务、产品供应链资源等信息共享，必将对提高家居企业的经营与管理产生积极作用。家居业竞争与发展的状况也促使向集成与共享的信息化方向发展与完善。因此，家居企业应用FPDM技术势在必行。

7.3 家居企业资源管理系统

7.3.1 MRP的形成

企业资源计划系统的发展是从物料信息集成开始的。物料是所有"物"的统称，产品、在制品、原材料都是物料。物料是组成产品结构的最小单元。在英文里"物料需求计划"中物料是指material，"物料编码"中的物料是指item或part，在国产ERP软件里物料是指物项、物品、物件。

在物料需求计划中"物料"定义为：凡是要列入计划、控制库存、控制成本的物件的统称。包括所有制造用原材料、配套件、毛坯、半成品、产成品、联产品、副产品、回收复用品、需要处理的废品、包装材料、标签、说明书、技术文件、合格证、工艺装备、某些能源等，即物料是计划的对象、库存的对象和成本的对象。

从管理的角度，物料的管理特性是相关性、流动性和价值性。在制造业中，直接管理物料的部门是销售、生产及采购三个部门，俗称产供销。在实际的生产中，产供销严重脱节，该如何解决？

20世纪60年代，制造业打破"发出订单，然后催办"的计划管理方式，设置了安全库存量，为需求与提前期提供缓冲。20世纪70年代，企业的管理者们已经清楚地认识到真正的需要是有效的订单交货日期，产生了对物料清单的管理与利用，由此形成了物料需求计划——MRP。正是MRP的诞生解决了上述问题。

物料需求计划的诞生，做到"既不出现短缺，又不积压库存"。MRP的指导思想是需求与供应平衡、优先级计划，它的核心围绕产品的数据模型（产品结构）进行。

（1）基本MRP

❶ 库存订货点理论。早在20世纪30年代初期，企业控制物料的需求通常采用控制库存物料数量的方法，为需求的每种物料设置一个最大库存量和安全库存量。由于物料的供应需要一定的时间（供应周期，如物料的采购周期、加工周期等），因此，不能等到物料的库存量消耗到安全库存量时才补充库存，而必须有一定时间提前量，即必须在安全库存量的基础上增加一定数量的库存。这个库存量为物料订货期间的供应量，应该满足如下情况：当物料的供应到货时，物料的消耗刚好到了安全库存量。这种控制模型必须确定两个参数：订货点与订货批量，如图7-6所示。

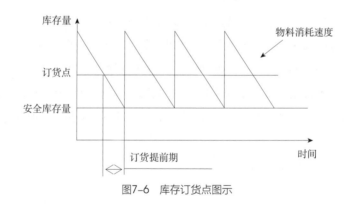

图7-6   库存订货点图示

订货点应用需满足物料的消耗相对稳定、物料的供应比较稳定、物料的需求是独立的、物料的价格不是太高四个条件。这种模型在当时的环境下也起到了一定的作用，但随着市场变化和产品复杂性的增加，它的应用受到一定限制。

❷ 物料需求计划理论。1965年，美国约瑟夫·奥利佛博士提出一种观点，他认为企业内部有两种类型的物料需求：独立需求和相关需求。独立需求的物料是指这些物料的需求量和需求时间与其他物料的需求量和需求时间无直接关系，如最终产品、备品备件等。与此相反，相关需求的物料是指这些物料的需求量和需求时间与其他物料的需求量和需求时间有着直接的关系，即产品结构关系。一个低层物料的需求量和需求时间取决于上一层部件的需求量和需求时

间，部件的需求量和需求时间又取决于子组装件的需求量和需求时间，以此类推，直至最终产品的需求量和需求时间。比如100个台灯，一个台灯由一个灯架、一个底座、一个灯泡组成，完成这项生产任务需要多少灯架、多少底座和多少灯泡都是由生产的台灯数量决定的，因此，台灯的数量属于独立需求。根据这一新的概念，约瑟夫明确指出，订货点法只适用于独立需求的物料，而对相关需求的物料，由于其需求量和需求时间取决于企业计划生产的产品数量和交货期，因此要采用新的方法来解决订货问题，这种新的方法被称作"物料需求计划"。

物料需求计划的主要特点就是分时间段来确定各种物料的需求量和需求时间，解决企业生产什么、需用什么、现有什么、还缺什么、何时需要这几个基本问题。MRP逻辑流程如图7-7所示。

（2）闭环MRP

在MRP的形成、制订过程中，考虑产品结构和库存的相关信息。但实际生产中的条件，如企业的制造工艺、生产设备及生产规模，都是发生变化的，甚至要受社会环境，如能源供应、社会福利待遇等的影响。基本MRP制订的采购计划可能受供货能力或运输能力限制而无法保障物料的及时供应。另外，如果指定的生产计划未考虑生产线的能力，在执行时就有可能偏离计划，计划的严肃性就会受到挑战。因此，利用基本MRP原理制订的生产计划与采购计划往往容易变得不可行。由于信息是单向的，与管理思想不一致，因此，管理信息必须是闭环的信息流，由输入到输出，再循环影响至输出端，从而形成信息回路。因此，随着市场的发展及基本MRP应用与实践，20世纪80年代，在此基础上发展形成了闭环MRP理论。

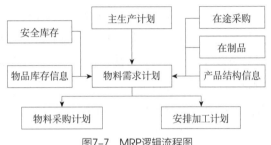

图7-7 MRP逻辑流程图

闭环MRP理论认为主生产计划与MRP应该是可行的，即考虑能力的约束，或者对能力提出需求计划，在满足能力需求的前提下，才能保证物料需求计划的执行和实现。在这种思想要求下，企业必须对投入与产出进行控制，也就是对企业的能力进行校检、执行和控制。闭环MRP流程如图7-8所示。

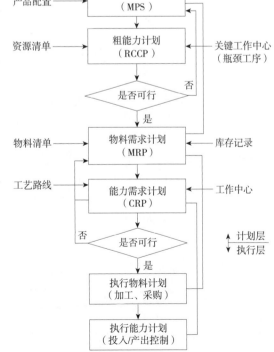

图7-8 闭环MRP流程图

7.3.2　MRPⅡ的形成

20世纪80年代，企业的管理者们又认识到制造业要有一个集成的计划，以解决阻碍生产的各种问题，而不是以库存来弥补或缓冲时间去补偿的方法来解决问题，要以生产与库存控制的集成方法来解决问题。如果能把财务数据与业务数据对上号，企业管理者就能对企业的发展有更好的把握。基于这种思想，人们又把闭环MRP作进一步拓展，把与企业生产经营有密切联系的成本会计、总账、应付账、应收账和销售等功能与MRP进行整合，及时准确地反映产品的成本、各项费用的发生情况、资金利用率、销售收入和财务处理的情况，进而全面规划和管理企业的生产经营过程，达到整体优化的水平。这就形成了新的计划体系：制造资源计划（manufacturing resource planning，MRPⅡ），为了有别于MRP的缩写而采用MRPⅡ来表示。

MRPⅡ的诞生可以解决财务和业务脱节问题，做到资金流信息同物流信息集成，财务同业务的集成，其中成本是物料信息同资金信息集成的关键切入点。MRPⅡ是对制造业企业资源进行有效计划的一整套方法。它是一个围绕企业的基本经营目标，以生产计划为主线，对企业制造的各种资源进行统一计划和控制，使企业的物流、信息流、资金流流动畅通的动态反馈系统。MPRⅡ流程逻辑如图7-9所示。

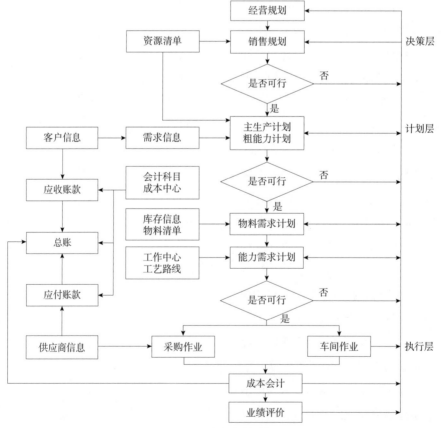

图7-9　MPRⅡ流程逻辑图

MRP Ⅱ集成了应收、应付、成本及总账的财务管理。其采购作业根据采购单、供应商信息、入库单形成应付款信息（资金计划）；可根据采购作业成本、生产作业信息、产品结构信息、库存领料信息等产生成本信息；能把应付款信息、应收款信息、生产成本信息和其他信息等记入总账。产品的整个制造过程都伴随着资金流通的过程。通过对企业生产成本和资金运作过程的掌握，调整企业的生产经营计划和生产计划，从而得到更为可行、可靠的生产计划。

7.3.3 ERP的形成

20世纪90年代以来，企业信息处理量不断加大，企业资源管理的复杂化也不断加大，这要求信息的处理有更高的效率，传统的人工管理方式难以适应以上系统，而只能依靠计算机系统来实现，信息的集成度要求扩大到企业的整个资源的利用、管理，从而产生新一代的管理理论与计算机系统——企业资源计划ERP。

ERP诞生的核心标志是实现两个集成，即内部集成与外部集成。内部集成是指实现产品研发、核心业务和数据采集三方面集成；外部集成是指实现企业与供需链上所有合作伙伴共享信息的集成。ERP的诞生解决了不能准确而实时掌握市场和客户需求的问题。

ERP是建立在信息技术基础上，利用现代企业的先进管理思想，全面集成了企业所有资源信息，为企业提供决策、计划、控制与经营业绩评估的全方位和系统化的管理平台。

MRP Ⅱ对生产力的发展与信息技术的应用产生了深远的影响，但随着市场竞争日趋激烈和科技进步，MRP Ⅱ的思想也逐步显示了其局限性，主要表现在以下几个方面。

（1）企业之间竞争范围的扩大

这就要求在企业管理的各个方面加强管理，要求企业的信息化建设应有更高集成度，同时企业信息管理的范畴要求扩大到对企业的整个资源集成管理，而不只是对企业的制造资源的集成管理。现代企业都意识到，企业的竞争是综合实力的竞争，要求企业有更强的资金实力和更快的市场响应速度。因此，信息管理系统与理论仅停留在对制造部分的信息集成与理论研究上是远远不够的。与竞争有关的物流、信息及资源要从制造部分扩展到全面质量管理、企业的所有资源（分销资源、人力资源和服务资源等）及市场信息和资源，且要求能够处理工作流。在这些方面，MRP Ⅱ都已经无法满足。

（2）企业规模扩大化

多集团、多工厂要求协同作战，统一部署，这已经超出了MRP Ⅱ的管理范围。全球范围内的企业兼并和联合潮流方兴未艾，大型企业集团和跨国集团不断涌现，企业规模越来越大，这就要求集团与集团之间、集团内与工厂之间统一计划，协调生产步骤，汇总信息，协调集团内部资源。这些既要独立、又要统一的资源共享是MRP Ⅱ无法解决的。

（3）信息全球化趋势的发展要求企业间加强信息交流与信息共享

企业之间既是竞争对手，又是合作伙伴。信息管理要求扩大到整个供应链的管理，这些更是MRP Ⅱ所不能解决的。

随着全球信息的飞速发展，尤其是互联网的发展与应用，企业与客户、企业与供应商、企业与用户之间甚至是竞争对手之间都要求对市场信息快速响应，信息共享。越来越多企业之间的业务在互联网上进行，这些都向企业的信息化提出了新的要求。

随着现代管理思想和方法的提出和发展，如及时生产（just in time，JIT）、全面质量管理（total quality control，TQC）、优化生产技术（optimized production technology，OPT）、分享资源计划（distribution resource planing，DRP）、制造执行系统（manufacturing execute system，MES）及敏捷制造系统（agile manufacturing system，AMS）等现代管理思想的相继出现，MRPⅡ逐步吸收和融合了其他先进思想来完善和发展自身理论。20世纪90年代，MRPⅡ发展到一个新的阶段：ERP。

简要地说，企业的所有资源包括三大流：物流、资金流和信息流。ERP也就是对三种资源进行全面集成管理的管理信息系统。概括地说，ERP是建立在信息技术基础上，利用现代企业的先进管理思想，全面地集成企业的所有资源信息，并为企业提供决策、计划、控制与经营业绩评估的全方位和系统化管理平台。ERP系统是一种管理理论和管理思想，不只是信息技术。它利用企业的所有资源，包括内部资源与外部资源，为企业制造产品或提供服务创造最优的解决方法，最终达到企业的经营目标。

ERP理论与系统是从MRPⅡ发展而来的，它除了集成MRPⅡ的基本思想（制造、财务及供销）之外，还大大扩展了管理的模块，如多工厂管理、质量管理、设备管理、运输管理、分销资源管理、过程控制接口、数据采集接口、电子通信等模块。它融合了离散型生产和流程型生产的特点，扩大了管理范围，更加灵活或"柔性"地展开业务活动，实时响应市场需求。MRPⅡ的核心是物流，主线是计划。伴随着物流的过程，同时存在资金流和信息流。ERP管理的中心是整合企业的物流、生产制造和资金流的资源，是对企业整体资源的全面平衡。总之，ERP极大地扩展了业务管理的范围及深度，包括质量、设备、分销、运输、多工厂管理、数据采集接口等。

ERP系统包括的模块一般有销售管理、采购管理、库存管理、制造标准、主生产计划、物料需求计划、能力需求计划、车间管理、JIT管理、质量管理、财务管理、成本管理、应收账管理、应付账管理、现金管理、固定资产管理、工资管理、人力资源管理、分销资源管理、设备管理、工作流管理、系统管理等。

7.3.4　ERP系统在家居企业中的应用——以大规模定制家居为例

（1）ERP系统在大规模定制家居企业的运行特点

在大规模定制家居企业生产管理过程中，实施ERP系统进行组织与管理，可以将围绕订单进行的销售、采购、仓储、计划、生产、财务等业务流程工作进行集成化管理，实现订单信息数据的准确、快速共享，缩短订单管理周期，提高生产管理效率。ERP系统实际运行中其特点主要体现在以下五个方面：

❶ 管理思想先进性与适应性。ERP系统不断吸收融合最先进的管理思想和模式，根据不同家居企业管理模式做出调整。

❷ 功能的可拓展性。ERP系统除了具备销售、采购、生产、财务等功能外，还不断吸纳新的功能，如客户关系管理（customer relationship management，CRM）、制造执行系统（manufacturing execution system，MES）、产品数据管理（product data management，PDM）、办公自动化（office automation，OA）等协同管理功能，从而构建出强大的综合性定制家居企业信息管理系统。

❸ 工作管理的集成性。ERP系统通过数据共享、连接协同管理系统，将家居企业决策层从庞大的数据中解脱出来，通过集成数据查询和报表生成功能构建出多位一体的决策信息管理系统。

❹ 生产计划与控制的及时性。通过与MES系统的集成，ERP系统将增强"事前计划、事中控制、事后核算"的能力，提高对生产现场的管控水平。

❺ 系统实施的可定制性。ERP系统以市场为导向，以客户需求为核心，充分运用先进管理理念、计算机技术与网络通信技术，设计开发适合定制家居企业的信息管理系统。

（2）ERP系统给大规模定制家居企业管理带来的变化

传统企业与ERP支撑下的现代企业的经营管理过程进行分析，如图7-10所示。相对于传统企业，现代企业使用ERP最为关键的是从企业数据、企业管理流程和控制、目标问题的决策方式三个方面做了开创性的提升，并实现三者间的内部联通。

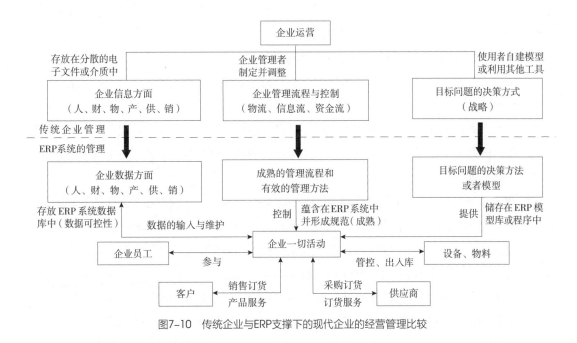

图7-10　传统企业与ERP支撑下的现代企业的经营管理比较

由图7-10可知，家居企业实施ERP后，所带来的变化主要有以下四个方面：

❶ 传统家居企业中，企业数据存放在零散的文件中，数据维护困难且容易丢失；在ERP中，数据存放于ERP的数据库中，由此使得数据的存取和运算速度得到很大的提高，同时实现不同表格间的互联，且SQL语句的使用让数据库对象的创建和修改、数据库对象内容的操作及用户权限的分配变得很方便。

❷ 传统家居企业中，企业管理流程和管理方法由管理者制定并调整，受到管理者自身水平的制约，管理流程的变动性也较大，不利于企业长期、可持续健康发展；在ERP中，根据企业所在行业，不同管理领域选择成熟的管理流程和高效的管理方法，企业在使用ERP的同时，企业员工的管理水平得到了全面提高，管理流程和管理方法的稳定有利于企业健康平稳发展，使企业把重点投入产品营销、技术创新和产品研发中。

❸ 在传统家居企业中，目标问题的求解方法由使用者根据一定的规则自建模型或使用其他工具来求解，且数据由使用者自己准备；在ERP中，目标问题的求解方法或模型存放在模型库或固化在软件系统中，用户在使用时只需给出数据范围的边界并调用求解方法或模型即可。

❹ 在传统家居企业中，运营的数据、企业的管理流程和管理方法、目标问题的求解方法或模型不能进行互联互通，必须由人员参与其中进行协调，增加中间环节和出现错误的机会，可能会造成由于时间的耽误导致问题得不到解决，并由此产生严重的后果，也有可能出现由于人员的疏忽或遗漏给企业运营管理带来风险；在ERP中，实现三者间的联通后，企业管理过程中不仅能及时反映相关数据信息，而且能方便使用目标问题的求解方法或模型，如在生产管理过程中，在下达订单前对该订单进行模拟缺件计算，根据运算结果判断是否下达生产订单。ERP的使用规范了管理流程和管理方法，明确用户的权限、职责范围，并对用户在使用过程中进行全程记录，规范用户行为。因此，ERP的使用，最大程度降低了由于使用者的个人原因给企业带来的管理风险，实现企业运营管理由人治到法治的飞跃。

（3）大规模定制家居企业信息化建设面临的问题

❶ 信息共享的局限性。大规模定制家居生产管理中订单多样化与产品复杂性导致信息共享的精准性与快捷性尤为重要。但随着企业规模的扩大，部门流转环节增多引起沟通成本增加，导致企业内部信息流通阻塞、工作重复量大、信息共享程度低、信息流不到位，人为操作失误引起的信息错误往往会导致生产延误。该问题不仅影响决策时机与准确性，更不利于快速响应市场行情的变动。

❷ 基础资料管理的局限性。对于大规模定制家居企业而言，定制产品的多样性将增加生产管理中成品、半成品、原材料及加工工艺等基础资料的种类、数量及更新速度，依靠人工通过Excel表格进行统计的基础资料管理方式将无法管理庞杂的数据信息，导致资料更新和整理时出错率、遗失率高，进而影响采购效率与生产进度。

❸ 信息决策的局限性。大规模定制家居的主要特点是在较短交货周期内将各种定制化产品订单完成生产加工，交付客户使用。实际情况中，庞杂的定制产品数据难以快速准确统计、分析与综合，无法形成有效的数据报表供决策层进行计划调度与产品质量管控，无法精准下达决策指令，造成产品生产周期拉长、交货周期不稳定，进而难以有效缩短交货周期与保证产品质量。

（4）ERP软件管理在大规模定制家居实施的必要性

大规模定制家居企业存在上述问题，除与管理思想、管理模式、业务规划、市场开拓、生产计划方式等因素有关，更重要的是定制家居企业未能很好地实施ERP系统进行业务流程管控，造成业务部门间信息流通闭塞、基础资料管理粗放、决策信息整合困难等问题。

解决上述问题，必须加快信息化管理系统的实施进程，充分利用软硬件结合的优势，将企业信息、硬件、软件、人力、物力、财力、设备等资源完全整合，构建资源共享机制，搭建基于互联网平台的ERP系统。通过ERP系统实施，重组优化定制家居企业业务流程，减少管理层次，并将"职能管理"变为"过程管理"，提高信息传输与反馈速度。同时利用信息共享平台，快速整合、分析企业基础数据，进行数据处理，形成综合性的数据信息报表，供决策层精准快捷地下达决策指令，通过消息推送、邮件等方式反馈到各业务部门。依靠计算机网络技术，利用ERP信息化管理系统将实现便捷、精准、实时的定制家居生产管理过程，实现集约化的现代管理模式，提升企业综合竞争力。

（5）**大规模定制家居ERP关键技术架构**

大规模定制家居ERP关键技术架构是以计算机网络为媒介，将定制家居企业内、外部资源的静、动态数据信息进行优化整合，并对业务流程重组优化，依靠计算机硬件设备与网络技术构建出ERP系统，对企业进行基础数据整合分析、单据信息数字化传送、物料需求计算、生产计划制订、采购任务生成、出入库信息记录、单据生成打印等业务功能管控，依据大规模定制家居特点，其关键架构应主要包括：基础数据管理、信息综合管理、信息决策管理和信息化集成四大核心技术，如图7-11所示。

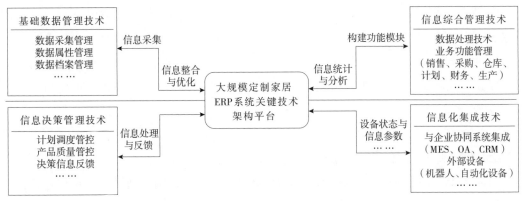

图7-11 大规模定制家居ERP系统关键技术

（6）**基础数据管理技术**

基础数据管理是企业生产业务管理中最基础的管控过程，家居企业实施ERP系统管控后，通过ERP系统数据管理功能，将企业产品、半成品、原材料、部门架构、单据属性、客户资料、供应商资料等基础信息进行数字化整合，按不同属性类型存储至管理系统，以便基础数据新增、修改与维护。依据家居企业产品特点，基础数据管理主要包括：数据采集管理、数据属性管理和数据档案管理等。

❶ 数据采集管理。大规模定制家居的数据采集方式目前主要采用录入系统、数据自动采集设备和系统间数据接口传输三部分组成。此过程中，技术人员往往通过表格导入或手工录入的方式来完成基础数据新增与更新；并依靠条形码扫描器、射频设备技术及摄像机等设备通过

有线或无线网络将数据传输至ERP管理系统；与此同时，企业的信息化协同管理系统（MES、OA、CRM等）间通过信息化数据接口与ERP系统共享与集成，实现基础数据的采集与交互。

❷ 数据属性管理。由于不同的基础数据有着各不相同的属性特点，如家居产品属性包括名称、类型、颜色、规格尺寸、包装方式、包装规格等，客户信息包括客户名称、地址、联系方式、邮箱、传真、发货地址等，因此，ERP系统需要对不同类型数据进行整合分析，提炼属性特点，达到数据属性管理的统一性与规范性。

❸ 数据档案管理。通过上述采集与优化管理后的定制家居企业基础数据信息，以档案的方式存储在ERP系统服务器中，当生产管理中需要调用、修改、删除或停用时，可方便地通过数据属性进行精确查询，实现数据信息的快速调用与维护，避免因大规模定制带来的庞大数据量导致企业数据档案管理混乱与缺失的现象。

（7）信息综合管理技术

❶ 数据处理技术。数据处理技术是利用计算机技术强大的数据运算能力，ERP系统将定制家居企业动、静态基础数据、销售订单、采购任务、仓储数据、物流、生产资料数据、财务数据等信息资料进行整合、分析与综合，以时间轴、属性项、部门架构、金额等为统计标准，将庞大的数据群进行计算，生成符合目标企业决策需要的统计报表，从而大大减少人工统计分析需要花费的时间与精力，降低人为因素导致的数据错误与遗漏，提高数据处理效率。

❷ 业务功能模块构建。业务功能模块是ERP信息管理系统中重要的组成部分，依据当前定制家居企业的组织架构和生产特征，一般按功能进行划分模块，常见的主要有销售、采购、仓库、计划、财务、生产等。实际应用过程中，ERP系统往往通过业务部门间工作流、信息流、数据流以数字化的形式进行处理与传输，从而满足业务流程协同管理、动态数据过程管控、企业资源数字化流通的目标。

（8）信息决策管理技术

大规模定制家居信息决策管理重点是通过ERP系统，根据基础数据、综合信息及外部资料为企业进行决策性管理服务，其决策以企业资源优化为目标，并对定制家居产品交货周期、生产计划调度及产品质量管控等进行决策管理。

❶ 计划调度管控。ERP系统的计划调度管控技术，是依据大规模定制家居企业阶段性报表数据为基础，结合市场动态行情与未来生产订单状况，为企业制订全面计划与调度，包括中长期计划以及年度、月度、周计划，涉及销售订单量、常规物料库存、采购计划任务、常规产品生产计划、市场开拓计划等。计划的制订、调度与实施控制是一个完整而周密的管控过程，良好的计划制订与调度，将为定制家居企业发展提供准确的决策支持。

❷ 产品质量管控。ERP系统的产品质量管控，是通过对产品质量检测、客户反馈、行业内其他产品等数据进行统计、分析，制定产品质量生产标准，对产品质量进行全过程检测与生产过程在线检测，实现产品质量动态管控。大规模定制家居企业可利用此体系标准，对定制新产品、新工艺的研发数据进行分析与控制及对现有产品数据进行改良，构建完整的产品质量分析管控体系，从而切实保证定制家居产品的质量稳定与提升。

❸决策信息反馈。通过ERP系统的消息推送、通知、邮件、办公微信、电视投影、语音广播等形式将决策信息传送下达至各定制家居企业的业务部门，并通过信息接口将决策传输至MES、OA等信息化协同管理系统，实现大规模定制家居企业生产管理上下游信息的实时传输与动态管控，提高信息传输与反馈的效率。

（9）信息化集成技术

为更好发挥ERP系统在大规模定制家居企业的资源优化配置，在实际运行过程中，往往需要同企业的其他信息化协同管理系统（如MES、OA、CRM等）及相关外部设备（如PDA扫描器、射频设备等）进行数据交互，从而实现企业信息化系统数据共享流通及设备参数配置管控的作用。大规模定制家居ERP系统主要功能及其相关协同管理系统、拓展功能和外部设备的数据集成模式如图7-12所示。

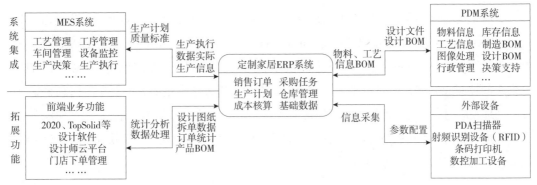

图7-12　大规模定制家居ERP系统集成与拓展功能

❶ERP与信息化协同系统集成。在定制家居企业信息化管理体系中，ERP系统处于居中调配的角色。ERP系统一般是通过数据接口技术与制造执行系统（MES）、办公系统（OA）、客户关系管理系统（CRM）、产品数据管理系统（PDM）等信息化协同系统进行数据共享，实现企业的销售、采购、库存、生产、技术等信息全面管理。在大规模定制家居实际运用过程中，ERP与MES系统之间更多的是共享生产方面的信息，ERP为MES提供订单生产所需的订单交货周期、制造BOM、物料库存、主生产计划、采购任务、产品生产标准等基础数据，MES向ERP系统反馈生产计划执行数据、订单生产进度、实际生产信息、产成品产出计划、物料需求量、质量监督数据、设备运转情况等信息；ERP与PDM的集成，是结合ERP系统中基础数据管理模块，实现产品数据同步共享，避免双系统维护造成数据重复或错误。同时，在生产管理过程中，PDM向ERP系统传递物料信息、工艺路线、BOM等基础数据。在设计过程中，ERP向PDM提供库存量、原料价格、产品制造成本等生产信息，进行设计成本核算与产品报价，PDM系统可以保证ERP生产管理中所需产品数据的准确性，切实提高运行效果；ERP与其他相关系统的集成，可以弥补ERP系统管理广而不精的缺点，通过MES系统管理，保证ERP实现生产计划跟踪、物料倒冲、成品入库、车间生产详情等生产现场信息的管控。

❷ERP系统拓展功能。大规模定制家居企业ERP系统拓展功能主要包括：前端业务功能的

开拓与集成和外部设备的信息采集与反馈两大部分。其中，前端业务功能的开拓包括：设计师云平台、门店下单管理模块等功能，其过程是将设计图纸、订单信息和产品BOM等数据传输至2020、TopSoild等设计拆单软件，通过数据接口将拆单数据同步至ERP与MES系统，进行产品加工数据优化与生产设备参数配置，形成车间生产任务，构建完整的产品设计和生产数据传输线路；ERP系统与外部设备的集成，是通过有线或无线传输方式连接PDA扫描器、RFID、打印机、数控加工设备等，进行产品、物料、客户、供应商、生产工艺路线等基础数据的采集，通过ERP系统数据处理技术与二维码技术，将销售与生产所需信息综合，利用打印机打印出标签条形码，实现数据信息可视化交互。

7.4 家居制造执行系统

家居企业不断将信息技术与制造技术融合，使得制造过程逐步走向数字化、信息化，实施数字化管控已成为必然。制造执行系统（manufacturing execution system，MES）作为企业信息管控的重要组成部分，侧重在车间作业计划的执行，在面对定制家居车间现场复杂多变情况时，提供车间控制和调度方面的功能，其过程实质上就是通过数字化的方法对车间信息采集、传输、处理及应用的过程，通过信息管控帮助企业优化车间管理，从而达到降低生产成本、缩短交货周期、提高产品和服务质量的目的。同时，可以为家居企业提供一个快速反应、有弹性、精细化的制造业环境，提高市场竞争力。

7.4.1 MES的基本原理与运行特点

（1）MES的定位与作用

美国AMR公司通过对大量企业的调查研究和归纳总结，于20世纪90年代初首次提出制造执行系统的概念。AMR公司调查结果表明：企业的计划层普遍采用以MRPI、ERP为代表的企业管理信息系统，而生产控制层则采用以SCADA和HIMI为代表的生产过程监控软件系统，在企业计划层和控制层间则是由执行层的制造执行系统来负责的。为此，AMR公司提出了由计划层、执行层和控制层组成的企业三层结构模型，如图7-13所示。

在企业三层结构模型中，MES在计划层与底层控制层之间架起了一座桥梁，以实现两者之间的无缝连接。一方面，MES可以对来自MRPⅡ、ERP的生产计划信息进行分解、细化，形成作业指令，控制层按照作业指令完成零部件的生产加工；另一方面，MES可以实时监控底层设备的运行状态、在制品及作业指令的执行情况，并将这些实时动态信息及时反馈给计划层。企业三层结构模型的信息流动状况如图7-14所示。

由美国牵头发起成立的制造执行系统协会（manufacturing execution system association，MESA）将MES定义为：MES能通过信息传递对从订单下达到产品完成整个生产过程进行优化管理。当工厂发生实时事件时，MES能对此及时做出反应、报告，并用当前的准确数据对它们进行指导和处理。这种状态变化迅速响应使MES减少企业内部没有附加值的活动，有效指导工厂的生产运作过

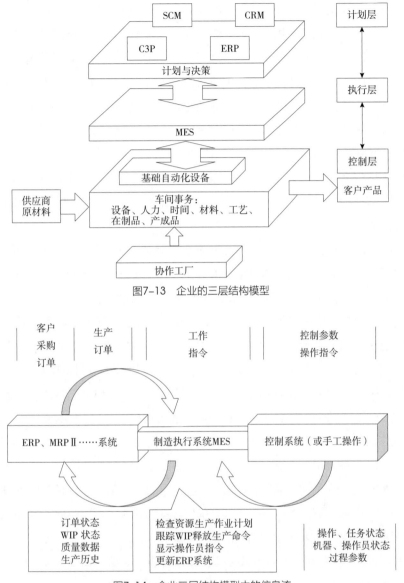

图7-13 企业的三层结构模型

图7-14 企业三层结构模型中的信息流

程，从而使其既能提高工厂及时交货能力，改善物流流通性能，又能提高生产回报率。MES还通过双向直接通信在企业内部和整个产品供应链中提供有关产品行为的关键任务信息。

从上述定义中可以看出，MES具备以下特征：

❶ MES承上启下。MES对企业层的需求计划进行分解细化，安排协调生产任务和加工设备，对生产现场各类问题及时进行协调和优化配置。

❷ MES采用双向通信方式，既向生产现场人员传递作业计划任务，又向相关部门反馈生产具体执行情况。

❸ MES更强调生产现场的控制与协调。MES是实现企业计划层与控制层之间信息畅通的必由之路。通过MES把生产计划与车间作业现场控制联系起来，贯通企业管理层和生产现场设备

层之间的信息通道，解决了上层生产计划管理与底层生产过程之间的脱节问题。

这里需要指出的是：近几年国内开始实施"中国制造2025"，智能制造工程作为"中国制造2025"的重要战略举措，它把智能制造作为主攻方向，着力发展智能产品与智能装备，推进生产过程数字化、网络化、智能化。实施"中国制造2025"，除装备智能化、研发并行化外，生产过程中的智能化管控是"中国制造2025"真正落地的一个重要切入点。而智能化生产管控的主体是MES，因此，距离"工业4.0"要求最近且可实施的技术平台就是MES。

（2）MES功能模块

制造企业解决方案协会给出了MES的功能模块：分派生产单元、资源配置与状态、作业详细调度、产品跟踪与谱系、人力管理、文档控制、性能分析、维护管理、过程管理、质量管理和数据采集和获取模块。

❶ 分派生产单元模块。以任务、订单、批次、数量及作业指令对生产流程进行管理，针对生产过程中出现的突发问题及时修改作业指令，调整加工顺序。还可以通过重新安排生产和补救措施，改变已下达的计划，以及利用缓冲区来控制生产单元的负荷。

❷ 资源配置与状态模块。管理车间的制造资源，如设备、工具、物料、辅助设备及派工单、领料单、工序卡等相关作业指令和文件，提供设备的实时状态，确保设备正常开工所必需的资源，对生产过程所需的资源进行详细记录，以保证车间滚动作业计划的顺利执行。

❸ 作业详细调度模块。按照在制品的优先级、属性、几何和工艺特征安排加工顺序或路径，使得设备的调整或准备时间最少。根据不同的加工路径以及加工路径的重叠与并行情况，通过计算出加工时间或设备负荷，从而获得较优的加工顺序或路径。

❹ 产品跟踪与谱系模块。管理加工过程（以原料，在制品、零部件到成品）中每个生产单元的在制品，实时记录在制品的状态，物料（供应商、批号、数量等）消耗状态以及在制品暂存、返工、报废、入库等情况，在线提供计划的实际执行进度，反映出在制品和产品的当前状态情况，追溯产品在加工过程中的各项记录。

❺ 人力管理模块。记录员工的作息时间、操作技能、变动和调整情况、间接活动（如领料、备料、准备时间等），作为成本分析和绩效考核的依据。

❻ 文档控制模块。统一管理与生产单元、生产过程相关的文档或表单，如作业指令、操作指导书、工艺文件（配方）、图纸、标准操作规程、加工程序、计划任务文档、质量信息记录文档、质量体系文档、批次记录、工程变更通知、交接班记录、批量产品记录、工程设计变动通知，以及文档的历史记录和版本等。

❼ 性能分析模块。实时提供实际产出、预计产出、生产周期、在制品和产品的完工情况、质量数据统计分析结果、与历史数据对比结果、资源利用率、车间直接费用等。

❽ 维护管理模块。对生产过程中的设备（含刀具、夹具、量具、辅具）进行管理，记录设备的基本信息（加工范围、精度、对象、持续工作时间等）、设备当前状态（设备负荷、可用性）、设备维修计划、设备故障和维修情况。

❾ 过程管理模块。监测生产过程中的每项操作活动及过程，使生产单元有序、按时执行作

业指令。记录异常事件的详细信息（发生时间、现象、原因、等级等），并对异常事件做出报警或自动纠正处理。

⑩ 质量管理模块。在生产过程中实时采集质量数据，对质量数据进行分析、跟踪、管理和发布。运用数理统计方法对质量数据进行相关分析，监控产品的质量，同时鉴别出潜在的质量问题；对造成质量异常的操作、相关现象、原因提出纠正或校正的措施或提出质量改进意见和计划。

⑪ 数据采集、获取模块。通过手工或自动等方式及时获取加工过程产生的相关数据，如加工对象、批次、数量、时间、质量状态、过程参数、设备启停时间、能源消耗等。这些数据可能存在于生产单元相关的文档记录中，是性能分析模块的数据源。

（3）家居企业MES与ERP之间的关系

对家居企业进行数字化管控，主要是ERP系统和MES系统。ERP和MES原本是两个独立的系统，虽然都是围绕客户订单进行管理，但ERP是对整个家居资源的规划与管理，它能够有效地提高企业对客户订单的响应能力；而MES是一个以排产为核心的生产管理系统，侧重在车间作业计划的执行，面对车间现场复杂多变的情况，能更加准确地进行对车间控制和车间调度方面的管控，与ERP相比，MES更加注重加工过程的管控。随着家居企业制造模式和个性化需求的不断变化，ERP和MES间又存在大量的业务交叉和信息共享部分，只有将二者进行业务流集成，将生产过程与客户需求、产品质量、交货周期等信息得到及时处理，才能使企业内部数据库资源最大限度地共享，才能实现大规模定制家居高质量、低成本、短交货周期终极目标。

（4）家居MES系统运行特点

家居生产过程中实施MES系统进行组织与管理，可将成千上万种具有差异化特征的零部件统一整合到一条生产线上进行生产。一方面，对生产过程实时进行优化、管理和协调；另一方面，对成千上万个异型零部件的设计、生产、工艺、检测（CAD、CAM、CAPP等）的海量数据进行管控、流转和共享，充分利用生产资源、合理安排生产、实时监控订单生产进度等，从而达到规模化生产的效率，实现和获取"基于定制的敏捷制造"能力，其核心特点要求企业生产过程具备柔性化和敏捷化。实际运行时主要体现在以下三方面：

❶ 生产指导。依据客户订单需求，制订计划、生产任务及工艺流程，从而进行合理的生产过程优化。

❷ 生产监控。实时监控生产现场，了解与掌控定制家居产品的生产设备、工序等全部生产过程。

❸ 信息共享。采用自动识别技术（条形码或RFID）对产品生产加工过程、质量等信息进行追溯，并将各类信息在企业内进行资源共享。

7.4.2 家居企业数字化制造过程中面临的问题

（1）订单计划与控制的局限性

大规模定制家居最大特点是将若干个订单中成千上万个零部件在有限的时间内完成加工，

从而满足短交货周期的客户需求。现实情况是，虽然多数企业利用ERP等软件进行排产、优先加工的概念，但零部件加工过程中，由于对生产订单排产不准确，未能综合考虑生产过程的复杂性和非线性生产工艺过程，造成材料利用率低、浪费严重的同时，无法实现多个订单进行混合排产，造成交货周期无法保证的局限性。

（2）车间管控的局限性

对大多定制家居企业而言，一般都能拥有先进的数控设备，但加工设备利用率和生产效率普遍较低，多数企业未能对生产现场设备进行监控，生产过程中发生的问题不能及时反馈和解决，导致生产过程的柔性较差，应对市场变化、客户需求变化的能力不足。同时，对制造过程的精确管理及对制造过程的控制和追溯技术不足，导致产品生产周期拉长、产品的质量和产量无法保证等局限性。

（3）信息共享的局限性

大规模定制家居的核心是在信息化管控过程中实现企业内的信息共享。当前，大多定制家居企业逐步实现ERP系统进行企业管控，但真正到车间制造层，往往ERP系统不能实时跟踪销售订单的生产环节和实时更新生产状态信息，无法实时读取到生产订单执行过程中发生的生产成本信息和销售退货返工产品的返工处理信息，导致在车间层形成信息盲区。

7.4.3 MES在家居企业数字制造过程中的作用

有些与定制家居企业生产车间规划、使用设备、生产和用工方式、市场开拓能力相关，更多的是由于定制家居企业没能很好地实施MES系统进行管控，或者即使实施MES系统，但没能很好地与ERP系统结合，造成订单信息流通不畅、信息共享受限制等问题。

要解决上述问题，必须对车间进行管控，依靠对车间的各项操作规范和技术要求进行实时监控，并进行相应的交互处理，然后通过各种方式，向生产现场反馈各类处理结果，以提高零部件加工的生产排程速度，解决工序加工车间实现信息化管理的难点，提高劳动效率，即在企业进行ERP等相关系统管理的同时，还需要搭建MES平台。通过MES系统直接面向生产车间进行车间管理，对产品生产订单进行处理，从而得到订单中所需部件的配套清单，并根据实际库房信息维护部件出库建议，依据出库建议提供的列表，通过扫描条形码的方式进行部件拣货出库。通过MES系统平台的搭建，对车间的设备布局、物流方式、人员管理进行进一步优化改进，将MES系统从单纯的软件应用，变为结合产品、设备、场地、人员等多因素在内的综合管理系统。

7.4.4 家居企业MES的关键技术构建

（1）家居企业MES关键技术架构

家居企业MES系统架构，主要是通过网络将企业的数控设备、各类优化软件及管理软件（ERP）进行优化整合，并对车间及仓库的硬件、网络情况、点位进行布置，构成MES系统，结合企业ERP系统进行管控，覆盖生产计划制订、数控加工任务制订、加工单据生成打印、车间加工过程跟踪、工艺图纸调用、包装信息记录等流程，包括订单计划管理、生产车间管理和信息集成三大核心技术，如图7-15所示。

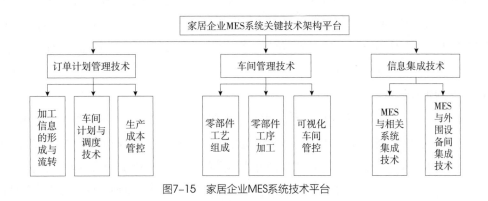

图7-15 家居企业MES系统技术平台

（2）订单计划管理技术

订单管理是指企业销售门店通过管理系统（如ERP系统）下单后，客户、门店设计师、工厂内部人员在管理系统中全程跟进订单状态及处理过程。当订单信息进入生产计划阶段，依据客户需求，通过MES系统进行工艺分析与计算，自动进行排产，并自动形成工序过程所需的二维码标签、工艺流程、生产线等信息，从而进行加工。其关键技术包括：加工信息的形成与流转、加工信息与数控设备的对接及车间计划与调度等。

❶ 加工信息的形成与流转。当订单进入生产环节后，依据客户订单需求，MES系统将ERP系统中生成的工艺BOM信息，进行订单预计交货日期、类型、工艺特征、加工产能、设备效率等参数的计算与优化，并通过MES系统中的生产计划模块自动生成单据与标签（条形码或二维码），进入车间加工环节。加工过程中，通过扫描条形码或二维码，实时记录订单、产品、零件、设备、工序、包装、入库、出库的信息，并将加工信息反馈至MES系统中，通过数据计算处理，形成实时动态数据，以大屏幕的方式展示，通过MES与ERP的集成，将信息传递给管理人员及终端用户，从而进行动态监控。

❷ 车间计划与调度。作为MES系统中的核心技术，车间计划与调度过程必须具备以下几个要求：第一，优化生产计划，提高排产能力，解决生产计划预期时间短、加工周期长的问题；第二，实现与生产过程信息的实时采集，解决工序过程中出现质量问题；第三，动态掌控加工信息，利于指导实际生产的同时，积累历史数据并进行总结，减少重复性劳动。因此，MES系统中的计划与调度技术，通过建立工艺标准、定义生产工艺各项参数指标，由系统内置计划排产模型的分析计算，进行产线的自动分配、系统内计划排定的统一控制、单据统一打印、系统的方式进行计划传递，实现所有订单的统一排产，并结合设备产能与订单信息，达到计划与实际产能的一致性、实现车间各产线之间产能平衡，解决"计划与车间不同步""一个工厂多种计划"问题，杜绝因企业部门间沟通不畅和协调不及时等导致的产品延期、生产效率无法掌控的问题。

❸ 生产成本控制。MES系统可实时统计生产订单的配套表、生产领料单和生产退料单的物料净出库量，结合物料的价格，核算出生产订单实时物料成本。根据生产订单工艺定义的工序定额单价和工作量，在工序报完工时核算出实时人工成本，并根据实际情况做相应调整。解决ERP不能实时获取MES中生产订单执行过程中产生的生产成本信息。实时将生产订单成本信息提供给ERP中管理会计模块，同时，提供给销售管理模块，并根据已发货量实时统计销售订单的销货成本。

（3）车间管控技术

❶ 零部件工艺成组。依据成组技术，对定制家居产品结构相似、功能相似、工艺相似的产品进行分类，通过MES系统内置的成组技术模型分析，形成系统内定制的成组技术方案，实现系统内工艺路线匹配与分组，由订单式生产方式向揉单式生产方式的转变，从而完成自动揉单与零部件分类流转。揉单过程中，应规范所有零部件的加工路线，将加工任务细化至具体的工序机台，从而大幅提高零件的开料效率与出材率。零部件分类流转过程中，通过二维码标签的标识与扫描，控制车间内零件的物流方式，将相似零件在每个工序的加工效率均发挥至最大。

❷ 零部件工序加工。订单计划完成后，MES系统依据NPLODOP技术，对零部件、产品、工艺路线、加工、分拣齐套及加工状态等信息进行分析，并打印出所有加工单据与零部件标签（条形码、二维码）。通过零件标签（条形码、二维码）的现场扫描进行识别和流转，实现零部件在车间的加工；通过扫描的方式调用打孔程序、工艺文件与图纸，实现设计数据与数控设备的对接；通过扫描的方式包装，实现包装的完整性。在对车间产量、加工数据的实时收集的同时，降低人工统计的工作量与错误率，并从根本上杜绝了错件、漏件、补件问题。

❸ 可视化车间管控。通过车间各岗位标签（条形码、二维码）扫描，实现加工时间、加工进度、设备产能、加工人员的数据实时采集，通过车间看板进行实时展示，车间管控过程如图7-16所示。

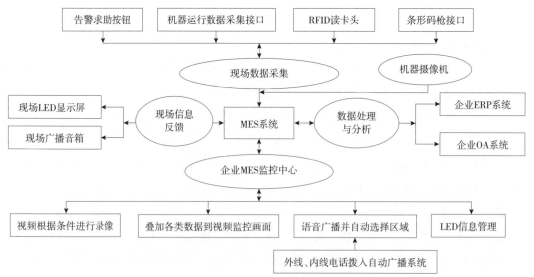

图7-16　家居企业MES系统车间管控过程

由图7-16可知，可视化车间管控技术，依托ERP系统、MES系统、数据采集设备、监控和反馈设备等组成的实时动态监控与预警技术，由现场数据采集、数据处理与分析、现场信息反馈和企业MES监控等模块构成。其中，现场数据采集模块，用于生产制造过程中的各类信息的采集管理等；数据处理与分析模块，用于将现场的各类信息采集后，通过ERP或MES系统进行数据处理的过程管理；现场信息反馈模块，用于对处理后的信息通过一定的方法（LED显示屏）进行现场反馈；企业MES监控模块，实现大规模定制家居制造车间工序过程中的所有数字化信息进行实时交互与管控。

（4）信息集成技术

大规模定制家居MES系统在实际应用过程中，如何发挥MES最大的功能和作用，往往需要与企业的ERP等相关系统及数控设备共同考虑，实现数据在系统间进行共享、在设备间进行传递。大规模定制家居MES系统主要组成及与相关系统、外围设备的集成情况和整体流程的优化情况，如图7-17所示。

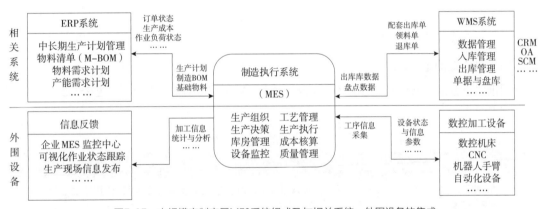

图7-17 大规模定制家居MES系统组成及与相关系统、外围设备的集成

❶ MES系统与相关系统的集成技术。MES系统与相关系统的集成，主要是使用数据库技术实现生产信息在ERP、自动仓储（WMS）系统、OA、SCM等系统中共享。实际应用过程中，更多的是与ERP之间进行，ERP可为MES提供物料、采购、销售等基础数据，而MES可为ERP提供物料需求计划、产成品产出计划、成本计划、成本分摊数据、工序作业计划、设备管理、质量管理等。ERP往往只为MES提供简单的基础数据，但通过MES向ERP提供的都是车间生产过程中的关键数据，对ERP的采购、销售、成本、设备、质量等多模块具有很大的改进作用。与自动仓储系统间的集成，结合ERP系统中的仓储管理模块，实时统计生产订单的配套表、生产领料单和生产退料单的物料净出库量信息，结合物料的价格，核算出生产订单实时物料成本。根据生产订单工艺定义的工序定额单价和工作量，在工序报完工时核算出实时人工成本等信息，并根据实际情况做相应调整。另外，MES系统还可通过ERP系统中的订单管理实现客户订单跟踪，通过MES系统进行零部件标签扫描的方式，记录工序加工情况，从而使得门店与客户通过电脑或

手机等移动终端就能进行订单跟踪查询。

❷ MES系统与外围设备间的集成。MES系统与外围设备的集成，包括与数控设备的对接和信息反馈两方面。其中，加工信息与数控设备的对接，主要是依据企业的设计软件（如2020、TopSolid）通过拆单所产生的数据，通常与优化软件（如CUTRITE）、数据机床自带孔位及异型加工软件（如IMOS）进行对接，优化软件将计划排产信息通过CSV文件的方式进行译码和优化计算，形成车间加工任务，数控机床加工软件将图纸文件信息进行译码，形成加工代码，并依据加工代码进行孔位和异型构件加工，结合二维码技术，覆盖生产计划制订、开料优化任务制订、加工单据生成打印、车间加工过程跟踪、工艺图纸调用、包装信息记录等流程信息，将生产过程中所有信息通过连续信息流实现全集成。信息反馈平台反馈，是通过ERP系统、MES系统中的共同的数据，进行实时显示各项统计报表与加工数据、各工段的产量数据、计划完成情况、订单下单情况、销售金额情况、人员工资情况等，构建可视化车间信息监控系统。

7.5 家居供应链管理

7.5.1 供应链的基本概念

（1）供应链的定义

目前对供应链尚未有统一的定义，综合一些有一定影响力的供应链定义，见表7-2。

表7-2　几种典型的供应链定义

机构与学者	定义
中国《物流术语》国家标准	供应链是指生产及流通过程中，为了将产品或服务交付给最终用户，由上游与下游企业共同建立的网链状结构
马士华	供应链是指围绕核心企业，通过对信息流、物流、资金流的控制，从采购原材料开始，制成中间产品及最终产品，最后由销售网络把产品送到消费者手中的将供应商、制造商、分销商、零售商到最终用户连成一个整体的功能网链结构模式
全球供应链论坛	供应链是指从最初的供应商到最终用户的一系列产品、服务、信息等为用户和利益相关者的价值增值关键过程的集成
克里斯托弗	供应链是指将产品或者服务提供给最终消费者的过程，以及活动的上游和下游相互联系的组织网络

通过比较以上四种供应链的定义可以看出：第一，供应链是一种网络或者网链结构；第二，供应链组成企业具有上下游的竞争合作关系；第三，供应链通过成员企业的参与合作，为供应链最终用户提供产品、服务或信息，创造最终顾客价值；第四，供应链上有连接各个成员企业的物流、资金流和信息流等。总之，供应链是为了更好地向最终顾客提供产品服务而组成的一个网链结构。

若把供应链比喻为一棵枝繁叶茂的大树，生产企业就是树根，独家代理商则是主干，分销商是树枝和树梢，满树的绿叶红花是最终用户。在根与主干或主干与枝的一个个节点上，都蕴藏着一次次的流通，遍体相通的脉络便是管理信息系统。供应链是社会化大生产的产物，是重要的流通组织形式。它以市场组织化程度高、规模化经营的优势，有机地连接生产和消费，对产品的生产和流通有着直接的导向作用。

（2）供应链的结构

一般来说，供应链由所有加盟的节点企业组成，一般有一个核心节点企业（可以是产品制造企业，也可以是大型零售企业），节点企业在需求信息的驱动下，通过供应链的只能分工与合作（生产、分销、零售等），以资金流、物流、信息流、服务流和价值流为媒介，实现整个供应链的不断增值。供应链的基本模型如图7-18所示。

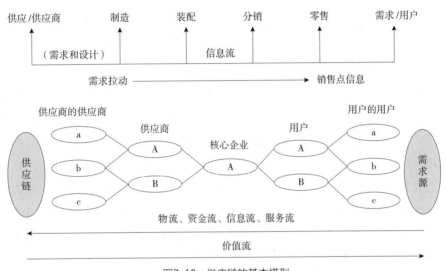

图7-18　供应链的基本模型

（3）供应链的特征

供应链是一个网链结构，由围绕核心企业的供应商、供应商的供应商和用户、用户的用户组成。一个企业是一个节点，节点企业和节点企业之间是一种需求与供应的关系。

❶复杂性。因为供应链节点企业组成的跨度（层次）不同，供应链往往由多个多类型、多地域企业构成，所以供应链结构模式比一般单个企业的结构模式更为复杂。

❷动态性。供应链管理因企业战略和适应市场需求变化的需要，其中的节点企业需要动态更新，这就使得供应链具有明显的动态性。

❸交叉性。某个供应链的节点企业可以同时是另一个供应链的成员。众多供应链呈交叉结构，增加了协调管理的难度。

❹面向用户需求。供应链的形成、存在、重构，都是基于一定的市场需求而发生的，并且在供应链的运作过程中，用户的需求拉动是供应链中信息流、产品及服务流、资金流运作的驱动源。

7.5.2 供应链管理的定义

供应链管理（supply chain management，SCM）作为管理学的一个新概念，已经成为管理哲学中的一个新元素。如同供应链没有统一定义一样，供应链管理也没有一个统一的定义。几种相对典型的供应链管理定义见表7-3。

表7-3　几种典型的供应链管理定义

机构	定义
美国供应链协会	供应链管理是为了生产和提供最终产品，包括从供应商的供应商到客户的客户的一切努力
美国供应链管理专业协会	供应链管理包括对涉及采购、外包、转化等过程的全部计划和管理活动，以及全部的物流管理活动，其中包括与渠道伙伴之间的协调和协作，涉及供应商、中间商、第三方服务提供商和客户
日本供应链研究会	供应链管理是指将整个供应链上各个环节的业务看作一个完整集成的流程，以提高产品和服务的客户价值为目标，跨越企业便捷所使用的流程整体优化管理方法的总称

通过以上定义可以提炼如下观点：第一，供应链管理是管理手段，更是管理哲学。供应链管理是一种管理手段，包括计划、组织、协调等一般的管理职能；同时，供应链管理更是一种管理哲学，是基于全产业链、价值链进行资源整合和系统集成的新的管理思维，极大地拓宽了企业管理的视野和内涵。第二，供应链管理强调跨企业边界的整体化管理。跳出企业这一传统的管理范围来管理上下游企业，对产业链整体进行系统优化，是供应链管理的最大特点。第三，供应链管理是对流程的优化、重组和融合。供应链管理对物流、资金流和信息流等流程进行优化，使其在供应链上更为顺畅流转的同时对不同的流程进行融合，使其相互促进。第四，供应链管理的目标是实现最终顾客价值。供应链管理的最终目的是更好地实现顾客价值，因此，需要汇聚和引导各个成员企业所创造的价值沿着快捷的路径流向最终顾客，正确引导价值流。

7.5.3 供应链管理的特点

供应链管理是一种新型管理模式，其特点可以从与传统管理方法和传统物流管理的比较中显现出来。

（1）与传统的管理方法相比较

供应链管理主要致力于建立成员间的合作关系。与传统管理方法相比，它具有如下特点：

❶ 以客户为中心。在供应链管理中，顾客服务目标的设定优先于其他目标，它以顾客满意为最高目标。供应链管理从本质上说是为了满足顾客需求，通过降低供应链成本的战略，实现对顾客的快速反应，以此提高顾客满意度，获取竞争优势。

❷ 跨企业贸易伙伴间的密切合作、共享利益和共担风险。供应链管理超越组织机构的界限，改变传统的经营意识，建立新型的客户关系。企业意识到不能只依靠自己的资源参与市场

竞争、提高经营效率，而要通过与供应链参与各方进行跨部门、跨职能和跨企业的合作，建立共同利益的合作伙伴关系，追求共同利益，发展企业间稳定良好的共存共荣的互助合作关系，建立一种双赢或多赢关系。

❸ 集成化管理。供应链管理应用网络技术和信息技术，重新组织和安排业务流程，实现集成化管理。离开信息及网络技术的支撑，供应链管理就会丧失应有的价值。可见，信息已成为供应链管理的核心要素。通过应用现代信息技术，如商品条形码技术、物流条形码技术、电子订货系统、销售点（point of sales，POS）数据读取系统、预先发货清单技术、电子支付系统等，供应链成员不仅能及时有效地获得其客户的需求信息，并能对信息做出及时响应，满足客户需求。信息技术能缩短从订货到交货的时间间隔，提高企业的服务水平。信息技术的应用提高了事务处理的准确性和速度，减少了人员，简化了作业过程，提高了效率。

❹ 供应链管理是对物流的一体化管理。物流一体化是指不同职能部门之间或不同企业之间通过物流合作，达到提高物流效率、降低物流成本的目的。供应链管理的实质是通过物流将企业内部各部门及供应链各节点企业连接起来，改变交易双方利益对立的传统观念，在整个供应链范围内建立起共同利益协作伙伴关系。供应链管理把从供应商开始到最终消费者的物流活动作为一个整体进行统一管理，始终从整体和全局上把握物流的各项活动，使整个供应链的库存水平最低，实现供应链整体物流最优化。在供应链管理模式下，库存变成一种平衡机制，供应链管理更强调零库存。供应链管理使供应链成员结成了战略同盟，它们之间进行信息交换与共享，使得供应链的库存总量大幅降低，减少了资金占用和库存维持成本，还避免了缺货的发生。

总之，供应链管理可以使企业更好地了解客户，向客户提供个性化的产品和服务，使资源在供应链上合理流动，缩短物流周期，降低库存，降低物流费用，提高物流效率，从而提高企业的竞争力。

（2）与物流管理相比较

物流已经发展成为供应链管理的一部分，它改变了传统物流的内涵。与物流管理相比，供应链管理具有如下特点：

❶ 供应链管理的互动特性。从管理对象来看，物流是以存货资产作为管理对象的，供应链管理则是对存货流动（包括必要的停顿）中的业务过程进行管理，它是对关系的管理，因此具有互动的特征。兰博特教授认为，必须对供应链中所有关键的业务过程实施精细管理，主要包括需求管理、订单执行管理、制造流程管理、采购管理和新产品开发及其商品化管理等。有些企业的供应链管理过程还包括从环保理念出发的商品回收渠道管理，如施乐公司。

❷ 供应链管理成为物流的高级形态。事实上，供应链管理是从物流的基础上发展起来的。从企业运作层次来看，从实物分配开始，到整合物资管理，再到整合信息管理，通过功能的逐步整合形成了物流的概念。从企业关系的层次来看，则有从制造商向批发商和分销商再到最终客户的前向整合，以及向供应商的后向整合，通过关系的整合形成了供应链管理的概念。从操作功能的整合到渠道关系的整合，使物流从战术的层次提升到战略高度，所以，供应链管理看起来像是一个新概念，实际上却是物流在逻辑上的延伸。

❸供应链管理决策的发展。供应链管理决策和物流管理决策都是以成本、时间和绩效为基准点的，供应链管理决策在包含运输决策、选址决策和库存决策等物流管理决策的基础上，又增加了关系决策和业务流程整合决策，成为更高形态的决策模式。物流管理决策和供应链管理决策的综合目标，都是最大限度地提高客户服务的水平，供应链管理决策形成了一个由客户服务目标拉动的空间轨迹。供应链管理的概念涵盖了物流的概念，用系统论的观点看，物流是供应链管理系统的子系统。所以，物流的决策必须服从供应链管理的整体决策。

❹供应链管理的协商机制。物流在管理上是一个计划的机制，在传统的物流模式中，主导企业通常是制造商，它们力图通过一个计划来控制产品和信息的流动，与供应商和客户的关系本质上是利益冲突的买卖关系，常常导致存货或成本向上游企业的转移。供应链管理同样制订计划，但目的是谋求在渠道成员之间的联合和协调。例如，美国联合技术公司为了提高生产周期的运营效率，在互联网上公布生产计划，使其供应商能够更加迅速地对需求变化做出反应。

供应链管理是一个开放的系统，它的一个重要目标就是通过分享需求和当前存货水平的信息，来减少或消除所有供应链成员企业所持有的缓冲库存，这就是供应链管理中"共同管理库存"的理念。

❺供应链管理强调组织外部一体化。物流管理更加关注组织内部的功能整合，而供应链管理认为只有组织内部的一体化是远远不够的。供应链管理是一个高度互动和复杂的系统工程，需要同步考虑不同层次上相互关联的技术经济问题，进行成本效益权衡。例如，要考虑在组织内部和组织之间把存货以什么样的形态放在什么样的地方，在什么时候执行什么样的计划；供应链系统的布局和选址，信息共享的深度；实施业务过程一体化管理后所获得的整体效益如何在供应链成员之间进行分配；特别是要求供应链成员在一开始就共同参与制订整体发展战略或新产品开发战略等。跨组织的一体化管理使组织的边界变得更加模糊。

❻供应链管理对共同价值的依赖性。随着供应链管理系统结构复杂性的增加，它将更加依赖信息系统的支持。如果物流管理是为了提高产品的可得性，那么供应链管理则首先解决供应链伙伴间信息的可靠性问题。所以，有时也将供应链看作是协作伙伴之间交换增值信息的一系列关系。互联网为提高信息可靠性提供了技术支持，但如何管理和分配信息则取决于供应链成员之间对业务过程一体化的共识程度。所以，与其说供应链管理依赖网络技术，还不如说供应链管理是为了在供应链伙伴之间形成一种相互信任、相互依赖、互惠互利和共同发展的价值观和依赖关系而构建的信息化网络平台。

❼供应链管理是"外源"整合组织。供应链管理与"垂直一体化"物流不同，它是在企业自己的"核心业务"基础上，通过协作的方式来整合外部资源，以获得最佳总体运营效益。除了核心业务以外，几乎每件事都可能是"外源的"，即从企业外部获得的。著名企业如耐克公司和太阳微系统公司，通常外购或外协所有的部件，而自己集中精力于新产品的开发和市场营销。这一类企业有时也被称为"虚拟企业"或"网络组织"。表面上看这些企业是将部分或全部的制造和服务活动，以合同形式委托其他企业代为加工制造，但实际上是按照市场的需求，根据规则对由标准、品牌、知识、核心技术和创新能力所构成的网络系统整合或重新配置社会资源。

"垂直一体化"以拥有资源为目的，而供应链管理则以协作和双赢为手段。所以，供应链管理是资源配置的高级方法。供应链管理在获得外部资源配置的同时，也将原先的内部成本外部化，通过清晰的过程进行成本核算和成本控制，更好地优化客户服务和实施客户关系管理。

❽ 供应链管理是一个动态的响应系统。在供应链管理的具体实践中，应该始终关注对关键过程的管理和测评。高度动态的市场环境要求企业管理层能够经常对供应链的运营状况实施规范的监控和评价，如果没有实现预期管理目标，就必须考虑可能的替代供应链，并采取适当应变措施。

7.5.4 家居供应链管理

作为流通中各种组织协调活动的平台，以将家居产品或服务用最低的价格迅速向顾客传递为特征的供应链管理，已经成为家居企业竞争战略的中心概念。家居供应链管理的思想可以从以下五个方面去理解。

（1）**信息管理**

知识经济时代的到来使信息取代劳动和资本，成为劳动生产率的主要影响因素。在供应链中，信息是供应链各方的沟通载体，供应链中各个阶段的企业就是通过信息这条纽带集成起来的。可靠、准确的信息是家居企业决策的有力支持和依据，能有效降低企业运作中的不确定性，提高供应链的反应速度。因此，供应链管理的主线是信息管理，信息管理的基础是构建信息平台，实现信息共享，如ERP、Windows管理规范（windows management instrument，WMI）等系统的应用等，将供求信息及时、准确地传达到供应链上的各个企业，在此基础上进一步实现供应链的管理。当今世界，通过使用电子信息技术，供应链已结成一张覆盖全区域乃至全球的网络，使部分家居企业摆脱"信息孤岛"的处境，从技术上实现与供应链其他成员的集成化和一体化。

（2）**客户管理**

在传统的卖方市场中，家居企业的生产和经营活动是以产品为中心，企业生产和销售什么产品，客户就只能接受什么商品，没有多少挑选余地。而在经济全球化的背景下，买方市场占据了主导地位，客户主导了企业的生产和经营活动，因此客户是核心，也是市场的主要驱动力。客户的需求、消费偏好、购买习惯及意见等是企业谋求竞争优势所必须争取的重要资源。

在供应链管理中，客户管理是供应链管理的起点，供应链源于客户需求，同时也终于客户需求，因此供应链管理是以满足客户需求为核心运作的。然而，客户需求千变万化，而且存在个性差异，企业对客户需求的预测往往不准确，一旦预测需求与实际需求差别较大，就很有可能造成企业库存的积压，引起经营成本的大幅增加，甚至造成巨大的经济损失。因此，真实、准确的客户管理是企业供应链管理的重中之重。

（3）**库存管理**

库存管理是企业管理的重要组成部分，因为库存量过低或过高都会带来损失。一方面，为了避免缺货给销售带来的损失，家居企业不得不持有一定量的库存，以备不时之需。另一方面，库存占用大量资金，既影响了企业的扩大再生产，又增加了成本，在库存出现积压时还会造成巨大的浪费。因此，一直以来，企业都在为确定适当的库存量而苦恼。传统的方法是通过需求预测来解决这个问题，然而需求预测与实际情况往往并不一致，因而直接影响库存决策的制订。如果能够实时掌握客户需求变化信息，做到在客户需要时再组织生产，那就不需要持有库存了，即以信息代替了库存，实现库存的"虚拟化"。因此，供应链管理的一个重要使命就是利用先进的信息技术，收集供应链各方及市场需求方面的信息，用实时、准确的信息取代实物库存，减小需求预测的误差，从而降低库存的持有风险。

（4）关系管理

传统的供应链成员之间的关系是纯粹的交易关系，各方遵循的都是"单向有利"的原则，所考虑的主要问题是眼前的既得利益，并不考虑其他成员的利益。这是因为每个企业都有自己相对独立的目标，这些目标与其上下游企业的目标往往存在一些冲突。例如，制造商要求供应商能够根据自己的生产需求灵活且充分地保证它的物料需求；供应商则希望制造商能够以相对固定的周期大批订购，即稳定的大量需求，两者之间就产生了目标冲突。这种目标冲突无疑会大大提高交易成本。同时，社会分工的日益深化使得家居企业之间的相互依赖关系不断加深，交易活动也日益频繁。因此，降低交易成本对于企业来说就成为一项具有决定意义的工作。而现代供应链管理理论恰恰提供了提高竞争优势、降低交易成本的有效途径，这种途径就是通过协调供应链各成员间的关系，加强与合作伙伴的联系，在协调的合作关系基础上进行交易，为供应链的全局优化而努力，从而有效地降低供应链整体的交易成本，使供应链各方的利益获得同步增加。

（5）风险管理

国内外供应链管理实践证明，能否加强对供应链运行中风险的认识和防范，关系到能否最终取得预期效果。

供应链上家居企业间的合作，会因为信息不对称、信息扭曲、市场不确定性以及其他政治、经济、法律等因素的变化而存在各种风险。为了使供应链上的企业都能从合作中获得满意结果，必须采取一定的措施规避供应链运行中的风险，如提高信息透明度和共享性、优化合同模式、建立监督控制机制等，尤其是必须在企业合作的各个阶段通过激励机制的运行，采用各种手段实施激励，以使供应链企业之间的合作更加有效。

7.5.5 家居供应链管理目标

家居供应链管理最终目标是通过调和总成本最低化、客户服务最优化、总库存最小化、总照期最短化及物流质量最优化等目标间的冲突，以实现供应链绩效最大化。

（1）总成本最低化

在家居制造企业中，采购成本、运输成本、库存成本、制造成本及供应链物流的其他成本费用都是相互联系的。因此，为了实现有效的供应链管理，必须将供应链各成员企业作为一个有机整体来考虑，并使实体供应物流、制造装配物流与实体分销物流之间达到高度均衡。从这一意义出发，总成本最低化的目标并不是指运输费用或库存成本，或其他任何单项活动的成本最小，而是指整个供应链运作与管理的所有成本的总和最低。

（2）客户服务最优化

在激烈的市场竞争时代，当许多家居企业都能在价格、特色和质量等方面提供类似的产品时，差异化的客户服务能带给企业以独特的竞争优势。家居企业提供的客户服务水平，直接影响它的市场份额、物流总成本，并最终影响其整体利润。供应链管理的实施目标之一，就是通过上下游企业协调一致的运作，保证达到客户满意的服务水平，吸引并留住客户，以便最终实现企业价值最大化。

（3）总库存最小化

传统的管理思想认为，库存是维系生产与销售的必要措施，因而家居企业与其上下游企业间的活动只是实现了库存的转移，整个社会库存总量并未减少。按照即时制（just in time，JIT）管理思想，库存是不确定性的产物，任何库存都是浪费。因此，在实现供应链管理目标的同时，要使整个供应链的库存控制在最低程度。"零库存"反映的即是这一目标的理想状态。所以，总库存最小化目标的达成，有赖于实现对整个供应链的库存水平与库存变化的最优控制，而不只是单个成员企业库存水平的最低。

（4）总周期最短化

当今家居市场竞争不再是单个企业间的竞争，而是供应链与供应链之间的竞争。从某种意义上说，供应链间的竞争实质上是时间竞争，即必须实现快速有效的反应，最大限度地缩短从客户发出订单到获取满意交货的总周期。

（5）物流质量最优化

家居企业产品或服务质量的好坏直接关系到企业的成败。同样，供应链企业间的服务质量的好坏直接关系到供应链的存亡。如果在所有业务过程完成以后，发现提供给最终客户的产品或服务存在质量缺陷，就意味着所有成本的付出将不会得到任何价值补偿，供应链物流的所有业务活动都会变为非增值活动，从而导致整个供应链的价值无法实现。因此，达到与保持服务质量的水平，也是供应链管理的重要目标。而这一目标的实现，必须从原材料、零部件供应的零缺陷开始，直至供应链管理全过程、全方位质量的最优化。

相对于传统管理思想而言，上述目标间呈现出互斥性：客户服务水平的提高、总周期的缩短、交货品质的改善必然以库存、成本的增加为前提，因而无法同时达到物流质量最优化。而运用集成化管理思想，从系统的观点出发，改进服务、缩短时间、提高品质、减少库存与降低成本是可以兼得的。因为只要供应链的基本工作流程得到改进，就能够提高工作效率、消除重复与浪费、缩减员工数量、减少客户抱怨、提高客户忠诚度、降低库存总水平、减少总成本支出。

✍ 练习与思考题

1. 如何理解企业信息化?

2. 什么是PDM? 其管理的主要内容是什么?

3. PDM对家居企业的意义是什么?

4. 简述MRP、MRPⅡ、ERP的形成过程。

5. ERP可以给家居企业带来哪些变化?

6. ERP主要包涵的功能模块有哪些?

7. MES的内涵是什么?

8. 家居企业MES系统的架构平台包括哪些关键技术? 特点是什么?

9. 供应链管理的内涵和特点是什么?

10. 家居企业为什么要进行供应链管理?

第 8 章　家居数字化工厂

🎯 学习目标

　　了解我国家居企业数字化转型的发展历程；了解家居数字化工厂的架构与实现技术；掌握家居数字化工厂的装备技术、信息技术、制造管理服务以及应用案例；结合实际情况，熟悉中国大小家居企业数字化工厂的发展思路。

定制家居的快速发展给企业带来新的挑战，企业需要突破核心技术，即在初步自动化制造的基础上，由传统制造模式向智能制造模式和数字化转变，通过数字化技术来提升生产过程中的局限性和"卡脖子"问题，才能由劳动密集型企业向技术密集型企业转变。这已成为家居企业当前急需解决的关键问题。传统企业向数字化转型升级的趋势越发成为共识，数字化转型将成为所在企业的战略核心。

8.1 家居企业数字化与数字化工厂

8.1.1 家居企业数字化的发展历程

家居企业数字化的发展经历了部门级应用、企业级应用、经营运行到整个产业链的应用过程，如图8-1所示。

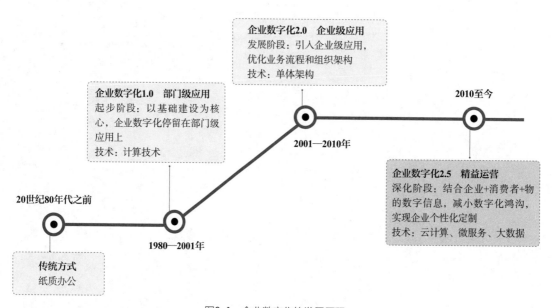

图8-1　企业数字化的发展历程

第一阶段，部门级应用阶段，又称企业数字化1.0。这一阶段是家居企业数字化的起步阶段，以基础建设为核心，逐步开始由传统办公向数字化转变，但是企业数字化仅停留在部门级应用上，使用的也只是计算机技术。

第二阶段，企业级应用阶段，又称企业数字化2.0。这是家居企业数字化的发展阶段，逐渐将数字化技术引入了企业级应用，使得企业的业务流程和组织架构得以优化，从而使数字化在企业内部得到应用，这一时期家居企业开始使用单体架构技术。

第三阶段，精益运营阶段，又称企业数字化2.5。这一时期是家居企业数字化的深化阶段。在云计算、微服务、大数据等技术推动下，企业数字化立足于顶端设计，结合企业+消费者+物的数字信息，使得数字化技术逐渐开始指导生产和运营，并依托企业自身优势，减少数字化鸿沟，实现家居企业的个性化定制和大规模生产的有机融合。

第四阶段，智能制造阶段，又称企业数字化4.0。2016年后，在工业4.0和互联网+的大背景下，有关家居企业数字化的新技术和新理念迅猛发展，相关企业数字化这一过程出现了深刻变革，数字技术已经逐渐取代石油和电，成为驱动生产的重要依据，也是家居企业实施智能转型的基础。因此，2016年可以称为家居企业数字化转型的元年。

8.1.2 企业数字化的特点

大数据、云计算、人工智能等新一代信息技术与制造业的融合发展，极大改善了制造业内涵，提升了企业数字化成长速度。数字经济正在塑造制造业的新体系，企业数字化成长是我国数字经济增长的重要动力。近年来，一批数字化生产线、数字化车间、数字化工厂建立起来，国内企业如海尔的COSMOPlat平台、美的集团的智能制造等，通过数字化和网络化将人、流程、数据和事物连接起来，通过企业内、企业间的协同和各种社会资源的共享与集成，不断推动制造业向数字化、网络化、智能化制造转变。

新一代信息技术的引入，打破了制造业固有形态，推动产业链数字化，供应、研发、生产、服务更加透明化。可以说，企业实现数字化成长至关重要，尤其在数据成为生产要素的新经济条件下，企业必须认识到数字资产是未来最大的财富，构建一套搜集数据的数字化体系，然后利用智能化工具从数据资产中挖掘出数据洞察，从制造商转变为"数商"，实现数字化成长。

构建数字化企业，可以从成长目标、主导范式、演化特征三个维度来理解，如图8-2所示。企业实施数字化的目标是提升陷入停滞的生产效率。因此，无论是构建数字化企业，还是发展智能制造模式，数字化成长的最终目标都是打通用户需求和企业生产，在利用数字技术提升生产效率的同时，还能精准对接用户需求，实现规模定制生产，并最终构建起物联网生态模式。从主导范式看，为了满足以上目标，国内有智能制造和工业互联网两种技术范式，或者还包括腾讯提出的产业互联网，这三种主导范式的技术路线或有不同，但都是为了实现数字化成长，打造数据信息从生产到消费畅通无阻的物联网生态。数字化成长范式包括两方面内容：一方面是生产组织形态，采用数字化或智能化单元、工厂、企业等组织形式，不断提升生产效率；另一方面是价值提供方式，向用户提供更加智能化的产品、更加智能便捷的物流和售后服务。如果说物联网生态是数字化成长的目标，智能制造或者工业互联网则是技术手

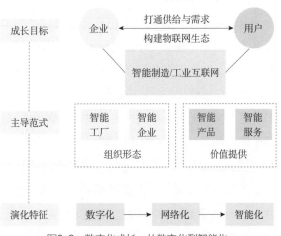

图8-2 数字化成长：从数字化到智能化

段。但以智能制造或者工业互联网为手段实现规模定制并提升生产效率的这一过程，并不是立即就能够实现的。可以说，数字化是基础，然后实现网络化，最终实现智能化。数据成为生产要素的关键是能够应用大数据技术，对于零散的数据信息进行挖掘，使得整个企业的经营系统越来越智能，越来越高效。

根据2017年中国工程院发布的《中国智能制造发展战略》，数字化制造是数字化技术和制造技术融合，数字化建模是技术关键，即把所有的生产信息实现数字化。网络化则把这些数字化信息和工作状态通过网络连接起来，实现信息共享与集成。网络化制造促进了服务型制造的发展，个性化定制、远程运维服务、网络协同制造等新模式兴起，大数据技术在制造业领域也开始得到应用。智能制造则是更高级阶段，实现了生产系统的决策优化和自我调整，使制造业创新能力极大提高。因此，打通是关键，优化是目标。

8.1.3　家居数字化工厂

家居数字化工厂是以家居产品全生命周期的相关数据为基础，在计算机虚拟环境中，对整个生产过程进行仿真、评估和优化，并进一步扩展到整个家居产品生命周期的新型生产组织方式。家居数字化工厂主要填补产品设计和产品制造之间的"鸿沟"，实现家居产品生命周期中的设计、制造、装配、物流等各个环节的功能，降低从设计到生产制造之间的不确定性。在虚拟环境下将生产制造过程压缩和提前，并得以评估与检验，从而缩短产品设计到生产的转化时间，提高产品的可靠性与成功率。

家居数字化制造是在数字化技术和制造技术融合的背景下，并在虚拟现实、计算机网络、快速原型、数据库和多媒体等支撑技术的支持下，根据用户需求，迅速收集相关的资源和信息，对家居产品信息、工艺信息和资源信息进行分析、规划和重组，实现家居产品设计、功能仿真及原型制造，进而快速生产出达到用户要求性能的产品的整个制造过程。家居数字制造技术是产品创新和制造技术创新的共性使能技术，其将"制造"和"创造"融合起来，对传统家居制造业的改造升级、提升产业整体竞争力具有重要促进作用。

（1）数字化设计

家居数字化设计技术采用具有丰富设计知识库和模拟仿真技术支持的数字化、智能化设计系统，在虚拟现实、计算机网络、数据库等技术的支持下，可在虚拟环境中实现家居产品结构、性能、功能模拟的仿真优化，极大提升家居产品的研发效率，甚至完成以前无法完成的研发任务，已日益成为企业核心竞争优势。

近年来，随着一些新技术的发展，家居数字化制造领域对市场需求的响应能力逐渐增强。基于网络的信息制造技术可实现家居产品全数字化设计与制造，如并行工程技术、虚拟设计技术、快速成型技术、快速重组技术、大规模远程定制技术等，其中一些技术，如数字建模技术、虚拟现实技术、大数据分析技术，在从创意到销售的全过程中都将成为基础技术，并和3D打印、数字测量、远程控制等技术集成在一起，成为家居企业在复杂多变环境中响应市场需求、构建企业核心竞争力的技术基础。

（2）数字化制造

家居数字化制造突破传统制造业流程的限制，使家居产品生产和制造方式的本质发生改变，可对市场及时响应、自由设计、按需生产，且可根据需要随时更改设计，不仅使家居产品研发设计、制造生产、销售环节的成本大大降低，减少生产周期，更使产品保持创新性。很多家居企业采用数控编程、模拟仿真等数字制造技术，改进生产工艺，提升制造水平，在探索应用数字化技术改造传统产业及加快领域、业态和模式创新方面取得了非常积极的成效。

（3）全生命周期管理

数字化技术面向家居产品的整个生命周期，对包括市场分析、产品的规划与设计制造、采购、销售、售后服务等在内的产业链进行管理。在家居数字化工厂中，由于实现了数字化闭环生产，使原材料、生产、物流、经销商、消费者之间的物流、信息流和资金流等可以进行更多的计划、协调控制，逐渐形成一个无缝的过程。企业可以以协同方式组织产品的开发、生产、销售与服务，实现对供应链、产业链及企业间协同的应用服务，实现集约化生产。

8.2 家居数字化工厂架构

8.2.1 企业信息系统架构

企业信息系统架构反映一个企业信息系统中各个组成部分之间的关系，以及信息系统与相关业务、相关技术之间的关系。ISA-95是企业系统与控制系统集成国际标准（the International Standard for the Integration of Enterprise and Control Systems），由美国仪器学会（Instrument Society of America，ISA）制定，定义了企业商业系统和控制系统之间的集成，将企业信息系统架构划分为不同的层次，并且定义了不同层次所代表的功能，如图8-3所示。

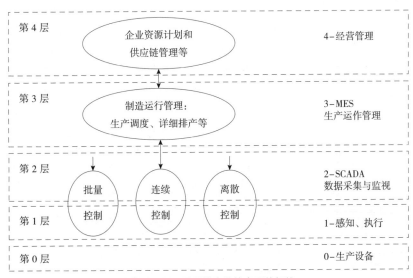

图8-3　ISA-95下的企业信息系统架构

第0层：定义实际生产制造过程，代表生产设备（如数控机床、工业机器人、成套生产线等）。

第1层：定义生产流程的感知和执行活动，代表各种传感器、变送器和执行器等。时间范围：秒、毫秒、微秒。

第2层：定义生产流程的监视和控制活动，代表各种控制系统和数据采集与监视系统（supervisory control and data acquisition，SCADA）。时间范围：小时、分、秒。

第3层：定义生产期望产品的制造运行管理活动，包括生产调度、详细排产、优化生产过程、维护运行和其他辅助过程。时间范围：日、班次、小时、分。

第4层：定义管理工厂或车间所需的业务相关活动，包括建立基本的工厂、车间生产计划；资源使用、运输、物流、库存等的管理。时间范围：月、周、日。

数字化工厂要求各层级网络的集成和互联，打破原有的业务流程与过程控制流程相脱节的局面，使得分布于各生产制造环节的控制系统不再是信息孤岛，而是从底层级（第1层）贯穿至控制级（第2层）和管理级（第3层）。

8.2.2 家居数字化工厂的架构

家居数字化工厂的架构在组成上主要分为企业层、管理层和集成自动化系统三大部分，如图8-4所示。企业层对产品研发和制造准备进行统一管控，与ERP进行集成，建立统一的顶层研发制造管理系统。管理层、操作层、控制层、现场层通过工业网络（现场总线、工业以太网等）进行组网，实现从生产管理到工业互联网底层的网络连接，满足管理生产过程、监控生产现场执行、采集生产设备和物料数据的业务要求。

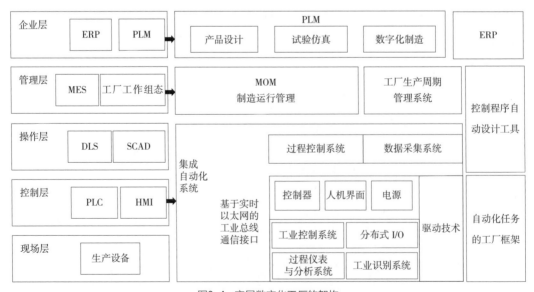

图8-4　家居数字化工厂的架构

（1）企业层——基于家居产品全生命周期的管控

企业层融合了家居产品设计和生产生命周期的全流程，对从设计到生产的流程进行统一集成式的管控，实现全生命周期的技术状态透明化管理。企业层通过集成PLM系统和MES、ERP系统，实现从设计到生产的全过程高度数字化，最终实现基于家居产品、贯穿所有层级的垂直管控。

（2）管理层生产

管理层主要实现生产计划在制造部门的执行。管理层统一分发执行计划，进行生产计划和现场信息的统一协调管理。管理层通过MES与底层的工业网络进行生产执行层面的管控。操作人员、管理人员提供计划的执行、跟踪以及所有资源（人、设备、物料、客户需求等）的当前状态，同时获取底层工业网络对设备工作状态、实物生产记录等信息的反馈。

（3）集成自动化系统

自动化系统的集成是从底层出发、自下而上的，跨越现场层、控制层及操作层三个部分。基于CPS使用TIA技术集成现场生产设备，建底层工业网络。在控制层通过PLC硬件和工控软件进行设备的集中控制；在操作层由操作人员对整个物理网络层的运行状态进行监控、分析。

家居数字化工厂架构可以实现生产的高度智能化、自动化、柔性化和定制化。研发制造网络能够快速响应市场需求，实现高度定制化的节约生产。

8.2.3　家居数字化工厂的实现技术

家居数字化工厂由许多智能制造装备和控制、信息系统构成，物联网和服务网是数字化工厂的信息技术基础。

（1）无线传感数字化

无线传感器是实现家居数字化工厂的重要利器，但如果要使制造过程有智慧判断的能力，仪器仪表、传感器等控制系统的基本构成要素是关注焦点。仪器仪表的智慧化，主要以微处理器和人工智能技术的发展与应用为依托，运用神经网络、遗传算法、进化计算、混沌控制等技术，使仪器仪表实现高速、高效、多功能、高机动灵活等性能。

专家控制系统（expertcontrol system，ECS）就是一种具有大量专门知识与经验的软件系统。它运用人工智能技术和计算机技术，根据某领域一个或多个专家提供的知识和经验进行推理和判断，模拟人类专家的决策过程，解决那些需要人类专家才能解决好的复杂问题。此外，模糊控制器（fuzzy controller，FC），也称模糊逻辑控制器（fuzzylogio controller，FLC），也是家居数字化工厂相关技术的关注焦点。由于模糊控制器具有处理不确定性、不精确性和模糊信息的能力，能对无法直接建立数学模型的被控制过程进行有效控制，能解决一些用常规控制方法不能解决的问题，因此，模糊控制器在工业控制领域得到了广泛的应用。

（2）控制系统网络化

随着家居数字化工厂制造过程连接的嵌入式设备越来越多，通过云端技术架构部署控制系统，无疑是当今重要的趋势之一。在工业自动化领域，随着应用和服务向云端转移，资料存储和运算的主要模式都已改变，嵌入式设备领域发生颠覆性变革。随着嵌入式产品和许多工业自动化领域的典型信息化软件的数字化，以及物联网应用程度的日益深化，云端运算将提供更完善的系统和服务。生产设备将不再是过去单一且独立的个体，而是相互连接的嵌入式设备。将其接入工厂制造过程，甚至是云端，将具有高度颠覆性，必定会对工厂制造流程产生重大影响。而一旦完成网络化，一切制造规则都可能会改变。

控制系统的体系架构、控制方法及人机协作方法等，都会因为控制系统的网络化而产生变化。如控制与通信耦合、时间延迟、信息调度方法、分布式控制方式与故障诊断等，都使自动控制理论在网络环境下的控制方法和演算方法需要不断创新。此外，由于影像、语音信号等大数据量、高速率传输对网络带宽的要求，对控制系统网络化构成了更直接的挑战。因为工业生产流程不允许一点差错，网络传递的信息不能有一点缺失，而网络上传递的信息非常多样化，哪些信息应该先传（如设备故障信息），哪些信息可以晚一点传（如电子邮件），都要靠控制系统的智能化进行适当判断才能得以实现。

（3）工业通信无线化

工业通信无线化也是当前家居数字化工厂技术中比较热门的问题。随着无线技术的日益普及，各家供应商正在提供一系列能协助实现产品通信功能的软硬件技术。这些技术支持的通信标准包括蓝牙、Wi-Fi、GPS、5G及WiMax（全球微波接入互操作）等。

然而，在增加无线联网功能时，芯片及相关软件的选择极具挑战性，性能、功耗、成本和规模都必须加以考虑，更重要的是，由于工厂需求不像消费市场一样标准化，其必须适应生产需求，因此要有更多弹性选择，最热门的技术未必是客户最需要的技术。

此外，无线技术虽然在布置建设方面有便利性，对比有线技术显然有相当优势，但无线技术目前的可靠性、确定性、实时性和相容性等还有待加强。因此，工业无线技术的定位，目前仍应是传统有线技术的延伸。多数仪表及自动化产品虽已嵌入无线传输的功能，但仍会保留有线通信接口。目前无线技术的应用主要是在数据的采集与监控方面，无线技术与有线技术有机结合，将为智慧工厂的建设提供新的技术方案。

8.3 家居数字化工厂装备技术

8.3.1 机器人技术

机器人技术集中机械工程、电子技术、计算机、自动控制和人工智能等多学科的最新研究成果，是当代科学技术应用较活跃的领域之一。自20世纪60年代至今，机器人发展已经取得了实质性的进步和成果。在工业发达国家，工业机器人经历半个多世纪的发展，其技术日趋成熟，在汽车行业、机械加工行业、电子电气行业、橡胶及塑料行业、食品行业、物流行业和制造业等工业领域得到了广泛的应用。工业机器人作为先进家居制造业中不可替代的重要装备，已成为衡量国家制造业水平和科技水平的重要标志。《国务院关于加快培育和发展战略性新兴产业的决定》明确指出："发展战略性新兴产业已成为世界主要国家抢占新一轮经济和科技发展制高点的重大战略。"该决定将"高端装备制造产业"列为七大战略性新兴产业之一。工业机器人行业作为高端装备制造产业的重要组成部分，未来发展空间巨大。

家居制造业机器人有以下特点：

（1）可重复

编程生产自动化的进一步发展是柔性自动化。家居制造业机器人可随其工作环境变化的需要再编程，因此它在小批量、多品种具有均衡高效率的家居柔性制造过程中能发挥作用，是家居柔性制造系统中的一个重要组成部分。

（2）拟人化

家居制造业机器人在机械结构上有类似人的腰部、大臂、小臂、手腕、手指等部分，在控制上有计算机。此外，智能化家居制造业机器人还有许多模拟人类五感的传感器，如皮肤型接触传感器、力传感器、负载传感器、视觉传感器、声觉传感器等。传感器提高了家居制造业机器人对周围环境的自适应能力。

（3）通用性

除专用家居制造业机器人，一般家居制造业机器人在执行不同作业任务时具有较好的通用性。例如，更换家居制造业机器人的末端操作器（手爪、工具等）便可执行不同的作业任务。

（4）技术先进

家居制造业机器人集精密化、柔性化、智能化、网络化等特点的先进制造技术于一体，通过对过程实施检测、控制、优化、调度、管理和决策，增加产量、提高质量、降低成本、减少资源消耗及环境污染，是家居制造业自动化水平的最高体现。

（5）技术升级

家居制造业机器人与自动化成套装备具有精细制造、精细加工及柔性生产等技术特点，是继动力机械、计算机之后，出现的全面延伸人的体力和智力的新一代生产工具，是实现生产数字化、自动化、网络化及智能化的重要手段。

（6）技术综合性强

家居制造业机器人与自动化成套装备，集中并融合众多学科研究成果，涉及多项技术领域，包括微电子技术、计算机技术、机电一体化技术、工业机器人控制技术、机器人动力学及仿真、机器人构件有限元分析、激光加工技术、模块化程序设计、智能测量、建模加工一体化、工厂自动化及精细物流等先进制造技术。第三代智能机器人不仅具有获取外部环境信息的各种传感器，还具有记忆能力、语言理解能力、图像识别能力、推理判断能力等人工智能，技术综合性强。

8.3.2　增材制造技术

增材制造技术（additive manufacturing，AM）是通过三维设计数据采用材料逐层累加的方法制造实体零件的技术，相对于传统的材料去除"减材制造"技术，这是一种"自下而上"材料累加的制造方法。该技术基于离散或堆积原理，以粉末或丝材为原材料，采用激光、电子束等高能束进行原位冶金熔化或快速凝固，逐层堆积叠加形成所需要的零件，也称为快速原型制造（rapid prototyping）、3D打印（3D printing）、实体自由制造（solid freeform fabrication）等。这使过去因受到传统制造方式约束，而无法实现的复杂结构件制造变为可能。3D打印技术引起社会广泛关注，成为发达国家实现制造业回流、提升产业竞争力的重要载体。

增材制造技术融合了计算机辅助设计、材料加工与成型技术，以数字模型文件为基础，通过软件与数字控制系统将专用的金属材料、非金属材料以及医用生物材料，按照挤压、烧结、熔融、光固化、喷射等方式逐层堆积，制造实体物品增材制造的具体过程为对具有CAD构造产品的三维模型进行分层切片，得到各层截面的轮廓；按照这些轮廓，激光束等能源束选择性地烧结（或树脂固化、粉末烧结等）一层层的材料，形成各截面，并逐层叠加成三维产品。由于增材制造技术把复杂的三维制造转化为系列二维制造的叠加，因而可以在没有模具和工具的条件下生成任意复杂的零部件，极大提高了生产效率和制造柔性。增材制造技术体系可分解为几个彼此联系的基本环节：构造三维模型、模型近似处理、切片处理、后处理等。增材制造过程如图8-5所示。

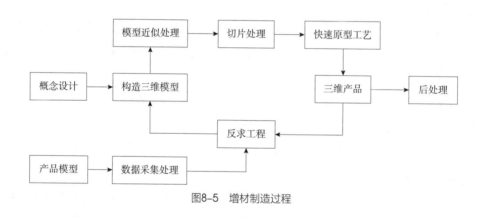

图8-5　增材制造过程

8.4 家居数字化工厂信息技术

8.4.1 人工智能技术

人工智能（artificial intelligence，AI），一直都处于计算机技术的最前沿，是研究、开发用于模拟、延伸和扩展人的智能的理论、方法、技术及应用系统的一门科学技术。

广义上来讲，人工智能就是人造物的智能行为。人工智能的发展则需要依靠计算机科学和认知科学的发展，在不同的发展阶段，对于人工智能有不同的理解，其概念也随之拓展。人工智能是计算机科学的一个分支，是研究使计算机来完成能表现出人类智能的任务的学科。其主要包括计算机实现智能的原理，制造类似于人脑的智能计算机，以及使计算机更巧妙地实现高层次的应用。人工智能的总目标是增强人的智能，它涉及计算机科学、心理学、哲学和语言学等多个学科。智能是一种能够认识客观事物和运用知识解决问题的综合能力。智能具有四个特征：感知能力、记忆和思维能力、学习和自适应的能力、行为能力。智能是客观世界中解决实际问题的能力，这种能力就是各个科学领域中的"知识"及其灵活应用。因而，还可以认为，人工智能的研究目标是使机器模仿人的行为，计算机模仿人脑的推理、学习思考和规划等思维活动。概括而言，人工智能是研究如何让计算机做现阶段只有人才能做好的事情。

（1）人工智能的基本技术

人工智能技术的主要物质基础是计算机。人工智能的发展和计算机科学技术的发展联系在一起，除计算机科学技术以外，人工智能还涉及信息论、控制论、自动化、仿生学、生物学、数理逻辑、语言学和哲学等科学技术。人工智能基本技术主要包括：搜索技术、知识表示和知识库技术、抽象和归纳技术、推理技术、联想技术等。

❶ 搜索技术。所谓搜索，就是为了达到某一目标，而连续进行找寻的过程。搜索技术就是对目标找寻进行引导和控制的技术。搜索技术也是一种规划技术，因为对于有些问题，其解就是由搜索而得到的路径。从求解问题的角度看，环境给智能系统（人或机器系统）提供的信息有两种可能：一种是完全的知识，用现成的方法可以求解，如用消除法来解线性方程组，这不是人工智能研究的范围；另一种是部分知识或完全无知，没有现成的方法可用，如下棋、法官断案、医生诊病等问题。有些问题有一定的规律，但往往需要边试探边求解，这就需要使用所谓的搜索技术。

❷ 知识表示和知识库技术。知识是智能的基础和源泉，智能就是发现规律、运用规律的能力，而规律就是知识。所以，知识表示和知识库技术是人工智能的核心技术。知识表示是指知识在计算机中的表示方法和表示形式，它涉及知识的逻辑结构和物理结构。知识库类似于数据库，所以知识库技术包括知识的组织、管理、维护、优化等技术。对知识库的操作要靠知识库管理系统的支持。显然，知识库与知识表示密切相关。需要说明的是，知识表示实际也隐含着知识的运用，知识表示和知识库是知识运用的基础，同时也与知识的获取密切相关。

从通用问题求解系统到专家系统，人们都认识到利用问题领域的知识来求解问题的重要性。但知识的表示和处理有几大难点：知识非常庞大，正因为如此，常说我们处在"知识爆炸"的时代；知识难以精确表示，如象棋大师的经验、医生治病的经验都难以用语言精确表达；知识经常变化，所以要经常进行知识更新。

❸ 抽象和归纳技术。抽象用以区分重要与非重要的特征，借助抽象功能可将处理问题中的重要特征和变式与大量非重要特征和变式区分开来，使对知识的处理更有效、更灵活。归纳技术，是指机器自动提取概念、抽取知识、寻找规律的技术。显然，归纳技术与知识获取及机器学习密切相关，因此，它也是人工智能的重要基本技术。归纳可分为基于符号处理的归纳和基于神经网络的归纳，这两种归纳方式都有很大发展。除基于符号处理的归纳学习方法外，还有近年发展起来的数据挖掘（data mining，MD）和基于数据库的知识发现（knowledge discove-ring from database，KDD）。通过抽象可以使归纳更加容易，更加易于分析、综合和比较，更加易于寻找规律。

❹ 推理技术。几乎所有的人工智能领域都要用到推理，因此，推理技术是人工智能的基

本技术之一，基于知识表示的程序主要利用推理在形式上的有效性，即在问题的求解过程中，智能程序所使用知识的方法和策略较少地依赖于知识的具体内容。因此，通常程序系统中都采用推理机制与知识相分离的典型体系结构。这种结构从模拟人类思维的一般规律出发来使用知识。需要指出的是，对推理的研究往往涉及对逻辑的研究。逻辑是人脑思维的规律，从而也是推理的理论基础。机器推理或人工智能用到的逻辑，主要包括经典逻辑中的谓词逻辑和由它经某种扩充、发展而来的各种逻辑。后者通常称为非经典或非标准逻辑。

❺联想技术。联想是最基本、最基础的思维活动，它几乎与所有人工智能技术息息相关。因此，联想技术也是人工智能的基本技术之一，联想的前提是联想记忆或联想存储，这也是一个富有挑战性的技术领域。联想存储的特点有：可以存储许多相关（激励、响应）模式；通过自组织过程可以完成多种存储；以分步、稳健的方式（可能会有很多的冗余度）存储信息；可以根据接收到的相关激励模式产生并输出适当的响应模式；即使输入激励模式失真或不完全，仍然可以产生正确的响应模式；可在原存储中加入新的存储模式。

（2）自动识别技术

随着人类社会步入信息时代，人们所获取和处理的信息量不断加大。在现实生活中，各种各样的活动或事件都会产生各种数据，这些数据包括人的、物质的、财务的，也包括采购的、生产的和销售的，这些数据的采集与分析对于生产或者生活决策是十分重要的。为了处理大量的信息，人们发明了计算机信息处理系统。在计算机信息处理系统中，数据的采集是信息处理系统的基础，这些数据通过信息处理系统的分析和过滤，最终成为影响决策的信息。在早期信息处理系统中，相当一部分数据的处理都是通过人工手动录入的，由于数据量十分庞大，这样做不仅劳动强度大，且数据误码率较高，也失去了实时意义。为了解决这些问题，人们研究和开发了各种各样的自动识别技术，提高了系统信息的实时性和准确性，从而为生产的实时调整、财务的及时总结以及决策的正确制定提供准确的参考依据。

自动识别技术（automatic identification and data capture，AIDC）就是应用一定的识别装置，通过被识别物品和识别装置之间的接近活动，自动地获取被识别物品的相关信息，且可以将相关信息数据实时更新，并提供给后台的计算机信息处理系统来完成相关后续处理的一种技术。自动识别技术将计算机、光、电、磁、通信和网络技术融为一体，与互联网、移动通信等技术相结合，实现了全球范围内物品的跟踪与信息的共享，从而给物体赋予智能，实现人与物体及物体与物体之间的沟通和对话。自动识别技术融合了物理世界和信息世界，是构造全球物品信息实时共享的重要组成部分，是物联网的基石。

自动识别技术作为一种革命性的技术，正迅速为人们所接受，近几十年在全球范围内得到了迅猛发展。中国物联网校企联盟认为自动识别技术可以分为：条形码技术、光学字符识别技术、语音识别技术、生物识别技术、智能卡识别技术和射频识别技术。

8.4.2 家居工业大数据技术

大数据是指无法在一定时间内用常规软件工具对其内容进行抓取、管理和处理的数据集合，是需要新处理模式才能具有更强的决策力、洞察力和流程优化能力的海量、高增长率和多样化的信息资产。大数据技术是指从各种各样类型的数据中，快速获得有价值信息的能力。

大数据技术作为一种赋能性技术，应该与其他产业融合发展，尤其是应加大力度发展工业大数据，建设产业生态体系，重点实施工业和新兴产业大数据工程。工业品在制造流程过程中产生的大量数据是提高企业生产效率和核心竞争力的关键因素。而在传统家居制造业生产过程中，虽然会产生大量的数据，但是大部分企业并不能有效地分析和利用这些数据。因此，在当前家居新工业革命时代，要充分运用大数据技术挖掘隐藏在数据内的大量的有价值的信息，提升家居制造企业核心竞争力，推动家居工业转型升级和制造模式变革。

大数据正逐渐改变着人们的生活，过去几年，无论是健康、交通、公共安全，还是生活、购物、旅游、娱乐，都已逐步建立起大数据分析系统。无论是国家还是企业，对大数据的投入都巨大。大数据的应用也从开始的互联网领域走向金融、医疗、环境以及工业领域，这其中应用最成功的是互联网。互联网以其开放、自治和共享的理念，与社会各个领域的结合，带动了生产和社会的巨大发展和进步。

大数据具有4个典型特征（4V特征）：

❶ Volume（规模大）。数据容量巨大，大数据时代数据量迅猛增长，无法使用常规方法进行分析。

❷ Velocity（速度快）。数据处理速度快，大数据时代要对数据进行快速处理，快速得到结果。

❸ Variety（类型多样）。数据类型多样，包括结构化表格数据、半结构化网页数据、非结构化音频和视频、日志数据及地理位置、环境数据等。

❹ Value（价值密度低）。数据价值密度低，相比传统少量核心数据，大数据价值密度较低，需要深度挖掘信息。

当前大数据产业链也正在加速形成，随着制造业步入平稳运行的阶段，以用户为导向的市场竞争已趋向白热化，整个制造业正从卖方市场向买方市场过渡。在这条产业链中最重要的环节是用户长期处于被忽视的状态。站在用户的角度，以发现用户价值为使命，全面深入理解用户各方面的需求，成为行业对大数据应用的迫切期待。

8.4.3 家居工业互联网技术

根据工业互联网产业联盟相关资料的表述，工业互联网的定义为：工业互联网是互联网和新一代信息技术与工业系统全方位融合所形成的产业和应用生态，是工业智能化发展的关键综合信息基础设施。从本质上看，工业互联网是以机器、原材料、控制系统、信息系统、产品及人之间的网络互联为基础，通过对工业数据的全面深度感知、实时传输交换、快速计算处理和高级建模分析，实现智能控制、运营优化等生产组织方式变革。

家居工业互联网的关键要素和功能体系包括网络体系、平台体系和安全体系三个方面。其中，网络体系是基础，即工业全要素、全产业链、全价值链深度互联，通过有线、无线等网络技术实现工业数据之间、业务系统之间的互联互通，促进工厂业务流、数据流和信息流的无缝集成；平台体系是核心，平台将数据汇聚，对工厂内部的相关知识进行建模和提取，通过对工业全流程、全业务链的感知、采集和集成应用，形成以数据为驱动的工业智能，实现机器设备柔性化生产业务流程与组织管理优化、协同生产与商业模式创新，推动工业智能化发展；安全体系是保障，通过构建涵盖工厂全业务链、产业链和工业全系统的安全防护体系，保障工业智能化的安全可信。

家居工业互联网与制造业的深度融合将促进4个方面的智能化提升。

第一，智能化生产，即实现家居生产过程从单个设备到生产线的实时监控、车间管理乃至整个家居工厂的动态优化和智能决策，显著提升家居工厂全流程的生产效率和产品质量，同时大大降低运营成本。

第二，网络化协同，即形成协同设计、协同制造、协同供应链、协同服务、众包众创、垂直电商等一系列新模式，大幅降低家居新产品的开发与制造成本，大大缩短产品的上市周期。

第三，个性化定制，即基于互联网获取用户的个性化需求，通过参数化BOM匹配，结合灵活柔性组织设计、制造资源和生产流程，实现低成本的家居大规模个性化定制。

第四，服务化转型，即通过对家居产品运行状态的实时采集与监测，基于工业大数据，依托产品健康评估诊断模型，企业可提供远程维护、故障预测、性能优化服务，并反馈优化产品设计，实现企业服务化转型。

8.4.4 家居工业互联网技术与家居智能制造

家居智能制造作为当前新一轮家居产业变革的核心驱动和战略焦点，是基于物联网、互联网、大数据、云计算等新一代信息技术，贯穿设计、工艺、生产、管理、服务等各个业务环节，具有信息深度自感知、自决策、自执行等功能的先进制造过程、系统与模式的总称。家居智能制造具有以数字化工厂为载体、以生产关键制造环节智能化为核心、以端到端数据流为基础、以全面深度互联为支撑的四大特征。

家居工业互联网的发展体现多个产业生态的融合，是打造家居工业生态系统、实现家居工业智能化发展的必由之路。以家居工业互联网为驱动的制造业变革将是一个长期过程，构建家居工业生产模式、资源组织方式将由局部到整体、由浅入深，最终实现信息通信技术在家居工业全要素、全领域、全产业链、全价值链的深度融合与集成应用。

家居智能制造与家居工业互联网有着紧密的联系（图8-6），家居智能制造的实现主要依托互联方面的基础能力。一是家居工业制造技术，包括先进装备、先进材料和先进工艺等，这是决定家居制造边界与家居制造能力的根本；二是家居工业互联网，包括智能传感或控制软硬件、新型工业网络、工业大数据平台等综合信息技术要素，是充分发挥工业装备、工艺和材料潜能，提高生产效率，优化资源配置效率，创造差异化产品和实现服务增值的关键。因此，有理由相信，家居工业互联网是智能制造的关键基础，为其变革提供了必需的共性基础设施和能力，同时也支撑着其他产业的智能化发展。家居工业互联网对家居智能制造的支持作用如图8-7所示。

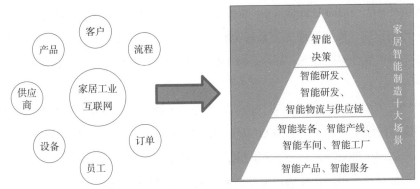

图8-6 家居智能制造与家居工业互联网的关系

图8-7 家居工业互联网对智能制造的支撑作用

综上所述，家居智能制造致力于实现整个家居制造业价值链的智能化，推进智能制造的过程中需要应用到多种智能技术，其中家居工业互联网是实现智能制造的关键基础设施和智能技术之一，是智能制造实现应有价值、让企业真正从中获益的必要条件和基石。

8.5 家居数字化工厂制造管理服务

8.5.1 制造运行管理

制造运行管理（manufacturing oporation management，MOM），是美国仪器、系统和自动化协会（Instrumentation Systerm and Automation Society，ISA）于2000年首次确立的概念，针对更广义的制造运营管理划定边界，构建通用活动模型，应用于生产、维护、质量和库存4类主要运行区域，并详细定义了各类运行系统的功能及各功能模块之间的关系。

MOM这一概念的提出，比工业4.0、数字化工厂等新概念早了近十年，却是在这些新概念提出并被一些企业采用和付诸实践之后，才逐渐被业界所关注的。早在2012年，西门子就开始系统地从制造执行系统（manufacturing execution system，MES）向MOM进行扩展，增加安全管理、能源管理、环境管理、质量管理等一系列功能模块，打造集成软件平台，为全面提升制造企业整体管理体系提供综合解决方案。如今，MOM已经成为西门子数字化企业战略中不可或缺的重要组成部分。

2016年2月，美国国家标准与技术研究院在发布的《智能制造系统现行标准体系》报告中定义了智能制造系统模型，其中也用MOM取代了MES，意味着美国对制造运营管理认知的全面升级。IEC/ISO 62264标准对制造运行管理的定义是：通过协调管理企业的人员、设备、物料和能源等资源，把原材料或零件转化为产品的活动。它包含对那些由物理设备、人和信息系统来执行的行为的管理，也涵盖对有关调度、产能、产品定义、历史信息、生产装置等信息的管理。IEC/ISO 62264标准以美国普度大学企业参考体系结构（PERA）为基础，建立了如图8-8所示功能层次模型，将企业的功能划分为5个层次，明确指出制造运行管理的范围是企业功能层次中的第3层，其定义了为实现生产最终产品的工作流活动，包括生产记录的维护和生产过程的协调与优化等。由此针对制造运行管理的研究可转化为两个方面：一是针对制造运行管理内部的整体结构、主要功能及信息流走向的定义；二是针对制造运行管理与其外部系统（即第4层的业务计划系统、第2层及其以下的过程控制系统）之间的信息交互的定义。

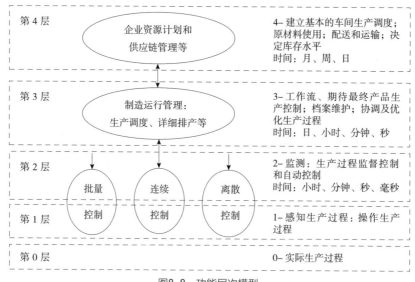

图8-8　功能层次模型

8.5.2　精益生产管理

精益生产管理是一种以客户需求为拉动，以消除浪费和不断改善为核心，使企业以最少的投入获取成本，显著改善运作效益的一种全新的生产管理模式。它的特点是强调客户对时间和价值的要求，以科学合理的制造体系来组织为客户带来增值的生产活动，缩短生产周期，从而显著提高企业适应市场变化的能力。

精益生产管理是由日本丰田汽车公司（以下简称丰田）首创，20世纪中叶，丰田创造了以准时生产（JIT）为核心，旨在控制成本、消除浪费的精益生产管理模式。得益于这一全新的生产管理模式，日本汽车工业迅速崛起，一举改变不敌欧美国家的状况，甚至还超越了欧美汽车工业，取得了巨大的成功。精益生产方式认为，制造企业在生产过程中的浪费是多方面的，从种类上说，有资金、人力、物资、精力和时间方面；从分布来说，存在于机床、工序、生产过程及其相互之间。精益生产管理模式主要创新了工艺流程，放弃大批量生产，代之以小批量生产，放弃材料的批量流动，代之以生产过程的持续使用，这样就可以最大限度地减少库存，从而缓解资金压力。

对于工业企业而言，精益生产管理可以大幅降低库存，减少各种浪费，增加企业利润，提升企业内部流程效率，快速响应顾客需求，缩短顾客需求从产生到满足的过程时间，同时提升员工士气、企业文化，增强企业的竞争力。工业企业实施精益生产管理的意义如下。

（1）降低库存，减少生产成本

精益生产管理是一种追求无库存生产或使库存降低到极小的生产系统。降低库存的目的就是降低成本，而低库存是需要高效的流程、稳定可靠的品质来保证的。有很多企业在实施精益生产时，以为精益生产就是零库存，不先去改造流程、提高品质，就一味地要求降低库存，结果可想而知，成本不但没有降低反而急剧上升，于是称精益生产不适合自己的行业、企业，这种误解是需要极力避免的。

（2）关注流程，提高总体效益

有什么样的流程就产生什么样的绩效，改进流程要注意目标是提高总体的效益，而不是提高局部的效益，为了企业的总体效益即使牺牲局部的效益也在所不惜，所以，在精益生产管理中，流程管理很重要。流程管理好，整体效益提高的作用便很大。

企业的工作流程可以分为三种类型：增值的工作，即顾客愿意为此多付费用的工作；非增值的工作，不为顾客创造价值，但为增值工作得以完成，它是不可缺少的；浪费，即既不增值也无助于增值的工作。

（3）建立无间断流程，快速应变客户需求

建立无间断流程，将流程中不增值的无效时间尽可能压缩以缩短整个流程的时间，从而快速应变客户需要，这一点对于精益生产管理很重要。

（4）消除七大浪费，增加企业收益

企业中普遍存在的七大浪费涉及：过量生产、等待时间、运输、库存、过程（工序）、动作和产品缺陷，只有从根本上消除这些浪费，企业才能快速发展起来，精益生产管理就是消除这七大浪费的"专家"。在精益生产中，并非所有工作都有价值，超过客户要求的任何生产所必需的设备、材料、场地、人工都是浪费。这些浪费各不相同，同时，浪费之间的关系错综复杂，一种浪费往往会衍生出多种浪费。在所有浪费中，运输浪费是关键，以削减库存着手，是精益生产的典型做法。

（5）全过程的高质量，一次做对，提高生产力

质量是制造出来的，而不是检验出来的。检验只是一种事后补救，不但成本高，且无法保

证不出差错。因此，应将品质内建于设计、流程和制造当中，建立一个不会出错的品质保证系统，一次做对。

（6）按顾客需求生产，降低生产成本

精益生产管理就是能够在需要时仅按所需要的数量生产（生产与销售是同步的）。也就是说，按照销售速度进行生产，这样就可以保持物流的平衡，任何过早或过晚的生产都会造成损失，这一部分也就是我们常说的准时生产（JIT），使生产资源得到合理利用。因为JIT增加了劳动力柔性和设备柔性，当市场需求出现波动时，JIT可以通过适当调整具有多种技能操作者的位置，达到适时适量生产的目的。

（7）实现标准化，提高工作效率

标准化的作用是不言而喻的，但标准化并不是一种限制和束缚，而是将企业中最优秀的做法固定下来，使不同的人来做都可以做到最好，发挥最大成效和效率。而且，标准化也不是僵化或一成不变的，标准需要不断创新和改进。

（8）精益供应链，满足客户需要，减少浪费

精益供应链将从产品设计到顾客得到产品整个过程所必需的步骤和合作伙伴整合起来，能够快速响应顾客多样的需求，满足顾客需要，持续提高顾客的满意度。其核心是减少、消除企业中的浪费，用尽可能少的资源最大限度地满足客户需要。通过建立精益供应链，能有效减少浪费、降低成本、缩短操作周期，从而增强企业竞争优势。

（9）尊重员工，发挥员工的价值

尊重员工就是要尊重其智慧和能力，给他们提供充分发挥聪明才智的舞台，为自己也为企业做得更好。员工实行自主管理，在组织的职责范围内各司其职，不必担心因工作上的失误而受到抱怨，出错一定有其内在的原因，只要找到原因施以对策，下次就不会出现了。所以说，精益的企业雇用的是员工"一整个人"，不精益的企业只雇用了员工的"一双手"。

（10）团队工作，全方位提高企业效率

在精益企业中，灵活的团队工作已经变成一种最常见的组织形式，有时候一个人同时分属于不同的团队，负责完成不同的任务，团队的力量是强大的。

8.5.3　数字化工厂信息物理系统

信息物理系统（cyber-physical systems，CPS）是信息世界和物理世界的融合，是一个综合计算、网络和物理环境的多维复杂系统，通过计算（computation）、通信（cormunication）、控制（control）技术的有机融合与深度协作，实现大型工程系统的实时感知、动态控制和信息服务。CPS实现计算、通信与物理系统的一体化设计，可使系统更加可靠、高效、实时协同，具有重要而广泛的应用前景。前述的信息世界指工业软件和管理软件、工业设计、互联网和移动互联网等；物理世界指能源环境、人、工作环境、局域通信以及设备与产品等。CPS是工业4.0的核心系统，它为数字化工厂的实现指明了一条现实可行性的途径，即CPS在生产过程中的实现构成了数字化工厂。

CPS并不是一个单独的技术，而是一个有明显体系化特征的技术框架，即以多源数据的建模为基础，并以智能感知层（connection）、信息挖掘层（conversion）、网络层（cyber）、认知层（cognition），以及配置层（configuration）为体系架构，如图8-9所示。

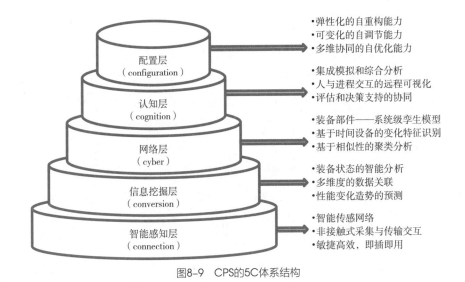

图8-9 CPS的5C体系结构

该5C架构的设计目的是满足物理空间与信息空间相互映射及相互指导过程的分析和决策要求，其特征主要体现在以下几个方面。

（1）智能感知层

从信息来源、采集方式和管理方式上保证了数据的质量和全面性，建立支持CPS上层建筑的数据环境基础。除了建立互联的环境和数据采集通道，智能感知的另一核心在于按照活动目标和信息分析的需求自主地进行有选择性和有所侧重的数据采集。

（2）信息挖掘层

从低价值密度的数据到高价值密度信息的转换过程，可以对数据进行特征提取、筛选、分类和优先级排列，保证数据的可解读性，其包括对数据的分割、分解、分类和分析过程。

（3）网络层

重点在于网络环境中信息的融合和cyber空间的建模，将机制、环境与群体有机结合，构建能够指导物理空间的建模分析环境，包括精确同步关联建模、变化记录、分析预测等。

（4）认知层

在复杂环境与多维度参考条件下面向动态目标，根据不同的评估需求进行多源数据的动态关联、评估和结果预测，实现对实体系统运行规律的认知及物、环境、活动三者之间的关联、影响分析与趋势判断，形成"自主认知"的能力。同时，结合数据可视化工具和决策优化算法工具为用户提供面向其活动目标的决策支持。

（5）配置层

根据活动目标和认知层中分析结果的参考，对运行决策进行优化，并将优化结果同步到系统的执行机构，以保障信息利用的时效性和系统运行的协同性。

8.6 数字化家居企业的成长

8.6.1 家居数字化制造的优势

对家居企业来说，面向数字化设计与制造的产业转型是企业实现智能制造的基础，更是企业生存发展的必经之路。在新时代背景下，它对提升企业的核心竞争力至关重要。国内目前逐渐走向智能制造的企业如维尚工厂（尚品宅配）、索菲亚衣柜、金牌厨柜、莫干山家居等，无不是在数字化转型的基础上才取得今天的业绩。数字化改造对现有家具企业的竞争优势也非常明显，体现在以下几个方面：

第一，产品生产周期缩短。与传统制造模式相比，由于企业实施数字化改造后，所有企业核心业务流程都在一个网络平台中进行，制造过程由订单式生产向揉单式生产转变、由自主式生产向计划式生产转变，生产过程中排产和管控都以科学的数据说话，因此，可大大缩短产品的生产周期。

第二，企业生产能力提升。数字化生产需要充分发挥各方面优势资源，让计算机服务于整个制造过程，让制造设备得到最大程度利用，让管控技术在企业生产经营过程中得到充分体现。因此，企业的生产能力将会大大提高。

第三，生产成本降低。生产成本的降低关键在制造过程，而数字化制造过程是利用各类软件管控平台和硬件数控机床的融合，由计算机对生产过程进行控制，降低对工人经验的依赖，由此提高效率、降低出错率、保证零部件的加工质量，从而降低生产成本。

8.6.2 家居数字化制造发展趋势

（1）数字化转型是关键

数字化转型是运用信息技术、数字技术的手段和思想对企业结构和工作流程进行全面的优化和根本性改革，而并非仅从技术层面进行简单的搭建。家居产业链实施数字化的关键就在既要适应网络市场环境的变化，又要从思想上建立一种企业模式。这种模式能体现全新的价值观念，极大地提高效率和增强效益。让数字技术逐渐融入产品、服务与流程当中，以转变企业业务流程及服务交付方式。同时，数字化转型是客户参与方式的变革，也涉及核心业务流程、员工，及与供应商、合作伙伴等整个产业链交流方式的变革。是整个家居产业链设计技术、制造技术、计算机技术、网络技术与管理科学的交叉、融合、发展与应用的结果，也是制造企业、制造系统与生产过程、生产系统、生产服务不断实现数字化的必然趋势。对整个产业链来说，应重视三个层面：以设计为中心的数字化设计技术、以控制为中心的数字化制造技术、以管理为中心的数字化管理技术。

（2）协同平台构建是基础

搭建家居产业协同制造或管控平台，是在充分利用软件与互联网工具的基础上，直接面向产业的各个生产企业，在确保信息规范的基础上，进行信息交互处理，并通过各种方式向各个企业反馈各类需求，打破企业间信息共享困难的局面，使企业紧密联系在一起，提升信息传输的及时性。从而实现整个产业间降低能耗和生产成本、确保产品品质、增加企业效益和市场竞争力的目的。

协同平台的构建实际上是整合整个产业链的过程。产业链可从三个方面进行理解：一是基于微观角度的产业链，即企业的供应链，并与相关的产业形成联盟，结成相应的辅助合作关系；二是基于价值网络观念中，即采购材料，并将其逐渐通过相应的步骤转化为产品，从而进行销售的功能网络链条；三是基于区域经济发展，将企业的技术及资金进行结合，并依据企业间的关联程度形成产业链条。结合上述理解，家居产业链主要是大家居环境的整合，即整个室内家居用品与家居环境间的构成关系，虽然整个产业链和价值链非常庞大，但主要还是以林业产业为主，兼顾整个生态环境的各类资源因素、机械设备产业、化工产业、辅助产业、设计产业等形成家居制造产业，并由家居产品的流通延伸至物流产业、由家居人才培养延伸至家居教育产业、由大家居环境延伸至整个房地产产业和建材产业等。搭建家居产业链协同平台，能使整个家居产业链"多翼齐飞"，在形成各自的研发团队、品牌培育与服务提升的同时，企业间应联合、发挥集群优势将家居产业链进行延伸与协作，才能实现家居产业整个产业链的创新与发展，从而实现智能制造。

另外，从数字化转型的角度，协同平台的构建还应充分利用软件与互联网工具，将家居生产端（工厂）、产品设计端（研发）、设备厂商、销售端门店充分融合、互联。其中，生产端（工厂）包括构建拆单工具、数控设备数据自动对接工具、智能排产工具、全流程订单管理工具、方便的配套产品资源共享平台；产品设计端（研发）包括构建产品内容数字化及共享工具、产品标准化、模块化、原辅材料匹配平台；设备厂商包括构建数控操作系统、匹配设备的研发软件开发、更高性价比的数控控制器硬件平台；销售端门店包括构建智能化的画图工具、智能化的报价、下单工具、优化流程管理工具、方便的配套产品资源共享平台。

（3）企业持续改进是根本

家居行业通向智能制造的道路将会是一段革命性的进步。企业不仅要对产业基础和科技经验所需求的特殊设备进行改变和革新，还要重新探索产品和市场的创新方案，包括标准化和参考架构、复杂系统的管理、为工业建立全面宽频的基础设施、安全和保障、工作的组织和设计、培训和持续性的职业发展、规章制度、资源利用效率八个领域来适应智能制造的快速发展。

企业应依托互联网技术、信息化技术与制造技术、管理技术的紧密结合来提升工业素质、配置全球资源、提高生产效率，通过信息化系统（CIMS、ERP、MES）对企业资源进行整合，促进"人、财、物、产、供、销"有效管控和协同，实现企业快速响应市场和风险控制；并运用信息技术和先进适用技术，使企业高度机械化、自动化与数控加工、大规模定制生产与柔性制造，对现有产业的改造与提升，逐步实现中国家居工业利用信息化技术向高技术型方向发展、从"劳动密集型"向"劳动+技术密集型"产业发展。

（4）智能制造分布走战略

由于智能制造带来的是整个家居行业的转型和变革，虽然板式家居企业已经取得重大突破，但对占有大量市场份额的实木企业而言，还只是刚刚起步。因此，对家居产业链协同发展，需要有一个逐渐适应的过程，应依据整个产业链或独立企业的实际情况，即管控过程分布走，由易到难，由浅入深。第一步，可先实现线下（实体店）和线上（网店）有机融合的一体化"双店"经营模式（online and offline，OAO），打通经销商与企业脉络，实现线上与线下互动；第二步，再到关联企业的进销存，独立企业各管理部门业务全流程信息化、生产部门实现进度跟踪等；第三步，进一步通过管理系统（ERP），加强BOM、CAPP、MES等理解和应用，深化生产车间管理水平，达到整个产业链向管理要利润的目的；第四步，最终实现整个家居产业链工业4.0的目标，即智能制造和门店3D设计，依据数据中心自动计划，将销售信息直接转入生产设备CNC，实现全流程信息化，从而真正实现家居行业的智能制造和数字化转型。

8.6.3 家居企业数字化成长的关键

当前正是新一代信息技术引发产业变革的关键时期，制造业企业的数字化转型和智能制造模式是新科技与实体经济融合的主要载体，中国制造应避免浮夸之风，多方发力，不断应用数字化和智能化技术，以提升企业的生产效率为目标，实现数字化成长。

（1）智能发展

❶ 建设智能化工厂。这是数字化企业或者智能制造的核心，一方面，实现装备的智能升级，特别是要大力发展机器人、智能机床等；另一方面，构建智能设备、生产线、加工控制和车间决策系统，运用智能设备保障、智能监控、智能供应链等技术，保障生产系统调度和管理的效率与可靠性，最优控制的目标将能得到实现。因此，数字化企业是集成相关关键技术、智能工厂和领域知识等要素，整合企业内部各个价值链环节，服务于价值创造目标，形成满足具体行业需求的智能制造方案。

❷ 开发智能化产品。从智能手机到智能汽车，智能产品具有更加友好的人机交互界面，同时也具有"自主优化"的功能，或根据用户习惯和使用特征自动做出调整。高度智能化和宜人化将是未来智能产品的主要特征，而实现的关键在于人工智能加速发展，尤其深度学习、跨界融合、人机协同、群智开放、自主操控等技术的发展不断赋予智能产品新特征。未来，当更加成熟的新一代人工智能技术得到广泛应用，涌现出一大批先进的智能产品，如智能终端、智能家电、智能医疗设备等，将带给消费者更加完美的使用体验和惊喜。

❸ 提供智能化服务。智能化技术帮助制造企业从提供产品向提供"产品+服务"转变，除家电企业的智慧物流和智慧售后，还有以租代售、按时间计费、按里程计费、远程诊断、故障预测、远程维修、一体化解决方案等新的智能化服务模式。通过采用新一代人工智能等新技术进一步突破制造业上下游的边界和细分行业间的壁垒，使生产的社会化、专业化分工和共同协作能力进一步增强，制造业的产业形态将会高度适应社会需求，企业数字化成长的方式将会变得更加丰富与灵活。

（2）信息打通

以用户需求为中心的信息化流程必然是全流程、端到端的闭环。从发现顾客需求到满足顾客需求实现闭环优化，且能够对订单的全流程进行优化，通过实时的信息共享及全流程订单可视。因此，企业内部部门、用户、资源方要协同在一起，改变以往的分段串联流程、割裂的信息状态，信息流程要实现并联，要把信息变成一个同步的环状状态，核心围绕用户，把用户需求在第一时间反馈到企业运营中，让各个利益攸关方去协同完成。围绕用户需求，以信息打通为目标的并联流程容纳了研发、设计、销售、服务等环节，保证用户参与、渠道购买、物流送货、售后服务等全流程的用户体验。此外，通过数据分析提前预警，提升生产效率，避免生产损失，进而实现研发、营销、供应链三方高效协同，快速响应用户需求，实现零库存下即需即供。

（3）并行推进

按照中国工程院提出的智能制造范式，智能制造建设分为数字化、网络化、智能化三个阶段，国内企业发展水平参差不齐，个别企业已经实现智能化发展，但很多企业还处于数字化改造阶段。推进智能制造过程中必须实事求是、踏踏实实地完成数字化"补课"。国内的工业互联网示范项目，例如海尔COSMOPlat、三一重工、树根互联、阿里云等。从实际效果看，它们离"智能制造"还有一定的差距，个性化定制的比例和程度也没有宣传的那么高，与国外西门子MindSphere、微软Azure等相比也有不小差距。因此，企业的数字化成长首先应积极实施数字化技术改造，推动制造业产业链从材料、零部件、整机、成套装备到生产线的智能改造。鼓励企业专注于核心基础零部件、关键基础材料、先进基础工艺的技术改造，推动企业开展全方位技术行业的研发设计、生产制造、物流仓储、经营管理、售后服务等关键环节的深度应用，通过完善数字化基础，为未来的网络化、智能化发展提供支撑。

按照"数字化—网络化—智能化"的发展路径，智能技术从制造单元个体渗透至群体，塑造出智能制造生态。智能制造生态意味着数据、协同、智能等要素汇集在一起，重构整个商业系统，把研发、生产、供应、销售、服务等环节打通并串联起来，基于大数据把碎片化的生产和需求信息对接优化。以服装、家电、家居等行业的规模定制化制造新模式为例，未来大数据技术、人机融合智能的深度应用将进一步提高各种产品的个性化、柔性化和定制化。

总之，产业数字化是数字经济的重要组成，在数字化浪潮中，中国制造唯有拥抱数字化，实现数字化成长，方能应对新常态，提升竞争力。新一代信息技术向制造业的深度渗透和融合为家电企业数字化成长提供机遇。数字化是智能制造的基础，智能制造基于数据信息共享和优化塑造出新的制造模式。以生产过程为例，通过生产过程的数字化、网络化和智能化改造，将推动我国生产自动化水平和工业机器人的发展应用进程，改善工作流程，实现精益生产，将大大提高企业总体效率，降低制造成本。同时，通过用户参与创新、柔性加工、高端服务等交互式创新活动，有力地推动我国制造企业创新能力的提升和向服务型制造转型，并利用数字化成长不断推动企业走出低端制造的困境。

8.7 家居数字化工厂技术应用案例

8.7.1 全屋家私数码定制——尚品宅配

（1）尚品概况

广州尚品宅配家居用品有限公司（以下称尚品宅配）的前身圆方软件成立于1994年，早期从机械制图软件做起，后成功研发了中国第一个面向装修行业的室内设计软件，主要服务于装修行业，并针对家具和装修软件进行研发，为家具生产工厂提供软件设计服务。初期主要包括一家家具品牌销售公司（尚品宅配）、一家家具网商（新居网）和一家家具及室内专业软件公司（圆方软件），因长期的紧密合作关系，已组成有"服务型制造"为特征的尚品宅配家居（集团）公司。目前，尚品宅配拥有：尚品宅配+维意定制+维尚工厂+新居网+圆方软件，主导着中国家居行业智能制造关键词：全屋定制、100%个性化定制、免费云设计（云设计+大数据）、工业4.0模式、O2O+C2B模式（新居网）。

广州圆方软件公司自2004年创建起，就瞄准利用信息技术和先进制造技术改造传统家具制造业的目标，研究"大规模定制"在家具设计、制造与销售中的应用。2006年，国内首个"大规模定制板式家具生产"项目在维尚工厂通过鉴定。验收前后，产能已有3倍增长（从日加工30个订单增加至100个订单）。因定制家具的市场需求逐渐增加，维尚决定添置厂房、设备，扩大生产规模，并且在工艺流程和IT应用上做持续改进和优化。2009—2012年，年产出又逐年连续翻番，年产值实现了100%递增。这在家具企业的成长历史中是绝无仅有的，特别是在全球经济连年看低、国内家具销量也逐年下落的时期，维尚工厂能有这样的成绩，令人赞叹。2014—2018年，尚品宅配的营业收入分别为19.12亿元、30.87亿元、40.26亿元、53.23亿元和66.45亿元，在此大基数下，每年还实现如此高的增长率，这对于企业而言绝非易事。2019年，盈利5.25亿元～5.72亿元，比2018年同期增长10%～20%。与此同时，公司仍然在加大投入新技术和新产品研发、推出第二代全屋定制新模式，自营城市市场份额迅速提升、加盟渠道业务快速扩张、整装业务高速推进等，带来了公司业绩的快速增长。

由于业绩突出，影响广泛，维尚工厂及所在集团开始受到从地方到中央、从业界到经济学界的充分关注。2015年，"中国制造2025"课题组、科技部，选定其为"用信息技术改造传统制造业的典范"；广东省确定其为"互联网+家具制造"基地；工信部调研组确定其为"两化融合"创新模式；中国工程院制造强国战略研究项目组确定其为"工业4.0"和"互联网+"典型案例。2016年，被工信部授予中国家居行业唯一一个"智能制造"示范基地。于2016年9月正式启用的第五代机器人工厂，总投资10亿元，满负荷运转后每天生产7000个订单，日产能达30万～40万个零部件，年产值可达60亿元。作为目前国内一流的板式家具智能生产基地，它也是一个高质量、高效率、高标准的现代环保型家具制造厂，致力打造成全国"工业旅游"基地、家具行业工业4.0典范。

（2）尚品宅配的成功关键

首先，尚品宅配对市场需求的先知先觉，早早探知并挖掘出定制市场这块金矿，但在接下订单之初，维尚工厂起步艰难。有时一天仅接到30个单，加工量还不足200张板，生产就受到影响。而后才开始有了圆方软件的介入，通过集思广益，决定采用大规模定制的先进生产模式来对维尚工厂进行改造后，仅一年时间，就已初见成效，最明显的变化是生产节奏比其他非定制生产工厂的都快，一分钟一包，平均4~5min出一个单，一天可做100个订单。在国内家具业中首先实现按"部件即产品"原则进行零部件的混流生产方式，依据所加工零部件的情况并充分利用软件开发的优势，按大规模生产的速度生产出定制的产品。

其次，维尚工厂在推行"大规模定制"伊始，就率先采用标准化、模块化、柔性化、信息化及先进适用技术，并在柔性化与信息化的结合上下足功夫。在标准化方面，通过销售返回信息（数据）的积累，动态给出标准化的范围；在模块化的选择上，一部分外协加工的部件，如门板、床头、沙发等，做了模块化供货的设计，而自制的零件板，则采用参数化定制的做法；在零部件的混流生产中，采用成组技术和并行工程。

再次，在柔性化方案的选择上，维尚工厂从实际出发，用信息化手段改造常规的大批量生产设备，从压缩准备时间出发，做成一个个低成本高产出的柔性化系统。如给电子开料锯加装电子看板、给加工中心加装CAD/CAM直通接口、给普通的加工设备加装数据存取和读图看板等，逐步实现全流程的数字化和柔性化改造。

最后，追求制造数据的全流程贯通。维尚工厂所构建的柔性加工系统，被形容成如具有3D打印能力的魔盒，解决一单单不同产品大规模"打印"的难题。销售前端是3D免费设计开道，新居网的销售服务更具O2O特色，加盟店、网店、体验店迅速铺展，订单如雪片般飞来，然后数据开始在系统内高速运转，产能跟不上就把"魔盒"再做大。真正实现两化深度融合、采用先进制造技术和勇于自主创新的结晶体。

（3）维尚工厂的数字化制造解析

随着近10年来的发展，维尚家具制造公司已在同一范围内有了5间工厂。维尚的第一代数字化工厂是用"标签和设备+电脑模式"，还处于初级阶段，但打孔已经不依赖要求熟练的木工，一个普通女工就可以操作设备。到了第四代工厂时，已经完全实现了"数字化流水线生产"。第五代机器人工厂在采用最先进互联网化开料、封边和CNC钻孔等设备的同时，车间信息化进一步升级，全新引入RGV线，配置机器人手臂和自动立体库，真正实现"无人化"操作，如图8-10所示。维尚数字化工厂的关键工段如下。

第一，实现全流程数字化生产后，每一个工段都有一个屏幕柜，记录并显示着各小组实时生产记录的情况，每个机位的生产数据都在时刻变化着，工人得以把握自己的生产进度。

第二，在车间的包装工段，大小不等的板件在传输线上快速向前运行，工人通过二维条形码扫描枪快速扫描待验货的板件，既快又准地进行分拣，每天几千单的货品几乎不出现任何差错，后台有着性能强大的数据库提供精准、同步的数据支持。

第三，在分拣中心和立体发货仓区，通过新的生产物流配送计划（软件）和新的存取方案，

图8-10 尚品宅配第五代数字化无人工厂

依据大数据时代的软件支持和统计分析手段，研究准时化配货及货品的存取方法，解决因分厂加工或外协加工等原因会拆成几个订单、而同一客户的订单最后集中到某一厂来发货、要先在分拣中心配齐后再送去立体发货仓的问题。这样，彻底解决了在时间上会有先后和分拣中心空间场地大大不够用、造成货物积压的情况。

8.7.2 定制衣柜首家上市公司——索菲亚家居

（1）索菲亚家居概况

索菲亚家居股份有限公司（以下简称索菲亚家居）设立于2003年，是一家主要经营定制衣柜及其配套定制家具的研发、生产和销售企业。自2003年7月起开始生产、销售"索菲亚"品牌定制衣柜以来，凭借量身定做的定制衣柜和壁柜门相结合的崭新产品概念，成功地把定制衣柜推向市场，并获得中国顾客的认同。2011年成为国内定制行业首家上市公司。凭借资本市场筹集所得资金，索菲亚家居收购了索菲亚家居（成都）有限公司，并成立全资子公司索菲亚家居（浙江）有限公司、索菲亚家居（廊坊）有限公司和索菲亚家居湖北有限公司，完成了对西部生产中心、华东生产中心、华北生产中心和华中生产中心的整体布局。

2001年，基于中国消费者的需求，在消化吸收壁柜移门理念的基础上，把壁柜移门、手工打制衣柜和成品衣柜的优势有效结合起来，创新发展了定制衣柜，从此拉开了定制衣柜在中国发展的序幕。2003年，广州宁基公司正式投产。索菲亚以量身定做的品牌核心价值理念成功赢得市场，产品和设计广受消费者喜爱，成为众多企业竞相模仿的对象，索菲亚成为中国定制衣柜行业的领头羊。2004年，广州宁基公司与SOGALFRANCE公司成立中法合资企业——广州索菲亚家具制品有限公司，共同开发衣柜五金配件。2005年，索菲亚开始将信息技术在定制衣柜上进行普及应用，从而彻底解决了衣柜定制和规模化生产之间的矛盾，开启了定制衣柜规模化生产的时代，一举改变行业格局，直接催生了中国定制衣柜行业。

2003—2013年的10年间，索菲亚家居年产值从3000万元上升到17.8亿元，并开始实施"定制家索菲亚"大家居战略，与法国SALM S.A.S（现名为SCHMIDT GROUPE）达成合作协议，以"SCHMIDT·司米"橱柜品牌，进军中国国内橱柜市场，如图8-11所示。2014年，年产值达20多亿元，增长32.39%。同年，公司组建100多人的电子商务团队，开始切入互联网营销。

图8-11　索菲亚司米橱柜信息化车间

2015年，年产值达31.96亿元，增长32.39%，同年，开始新建广州橱柜公司（150亩）和索菲亚家居湖北有限公司（200亩），产能可达100亿元。2016年，索菲亚家居不断满足新消费群体"80后""90后"的消费需求，扩大产品线，丰富产品系列，全面开启全屋定制时代。全年实现营业收入45.30亿元，同比增长41.75%。

2017年，与华鹤集团设立合资公司，进军门窗领域，营业收入61.62亿元，同比增长36.02%；利润总额11.82亿元，同比增长42.25%；净利润9.06亿元，同比增长36.37%。公司2017年新开衣柜橱柜门店各200家，衣柜橱柜独立专卖店数量已接近3000家。2018年，营业收入73.11亿元，同比增长18.66%；归属于上市公司股东的净利润9.59亿元，比上期增长5.77%。代表定制家具"未来工厂"新形式的索菲亚4.0车间在湖北黄冈生产中心正式投产，这是索菲亚首个4.0车间，如图8-12所示。拥有自主知识产权、符合工业4.0标准，也是公司探索"新变革、新技术、新标准、新智造、新物流"之地。2019年，实现营业总收入77亿元，对比2018年的营业收入，同期

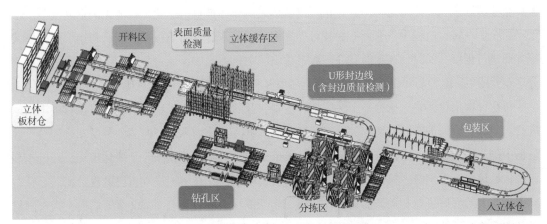

图8-12　索菲亚黄冈有限公司工业4.0智能制造车间

增长5.69%，利润额14亿元，对比2018年的利润总额12.31亿元，同期增长10.21%。

如今，国内定制衣柜行业的发展渐趋成熟，而索菲亚衣柜在经历十多年相对比较成熟的发展后，以索菲亚定制家具为核心，司米定制橱柜、索菲亚定制木门等其他种类的家具产品也持续带来销售贡献，公司"大家居"战略较有成效。同时，已在全国建立庞大的销售网络，网点基本覆盖各省市，不但产品广受消费者的喜爱和追捧，其品牌知名度和影响力也首屈一指。

（2）索菲亚的成功关键

首先，索菲亚抓住了时代的消费观念，在当今时代，物质水平的提升和个人意识的觉醒，让消费者愿意花钱为品牌买单，为个性化的服务买单。在企业的发展初期（2003年），就抓住了定制家具这种满足个性化需求的方式必将是未来的主流，因此，从开始建厂就潜心定制产品制造，从而取得了成功。

其次，索菲亚不仅生产产品，更加注重产品服务。由于定制化的服务不仅符合这个时代的生活节奏，更符合家具智能制造所要解决的核心问题——整体服务方案。因此，索菲亚自品牌建立，就在"传统产品+新式服务"的形式上做文章，更加贴合消费者的需求。让设计师灵活接单，让客户参与设计，满足个性化需求，提升客户满意度。

再次，索菲亚能充分利用移动互联网、大数据、云时代，让制造变为智造，让行业与行业间交叉融合，将衣柜的传统制造模式借助于科技的力量，产生新的商业模式，开发新的商业渠道，营销模式上从传统的线下营销到电商时代需求，顺应新的营销模式转变，成就新的生活方式。

最后，索菲亚抓住大规模定制的本质，在兼顾个性化需求的同时，实现规模化生产，做到个性化、规模化双管齐下、齐头并进。通过生产工艺上实现智能化、自动化来保障质量、提升效率、降低成本。

（3）索菲亚核心竞争力

首先，与传统的成品家具公司相比，索菲亚公司最大的核心竞争力是十几年来在定制领域的专注与积累。通过不断扩大领先优势，迅速占领市场，填补"装修公司做不好，成品家居做不到"的市场空白，符合国内消费升订单引流，实现经销商专卖店线上和线下的订单持续增长。

其次，"创新·分享"企业文化特质。在互联网时代的大趋势下，索菲亚公司率先从传统的家具企业向数字化、信息化转型，并在行业内率先倡导并推行信息化、智能化的创新变革。由于家居企业在转型过程中没有固有模式可循，因此，索菲亚家居重点在生产、营销、服务模式等方面进行创新。同时，在走向互联网数字化家居的过程当中，通过与员工、经销商、供应商分享经营成果、经验与知识，保障供应链上各单元利益得到共赢，形成更优质的经营生态圈。

再次，本土化策略。作为一个法国品牌，索菲亚的中国化步伐稳健从容，正在有条不紊地进行，与其在中国的布局密切相关。索菲亚家居依据其品牌的内涵、产品的气质和设计等，并根据中国市场的特点，对自身的服务模式和渠道模式进行本土化创新。主要体现在，开设旗舰店的体验模式、为消费者提供一条龙的服务的营销模式，并在中国成立自己的设计团队，针对国内消费者的喜好进行相关产品设计。同时，索菲亚在中国目前已有3500多家店面，销售网络已基本覆盖全国各省市，目前正在往二线和三线城市发展。

最后，采用"传统产品+新式服务"的形式。在加强衣柜品质的同时根据自身的特长在产业链的上下游做一些延伸，在丰富衣柜产品选择的同时，将衣柜与卧室甚至家居各个领域产品和风格的和谐，来满足消费者对不同装修风格的需求。这正是智能制造过程中"制造+服务"及全屋定制的理念。索菲亚公司定制家具跟其他传统制作方法相比，能提供更标准化的服务和全方位的保障，这也是定制家具整个行业的特点。定制家具企业就是服务密集型企业，服务必须至上至美。索菲亚公司的标准化服务贯穿了整个沟通、设计、生产、销售的全部环节。

（4）索菲亚未来预测

领先、持续、有效的创新变革是实现索菲亚公司转变的核心要素，是驱动企业文化的源动力。依据索菲亚的发展思路，将会充分利用自身制造和信息化优势，根据消费者需求，扩大产品线，丰富产品系列，提高市场占有率。同时，将会不断提高设计、制造和安装水平，提高服务质量，满足消费者需求。

2016年，索菲亚全面开启全屋定制模式，公司正通过从定制衣柜到全屋定制的转变。全屋定制这种满足个性化需求的方式必定是今后家装的主流方式，所有家居行业面对的是前所未有的机遇。依据索菲亚的发展思路，又将会引领整个家居行业向着全屋定制的模式发展。

练习与思考题

1. 中国家居数字化制造技术经历了哪几个阶段？不同阶段特点是什么？
2. 家居数字化工厂的架构是什么？
3. 家居数字化工厂的装备技术包括哪几个方面？
4. 家居数字化工厂的信息技术有什么特点？
5. 家居数字化工厂的制造管理服务包括哪几个方面？
6. 家居企业数字化成长的关键点是什么？
7. 尚品宅配、索菲亚的家居企业数字化制造有何不同？

参考文献

[1] 吴智慧. 工业4.0时代中国家居产业的新思维与新模式[J]. 木材工业, 2017, 31 (2): 5-9.

[2] 韩庆生. 我国木质家具产业的概况及发展趋势[J]. 木材工业, 2017, 31 (02): 10-13.

[3] 姜淑凤. 数字化设计与制造方法[M]. 哈尔滨: 哈尔滨工业大学出版社, 2018.

[4] 彭子龙, 王飞. 先进制造技术[M]. 北京: 科学出版社, 2020.

[5] 张明文, 王璐欢. 智能制造与机器人应用技术[M]. 北京: 机械工业出版社, 2020.

[6] 郑力, 莫莉. 智能制造: 技术前沿与探索应用[M]. 北京: 清华大学出版社, 2021.

[7] 陈龙灿, 彭全, 张钰柱, 陈才. 智能制造加工技术[M]. 北京: 机械工业出版社, 2021.

[8] 李培根, 高亮. 智能制造概论[M]. 北京: 清华大学出版社, 2021.

[9] 王润孝. 先进制造技术导论[M]. 2版. 北京: 科学出版社, 2021.

[10] 谢经明, 周诗洋. 机器视觉技术及其在智能制造中的应用[M]. 武汉: 华中科技大学出版社, 2021.

[11] 韩静, 吴智慧. 板式定制家具企业制造执行系统的构建与应用[J]. 林业工程学报, 2018, 3 (06): 149-155.

[12] 熊先青, 吴智慧. 家居产业智能制造的现状与发展趋势[J]. 林业工程学报, 2018, 3 (06): 11-18.

[13] 邹亚洁, 张帆, 李黎. 实木定制家具的设计生产瓶颈与解决途径[J]. 林产工业, 2019, 46 (03): 60-64.

[14] 朱剑刚, 吴智慧, 黄琼涛. 家具制造企业信息集成平台构建技术研究[J]. 林业工程学报, 2019, 4 (03): 145-151.

[15] 龙天南, 徐伟, 程洛林, 沈忠民. 基于成组技术的实木橱柜门标准化设计研究[J]. 林产工业, 2019, 46 (08): 30-34.

[16] 林超群, 樊树海, 陈鹏, 等. 基于柔性制造系统的大规模定制家具公理化设计研究[J]. 林产工业, 2019, 56 (10): 23-26.

[17] 韩静, 吴智慧. 基于MES的板式定制家具企业生产计划调度[J]. 木材工业, 2019, 33 (03): 32-35.

[18] 熊先青, 马清如, 袁莹莹, 潘雨婷, 牛怡婷. 面向智能制造的家具企业数字化设计与制造[J]. 林业工程学报, 2020, 5 (04): 174-180.

[19] 马泽锋, 吴智慧, 沈忠民. 基于ERP+MES平台协同的实木定制家具企业排产计划研究[J]. 林产工业, 2020, 57 (08): 53-57.

[20] 袁莹莹, 熊先青, 龚建钊. 基于ERP与MES信息交互的板式定制家具揉单排产技术[J]. 木材科学与技术, 2021, 35 (04): 30-35.

[21] 李荣荣, 姚倩. 面向智能制造的板式定制家具柔性生产线设备配置[J]. 木材科学与技术, 2021, 35 (02): 23-29.

[22] 朱兆龙，熊先青，吴智慧，李荣荣. 面向智能制造的定制家居数字化设计虚拟现实展示技术[J]. 木材科学与技术，2021，35（05）：1-6.

[23] 刘俊，陈琳，刘润亚. 家具制造企业多中心智能制造共享云平台研究[J]. 林业工程学报，2021，6（03）：166-170.

[24] 朱剑刚，王旭. 木质家具智能制造赋能技术及发展路径分析[J]. 林业工程学报，2021，6（06）：177-183.

[25] 杨雪珂，熊先青. 家具生产线射频识别技术的信息采集与应用[J]. 林业工程学报，2022，7（03）：180-186.

[26] 姚倩，李荣荣，龚建钊. 基于设备综合效率的板式家具封边机生产效率分析与评价[J]. 木材科学与技术，2022，36（03）：26-32.

[27] 杨浚安，吴智慧. 传统家具企业数字化转型路径及系统架构[J]. 木材科学与技术，2022，36（06）：32-40.

[28] 周卓蓉，熊先青，王军祥，白洪涛. 全员生产保全体系在定制家居企业设备管理中的应用[J]. 木材科学与技术，2022，36（03）：20-25.

[29] 熊先青，岳心怡，马莹. 基于成组技术的家具制造车间整厂物流规划[J]. 木材科学与技术，2022，36（01）：29-35.

[30] 吴智慧，叶志远. 家居企业数字化转型与产品数字化设计的发展趋势[J]. 木材科学与技术，2023，37（03）：1-11.

[31] 熊先青，张美，岳心怡，许修桐，张挺，王兵. 大数据技术在家居智能制造中的应用研究进展[J]. 世界林业研究，2023，36（02）：74-81.

[32] 余映月，管军，唐其，朱兆龙. 家具智能制造数控技术的发展与应用[J]. 木材科学与技术，2023，37（02）：72-77.

[33] 解晨辉，杨博凯，李荣荣. 基于双循环生成对抗网络和Dense-Net的木材缺陷检测方法[J]. 林业工程学报，2023，8（04）：129-136.

[34] 计恺豪，庄子龙，刘英，杨雨图. 基于机器视觉的木材特征提取与树种识别研究综述[J]. 世界林业研究，2023，36（02）：58-62.

[35] Xiong X, Guo W, Fang L, Zhang M, Wu Z, Lu R, Miyakoshi T. Current state and development trend of Chinese furniture industry[J]. Journal of Wood Science, 2017, 63(5): 433-444.

[36] Zhou J, Li P, Zhou Y, Wang B, Zhang J, Meng L. Toward new-generation intelligent manufacturing[J]. Engineering, 2018, 4(1): 11-20.

[37] Ghobakhloo M. Industry 4.0, digitization, and opportunities for sustainability[J]. Journal of Cleaner Production, 2020, 252: 119869.

[38] Xiong X, Ma Q, Yuan Y, Wu Z, Zhang M. Current situation and key manufacturing considerations of green furniture in China: A review[J]. Journal of Cleaner Production,

2020, 267: 121957.

[39] Zhu Z, Buck D, Cao P, et al. Assessment of cutting forces and temperature in tapered milling of stone-plastic composite using response surface methodology[J]. JOM, 2020, 72: 3917-3925.

[40] Jimeno-Morenilla A, Azariadis P, Molina-Carmona R, Kyratzi S. Technology enablers for the implementation of Industry 4.0 to traditional manufacturing sectors: A review[J]. Computers in Industry, 2021, 125: 103390.

[41] Wu X, Zhu J, Wang X. A review on carbon reduction analysis during the design and manufacture of solid wood furniture[J]. BioResources, 2021, 16(3): 6212.

[42] Niu Y, Xiong X. Investigation on panel material picking technology for furniture in automated raw material warehouses[J]. BioResources, 2022, 17(3): 4499.

[43] Molinaro M, Orzes G. From forest to finished products: The contribution of Industry 4.0 technologies to the wood sector[J]. Computers in Industry, 2022, 138: 103637.

[44] Li R, Zhao S, Yang B. Research on the Application Status of Machine Vision Technology in Furniture Manufacturing Process[J]. Applied Sciences, 2023, 13(4): 2434.

[45] Xiong X, Yue X, Wu Z, Current Status and Development Trends of Chinese Intelligent Furniture Industry[J]. Journal of Renewable Materials, 2023, 11(3): 1353-1366.